CHANYE ZHUANLI FENXI BAOGAO

产业专利分析报告

（第81册）——应用于即时检测关键技术

国家知识产权局学术委员会 ◎ 组织编写

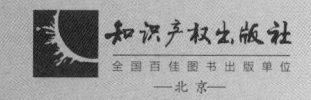

知识产权出版社
全国百佳图书出版单位
—北京—

图书在版编目（CIP）数据

产业专利分析报告. 第 81 册，应用于即时检测关键技术/国家知识产权局学术委员会组织编写. —北京：知识产权出版社，2021.7
ISBN 978-7-5130-7599-2

Ⅰ.①产… Ⅱ.①国… Ⅲ.①专利—研究报告—世界②医学检验—专利—研究报告—世界 Ⅳ.①G306.71②R446

中国版本图书馆 CIP 数据核字（2021）第 130046 号

内容提要

本书为应用于即时检测关键技术的专利分析报告。报告围绕即时检测技术领域的干化学、胶体金、免疫荧光、化学发光、电化学、微流控芯片、微阵列芯片七大关键技术，重点分析了这些关键技术领域的专利申请趋势、重点申请人、技术发展生命周期、关键技术、重要产品等。本书是了解即时检测技术发展现状和未来发展趋势，做好专利预警的必备工具书。

责任编辑：卢海鹰　王瑞璞　　　　责任校对：潘凤越
执行编辑：武　伟　　　　　　　　责任印制：刘译文
封面设计：博华创意·张冀

产业专利分析报告（第 81 册）
——应用于即时检测关键技术

国家知识产权局学术委员会　组织编写

出版发行：知识产权出版社有限责任公司	网　　址：http://www.ipph.cn
社　　址：北京市海淀区气象路 50 号院	邮　　编：100081
责编电话：010-82000860 转 8116	责编邮箱：wangruipu@cnipr.com
发行电话：010-82000860 转 8101/8102	发行传真：010-82000893/82005070/82000270
印　　刷：天津嘉恒印务有限公司	经　　销：各大网上书店、新华书店及相关专业书店
开　　本：787mm×1092mm　1/16	印　　张：16.75
版　　次：2021 年 7 月第 1 版	印　　次：2021 年 7 月第 1 次印刷
字　　数：372 千字	定　　价：80.00 元
ISBN 978-7-5130-7599-2	

出版权专有　侵权必究
如有印装质量问题，本社负责调换。

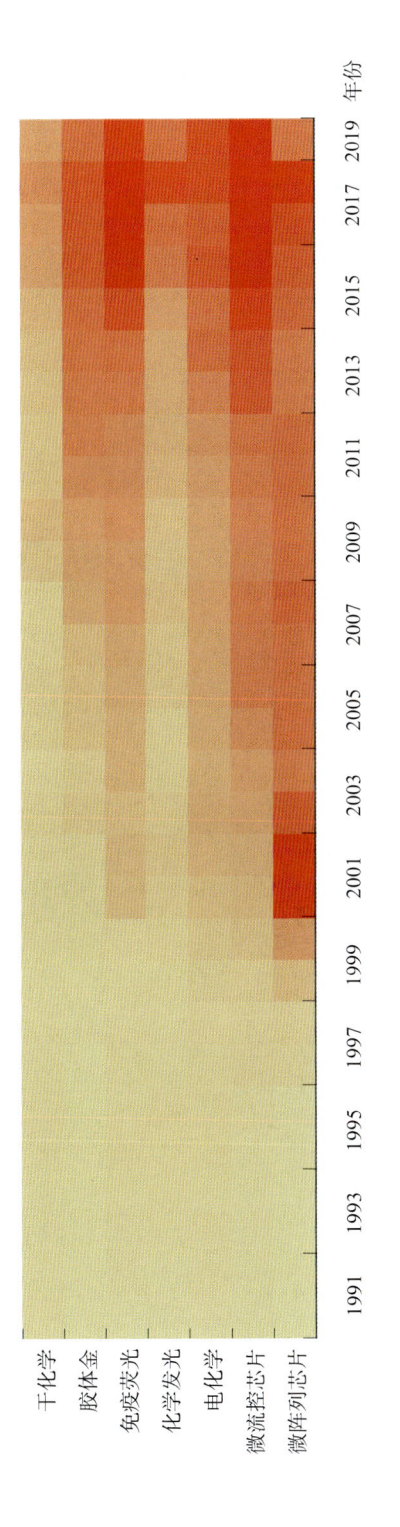

图2-3-1　POCT各技术分支的专利申请量趋势

（正文说明见第14~15页）

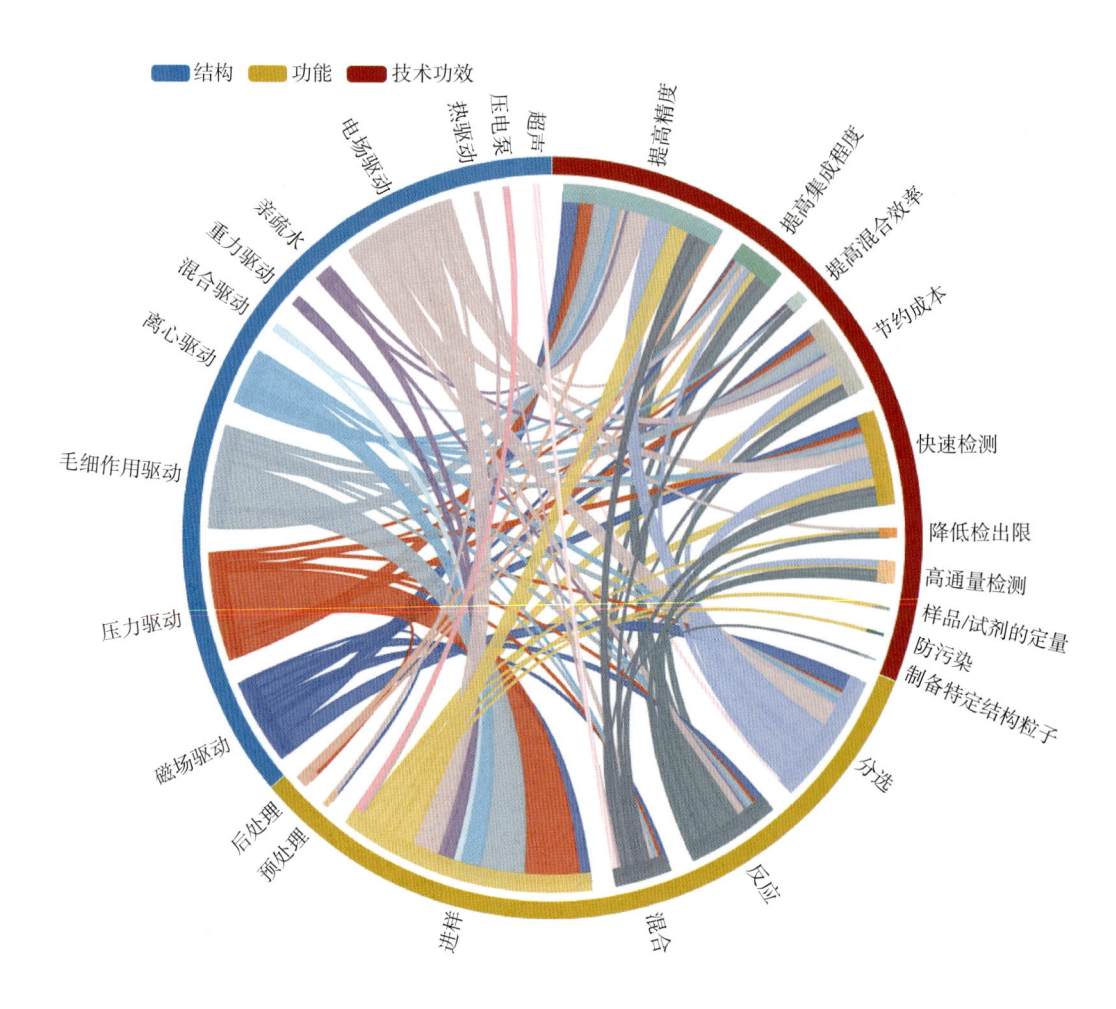

图4-7-19 微流控芯片中流体驱动和控制结构与功能、技术功效的关系

（正文说明见第72~74页）

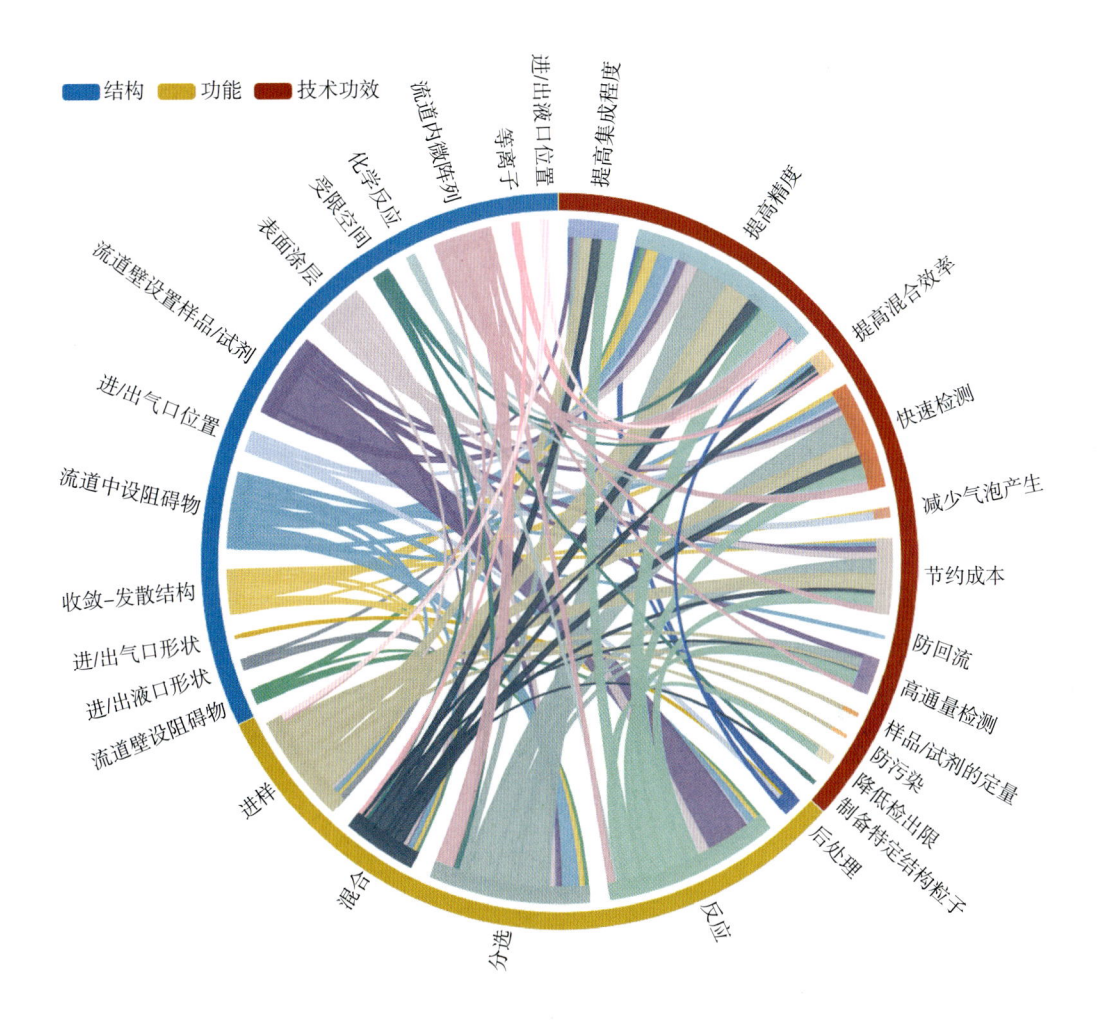

图4-7-20 微流控芯片中流道内部处理方式与功能、技术功效的关系

（正文说明见第77~78页）

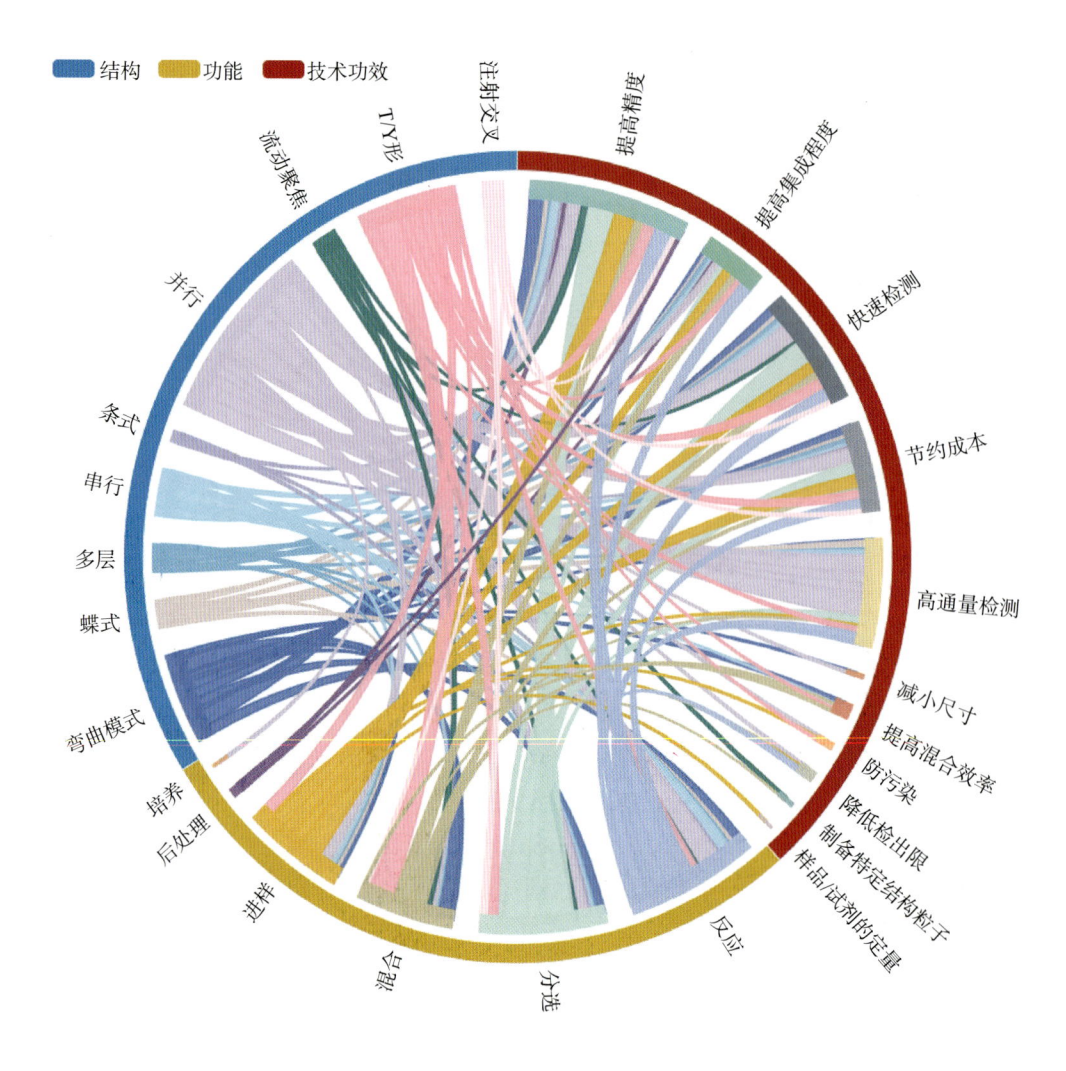

图4-7-21 微流控芯片中流道分布结构与功能、技术功效的关系

（正文说明见第78页）

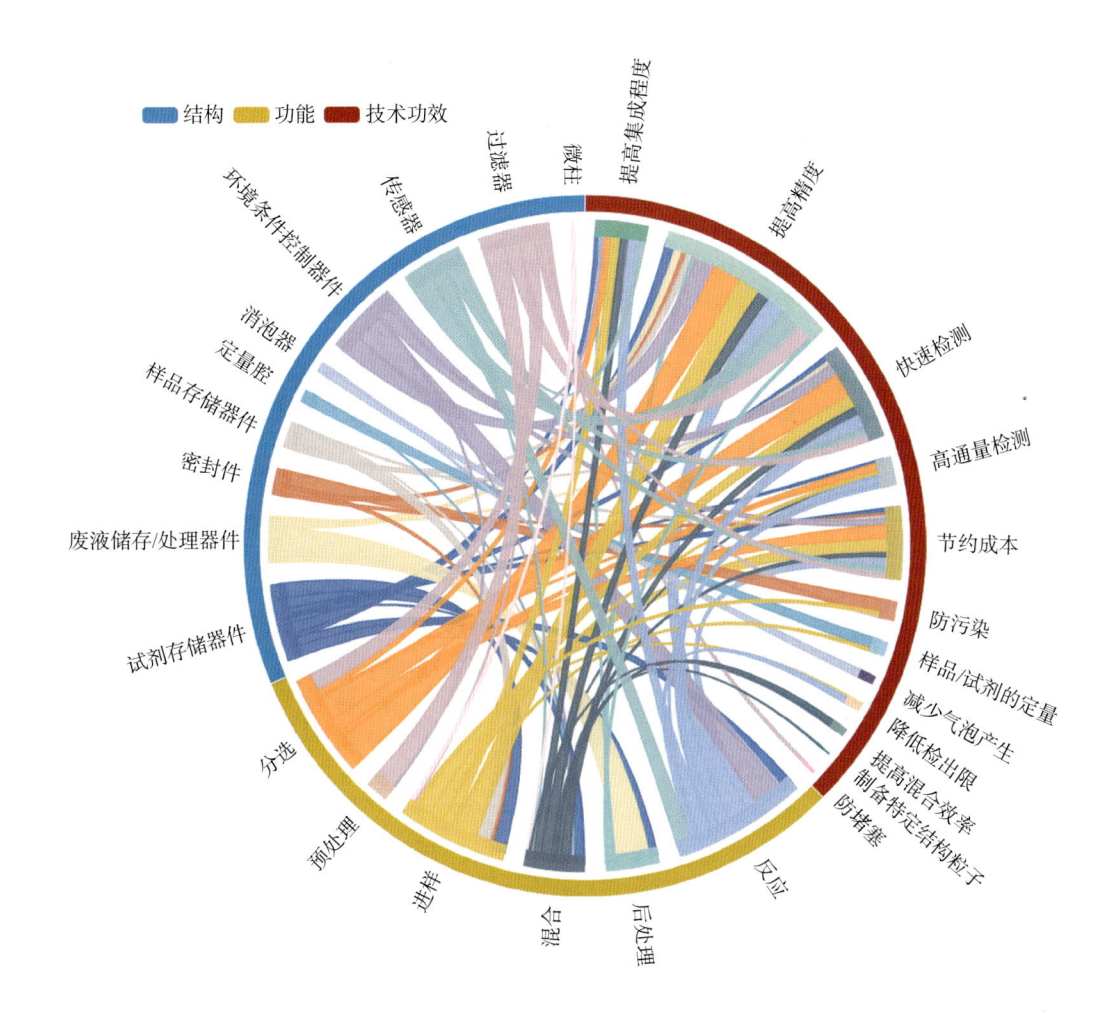

图4-7-22 微流控芯片中流道附件设计与功能、技术功效的关系

（正文说明见第78~79页）

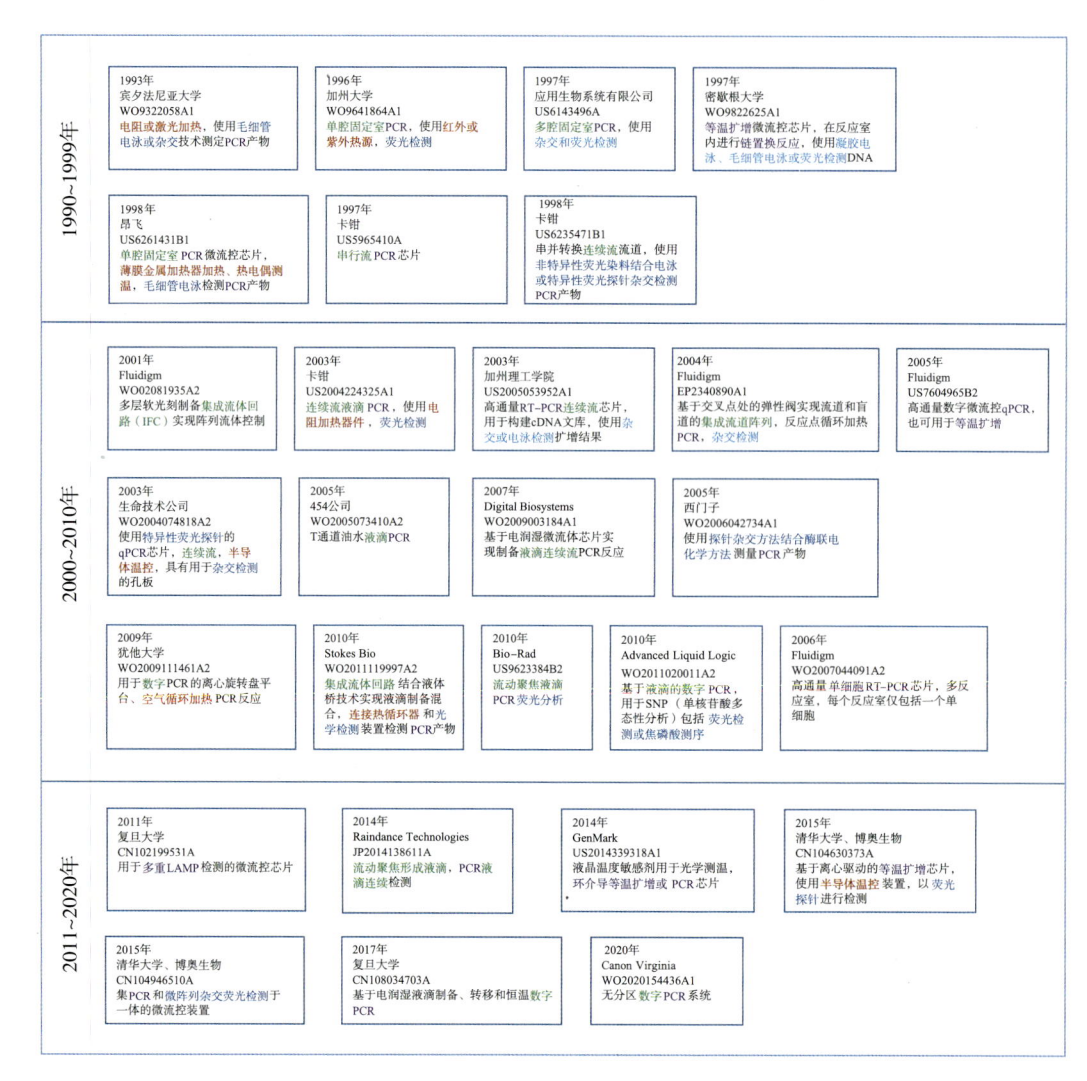

图4-8-1 微流控芯片核酸检测的技术演进路线

1990~1999年

1993年 宾夕法尼亚大学 WO9322058A1
电阻或激光加热，使用毛细管电泳或杂交技术测定PCR产物

1996年 加州大学 WO9641864A1
单腔固定室PCR，使用红外或紫外热源，荧光检测

1997年 应用生物系统有限公司 US6143496A
多腔固定室PCR，使用杂交和荧光检测

1997年 密歇根大学 WO9822625A1
等温扩增微流控芯片，在反应室内进行链置换反应，使用凝胶电泳、毛细管电泳或荧光检测DNA

1998年 昂飞 US6261431B1
单腔固定室PCR微流控芯片，薄膜金属加热器加热、热电偶测温，毛细管电泳检测PCR产物

1997年 卡钳 US5965410A
串行流PCR芯片

1998年 卡钳 US6235471B1
串并转换连续流通道，使用非特异性荧光染料结合电泳或特异性荧光探针杂交检测PCR产物

2000~2010年

2001年 Fluidigm WO02081935A2
多层软光刻制备集成流体回路（IFC）实现阵列流体控制

2003年 卡钳 US2004224325A1
连续流液滴PCR，使用电阻加热器件，荧光检测

2003年 加州理工学院 US2005053952A1
高通量RT-PCR连续流芯片，用于构建cDNA文库，使用杂交或电泳检测扩增结果

2004年 Fluidigm EP2340890A1
高通量数字微流控qPCR，杂交检测，反应点循环加热PCR

2005年 Fluidigm US7604965B2
高通量数字微流控qPCR，也可用于等温扩增

2003年 生命技术公司 US2004074818A2
使用特异性荧光探针的qPCR芯片，连续流，半导体温控，具有用于杂交检测的孔板

2005年 454公司 WO2005073410A2
T通道油水液滴PCR

2007年 Digital Biosystems WO2009003184A1
基于电润湿微流体芯片实现制备液滴连续流PCR反应

2005年 西门子 WO2006042734A1
使用探针杂交方法结合酶联电化学方法测量PCR产物

2009年 犹他大学 WO2009111461A2
用于数字PCR的离心旋盘转台，空气循环加热PCR反应

2010年 Stokes Bio WO2011119997A2
集成流体回路结合液体桥技术实现液滴制备混合，连接热循环器和光学检测装置检测PCR产物

2010年 Bio-Rad US9623384B2
流动聚焦液滴PCR荧光分析

2010年 Advanced Liquid Logic WO2011020011A2
基于SNP（单核苷酸多态性分析）包括荧光检测或焦磷酸测序

2006年 Fluidigm WO2007044091A2
高通量单细胞RT-PCR芯片，多反应室，每个反应室仅包括一个单细胞

2011~2020年

2011年 复旦大学 CN102199531A
用于多重LAMP检测的微流控芯片

2014年 Raindance Technologies JP2014138611A
流动聚焦形成液滴，PCR液滴连续检测

2014年 GenMark US2014339318A1
液晶温度敏感剂用于光学测温，环介导等温扩增或PCR芯片

2015年 清华大学、博奥生物 CN104630373A
基于离心驱动的等温扩增芯片，使用半导体温控装置，以荧光探针进行检测

2015年 清华大学、博奥生物 CN104946510A
集PCR和微阵列杂交荧光检测于一体的微流控装置

2017年 复旦大学 CN108034703A
基于电润湿液滴制备、转移和恒温数字PCR

2020年 Canon Virginia WO2020154436A1
无分区数字PCR系统

图例： 温度控制技术　液流控制技术　核酸分析技术　核酸扩增方式

图4-8-1　微流控芯片核酸检测的技术演进路线
（正文说明见第85~86页）

注：相同颜色代表同类技术。

	固定室	连续流	数字微流控
1990~1999年	**1996年** 加州大学 WO1996041864A1 单腔固定室PCR，使用红外或紫外热源，荧光检测 **1998年** 昂飞 US6261431B1 单腔固定室PCR微流控芯片，薄膜金属加热器加热、热电偶测温，毛细管电泳检测PCR产物 **1997年** 应用生物系统有限公司 US6143496A 多腔固定室PCR，使用杂交和荧光检测	**1997年** 卡钳 US5965410A 串行连续流PCR芯片 **1998年** 卡钳 US6235471B1 串并转换连续流流道，使用非特异性荧光染料结合电泳或特异性荧光探针杂交检测PCR产物	
2000~2010年		**2003年** 卡钳 US2004224325A1 振荡连续流液滴PCR，使用电阻加热器件，荧光检测 **2003年** 加州理工学院 US2005053952A1 高通量RT-PCR振荡连续流芯片，用于构建cDNA文库，使用杂交或电泳检测扩增结果 **2003年** 生命技术公司 WO2004074818A2 使用特异性荧光探针的qPCR芯片，振荡连续流，半导体温控，具有用于杂交检测的孔板	**2001年** Fluidigm WO02081935A2 多层软光刻制备集成流体回路（IFC）实现阵列流体控制 **2004年** Fluidigm EP2340890A1 基于交叉点处的弹性阀实现流道和盲道的集成流道阵列，反应点循环加热PCR，杂交检测 **2009年** 犹他大学 WO2009111461A2 用于数字PCR的离心旋转盘平台、空气循环加热PCR反应 **2010年** Advanced Liquid Logic WO2011020011A2 基于液滴的数字PCR，用于SNP（单核苷酸多态性分析）包括荧光检测或焦磷酸测序
2011~2020年		**2014年** RainDance Technologies JP2014138611A 流动聚焦形成液滴，PCR液滴连续检测	**2011年** Stokes bio WO2011119997A2 集成流体回路结合液体桥技术实现液滴制备混合，连接热循环器和光学检测装置检测PCR产物 **2017年** 复旦大学 CN108034703A 基于恒温源的大规模快速精密控制的液滴数字PCR **2020年** Canon Virginia WO2020154436A1 无分区数字PCR系统

图4-8-2 微流控芯片核酸检测液流控制技术的技术演进路线

（正文说明见第86~87页）

注：相同颜色代表同类技术。

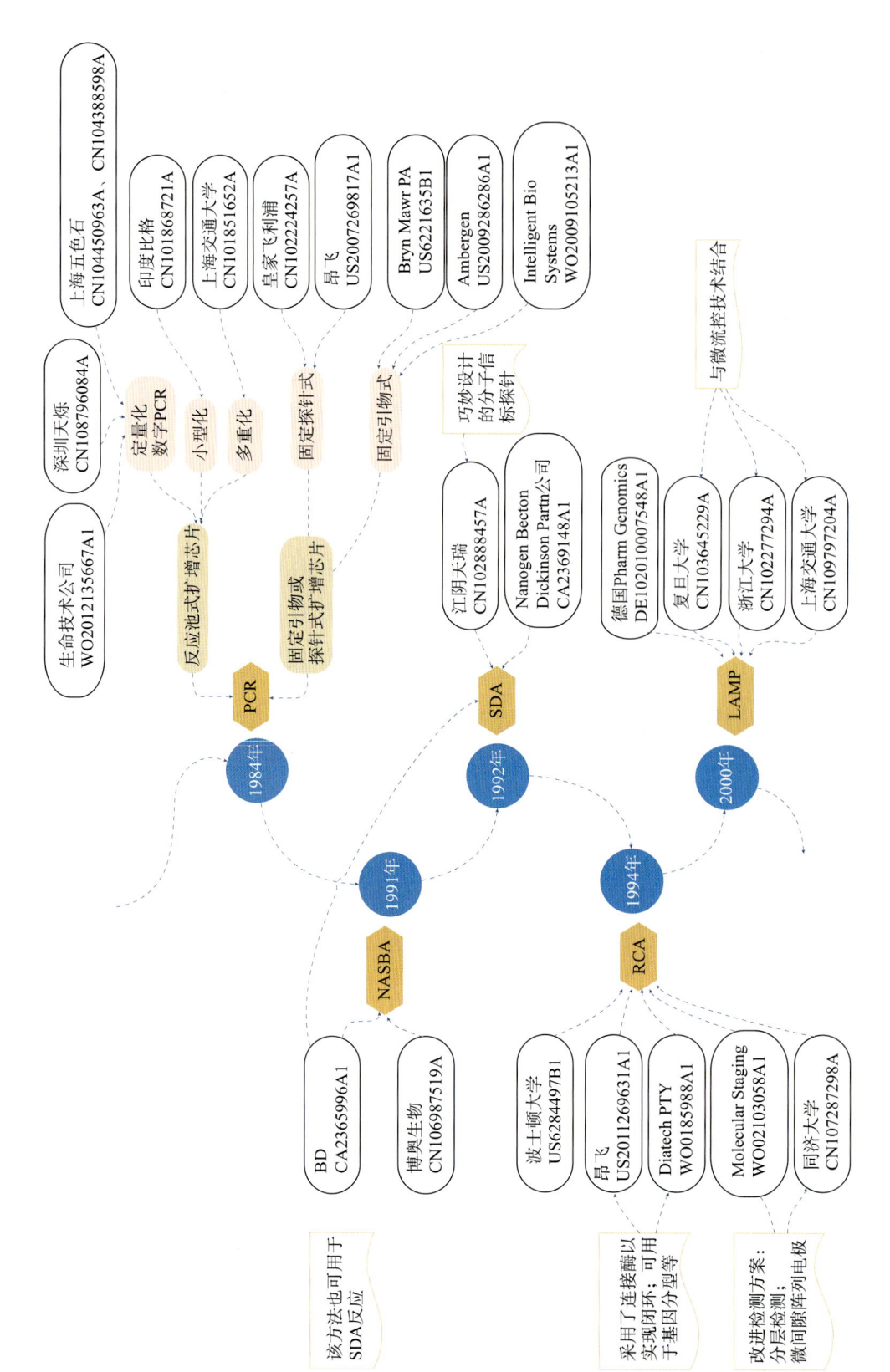

图5-7-3 微阵列芯片中扩增芯片技术的演进路线

（正文说明见第112页）

编委会

主　任：廖　涛

副主任：胡文辉　魏保志

编　委：雷春海　吴红秀　刘　彬　田　虹

　　　　李秀琴　张小凤　孙　琨

前　言

为深入学习贯彻习近平新时代中国特色社会主义思想，深入领会习近平总书记在中央政治局第二十五次集体学习时的重要讲话精神，特别是"要加强关键领域自主知识产权创造和储备"的重要指示精神，国家知识产权局学术委员会紧紧围绕国家重点产业和关键领域创新发展的新形势、新需求，进一步强化专利分析运用与关键核心技术保护的协同效应，每年组织开展一批重大专利分析课题研究，取得了一批有广度、有高度、有深度、有应用、有效益的优秀课题成果，出版了一批《产业专利分析报告》，为促进创新起点提高、创新效益提升、创新决策科学有效提供了有力指引，充分发挥了专利情报对加强自主知识产权保护、提升产业竞争优势的智力支撑作用。

2020年，国家知识产权局学术委员会按照"源于产业、依靠产业、推动产业"的原则，在广泛调研产业需求基础上，重点围绕高端医疗器械、生物医药、新一代信息技术、关键基础材料、资源循环再利用等5个重大产业方向，确定12项专利课题研究，组织20余家企事业单位近180名研究人员，圆满完成了各项课题研究任务，形成一批凸显行业特色的研究成果。按照课题成果的示范性和价值度，选取其中5项成果集结成册，继续以《产业专利分析报告》（第79～83册）系列丛书的形式出版，所涉及的产业方向包括群体智能技术，生活垃圾、医疗垃圾处理与利用，应用于即时检测关键技术，基因治疗药物，高性能吸附分离树脂及应用等。课题成果的顺利出版离不开社会各界一如既往的支持帮助，各省市知识产权局、行业协会、科研院所等为课题的顺利开展贡献巨大力量，来自近百名行业和技术专家参与课题指导工作。

《产业专利分析报告》（第 79~83 册）凝聚着社会各界的智慧，希望各方能够充分吸收，积极利用专利分析成果助力关键核心技术自主知识产权创造和储备。由于报告中专利文献的数据采集范围和专利分析工具的限制，加之研究人员水平有限，因此报告的数据、结论和建议仅供社会各界借鉴研究。

《产业专利分析报告》丛书编委会

2021 年 7 月

应用于即时检测关键技术专利分析课题研究团队

一、项目管理

国家知识产权局专利局：张小凤　孙　琨

二、课题组

承 担 单 位：国家知识产权局专利局专利审查协作四川中心

课题负责人：李秀琴

课题组组长：叶红学

统 稿 人：叶红学　罗　程

主要执笔人：蒋佳春　张若剑　李　佩　银　欢　李　坎
　　　　　　　唐海银　刘　俊

课题组成员：李秀琴　叶红学　罗　程　蒋佳春　张若剑　李　佩
　　　　　　　银　欢　李　坎　唐海银　刘　俊　吴海燕　杨　焘
　　　　　　　赵　鹏　曾　波　罗　松

三、研究分工

数据检索：蒋佳春　张若剑　李　佩　银　欢　李　坎　唐海银
　　　　　　刘　俊　杨　焘　吴海燕　赵　鹏　曾　波　罗　松

数据清理：蒋佳春　张若剑　李　佩　银　欢　李　坎　唐海银
　　　　　　刘　俊　杨　焘　吴海燕　赵　鹏　曾　波　罗　松

数据标引：罗　程　蒋佳春　张若剑　李　佩　银　欢　李　坎
　　　　　　唐海银　刘　俊　杨　焘　吴海燕　赵　鹏　曾　波
　　　　　　罗　松

图表制作：罗　松　蒋佳春　张若剑　李　佩　银　欢　李　坎
　　　　　　唐海银　刘　俊　杨　焘　吴海燕　赵　鹏　曾　波

报告执笔：叶红学　蒋佳春　张若剑　李　佩　银　欢　李　坎
　　　　　　唐海银　刘　俊　杨　焘　吴海燕　赵　鹏　曾　波
　　　　　　罗　松

报告统稿：叶红学　罗　程

报告编辑：叶红学　罗　程　蒋佳春　张若剑　李　佩　银　欢
　　　　　李　坎　唐海银　刘　俊　杨　焘　吴海燕　赵　鹏
　　　　　曾　波

报告审校：李秀琴　叶红学

四、报告撰写

叶红学：主要执笔第8章

蒋佳春：主要执笔第1章第1.1节、第1.2.3节，第2章第2.4~2.6节，第6章第6.10节，第7章第7.2.1节

唐海银：主要执笔第1章第1.2.2节、第3章第3.1~3.5节、第6章第6.5节、第7章第7.1.6节

李　佩：主要执笔第2章第2.1~2.2节，第3章第3.7.1节、第3.8节，第6章第6.9.2节，第7章第7.2.7节

李　坎：主要执笔第1章第1.2.1节、第1.3节，第3章第3.6节、第3.7.2节，第7章第7.1.1~7.1.2节、第7.4节

银　欢：主要执笔第5章第5.2节、第5.3.1节、第5.4.1节、第5.5.1节、第5.6节、第5.7.3节、第7章第7.2.2节、第7.2.4节

吴海燕：主要执笔第5章第5.1节、第5.3.2~5.3.3节、第5.4.2节、第5.5.2节、第5.7.1~5.7.2节、第5.7.4~5.7.5节、第5.8节，第6章第6.6.3节，第7章第7.2.5节

张若剑：主要执笔第1章第1.2.4节，第2章第2.3节，第4章第4.7.3~4.7.4节、第4.8节、第4.10节，第7章第7.2.6节

刘　俊：主要执笔第4章第4.6节、第4.7.5~4.7.6节，第6章第6.2节、第6.4节、第6.7节、第6.11节，第7章第7.1.3~7.1.5节

杨　焘：主要执笔第4章第4.7.7节，第6章第6.3节、第6.8.1~6.8.3节、第6.9.1节、第6.9.3节，第7章第7.3.1~7.3.2节

曾　波：主要执笔第4章第4.1~4.5节、第4.9节，第7章第7.2.3节

赵　鹏：主要执笔第 4 章第 4.7.1～4.7.2 节，第 6 章第 6.1 节、第 6.6.1～6.6.2 节、第 6.8.4～6.8.5 节，第 7 章第 7.3.3 节

五、指导专家

技术专家

王　奕　　国家知识产权局专利局光电技术发明审查部分析四处

王　颖　　武汉明德生物科技股份有限公司

席再军　　武汉明德生物科技股份有限公司

刘东泽　　四川迈克生物科技股份有限公司

赵雨航　　四川迈克生物科技股份有限公司

黄春荣　　广州万孚生物技术股份有限公司

专利分析专家

赵向阳　　国家知识产权局专利局专利审查协作四川中心

宋　瑞　　国家知识产权局专利局专利审查协作四川中心

目 录

第1章　研究概述 / 1
　1.1　研究背景 / 1
　　1.1.1　即时检测的定义及技术发展 / 2
　　1.1.2　即时检测产业现状 / 2
　　1.1.3　应用于即时检测的关键技术 / 4
　1.2　研究对象和方法 / 5
　　1.2.1　技术分解 / 5
　　1.2.2　专利特色分析方法 / 5
　　1.2.3　数据检索 / 6
　　1.2.4　查全和查准评估 / 7
　1.3　相关事项和约定 / 7

第2章　POCT技术专利概览 / 8
　2.1　专利申请量趋势 / 8
　　2.1.1　全球专利申请量趋势 / 8
　　2.1.2　中国、美国、欧洲、日本、韩国的专利申请量趋势 / 10
　2.2　技术迁移 / 12
　　2.2.1　全球专利申请的技术迁移 / 12
　　2.2.2　中国专利申请的技术来源国家/地区 / 13
　　2.2.3　中国专利申请的主要区域分布 / 13
　2.3　技术构成 / 14
　2.4　重点申请人 / 15
　　2.4.1　全球重点申请人 / 15
　　2.4.2　中国重点申请人 / 18
　2.5　技术发展生命周期 / 20
　　2.5.1　全球技术发展生命周期 / 20
　　2.5.2　中国技术发展生命周期 / 21
　2.6　本章小结 / 21

第3章　化学发光免疫分析 / 23

3.1 概　　况 / 23
3.2 专利申请量趋势 / 23
3.2.1 全球专利申请量趋势 / 23
3.2.2 中国、美国、欧洲、日本、韩国的专利申请量趋势 / 24
3.3 专利申请的技术迁移 / 26
3.3.1 全球专利申请的技术迁移 / 26
3.3.2 中国专利申请的技术来源国家/地区 / 26
3.3.3 中国专利申请的区域分布 / 27
3.4 重点申请人 / 27
3.4.1 全球重点申请人 / 27
3.4.2 中国重点申请人 / 28
3.5 技术发展生命周期 / 30
3.5.1 全球技术发展生命周期 / 30
3.5.2 中国技术发展生命周期 / 30
3.6 演进路线 / 31
3.7 关键技术 / 34
3.7.1 样本前处理 / 34
3.7.2 免疫识别技术 / 43
3.8 本章小结 / 48

第4章　微流控芯片 / 50
4.1 概　　况 / 50
4.2 专利申请量趋势 / 50
4.2.1 全球专利申请量趋势 / 50
4.2.2 中国、美国、欧洲、日本、韩国的专利申请量趋势 / 51
4.3 专利申请的技术迁移 / 53
4.3.1 全球专利申请的技术迁移 / 53
4.3.2 中国专利申请的技术来源国家/地区 / 53
4.3.3 中国专利申请的区域分布 / 54
4.4 重点申请人 / 54
4.4.1 全球重点申请人 / 54
4.4.2 中国重点申请人 / 55
4.5 技术发展生命周期 / 56
4.5.1 全球技术发展生命周期 / 56
4.5.2 中国技术发展生命周期 / 57
4.6 技术演进路线 / 57
4.7 关键技术 / 58
4.7.1 基片材料 / 58

4.7.2 加工技术 / 61
4.7.3 功　　能 / 63
4.7.4 流道结构 / 72
4.7.5 检测对象 / 79
4.7.6 检测方法 / 80
4.7.7 液滴微流控芯片 / 83
4.8 微流控芯片核酸检测 / 85
4.8.1 微流控芯片核酸检测的技术演进路线 / 85
4.8.2 微流控芯片核酸检测主要产品与相关专利 / 87
4.9 微流控芯片检测与新型冠状病毒 / 89
4.10 本章小结 / 90

第5章 微阵列芯片 / 93
5.1 概　　况 / 93
5.2 专利申请量趋势 / 94
5.2.1 全球专利申请量趋势 / 94
5.2.2 中国、美国、欧洲、日本、韩国的专利申请量趋势 / 95
5.3 专利申请的技术迁移 / 97
5.3.1 全球专利申请的技术迁移 / 97
5.3.2 中国专利申请的技术来源国家/地区 / 97
5.3.3 中国专利申请的区域分布 / 98
5.4 重点申请人 / 98
5.4.1 全球重点申请人 / 98
5.4.2 中国重点申请人 / 99
5.5 微阵列芯片的技术发展生命周期 / 101
5.5.1 全球技术发展生命周期 / 101
5.5.2 中国技术发展生命周期 / 102
5.6 产业链分布 / 102
5.7 关键技术 / 103
5.7.1 芯片制作 / 103
5.7.2 核酸扩增芯片 / 106
5.7.3 液相芯片 / 113
5.7.4 辅助技术 / 116
5.7.5 在疾病检测中的应用 / 119
5.8 本章小结 / 122

第6章 重点企业分析 / 125
6.1 武汉明德生物科技股份有限公司 / 125
6.1.1 公司简介 / 125

6.1.2 专利申请量趋势 / 125
6.1.3 技术布局 / 126
6.1.4 技术演进路线 / 127
6.2 万孚生物 / 128
6.2.1 公司简介 / 128
6.2.2 专利申请量趋势 / 128
6.2.3 专利申请的法律状态 / 129
6.2.4 技术布局 / 129
6.2.5 技术演进路线 / 130
6.3 基蛋生物科技股份有限公司 / 132
6.3.1 公司简介 / 132
6.3.2 专利申请量趋势 / 132
6.3.3 技术布局 / 133
6.3.4 技术演进路线 / 133
6.4 明德生物、万孚生物和基蛋生物的对比 / 135
6.5 科美诊断 / 136
6.5.1 公司简介 / 136
6.5.2 涉及化学发光的相关专利分析 / 137
6.5.3 科美诊断与成都爱兴 / 138
6.6 博奥生物集团有限公司 / 139
6.6.1 公司简介 / 139
6.6.2 微流控芯片的相关专利分析 / 139
6.6.3 微阵列芯片的相关专利分析 / 141
6.7 罗　　氏 / 142
6.7.1 公司简介 / 142
6.7.2 专利申请量趋势 / 143
6.7.3 技术布局 / 143
6.7.4 技术演进路线 / 144
6.7.5 微流控芯片的相关专利分析 / 145
6.8 雅　　培 / 146
6.8.1 公司简介 / 146
6.8.2 专利申请量趋势 / 146
6.8.3 技术布局 / 148
6.8.4 技术演进路线 / 149
6.8.5 主要产品 / 151
6.9 西门子 / 152
6.9.1 公司简介 / 152

6.9.2 化学发光的相关专利分析 / 153
6.9.3 微流控芯片的相关专利分析 / 156
6.10 卡 钳 / 159
6.10.1 公司简介 / 159
6.10.2 专利申请量趋势 / 159
6.10.3 技术演进路线 / 160
6.11 本章小结 / 161

第7章 新型冠状病毒检测专利概览 / 164
7.1 免疫检测 / 164
7.1.1 概 况 / 164
7.1.2 全球专利申请量趋势 / 165
7.1.3 中国专利申请的区域分布 / 166
7.1.4 中国专利申请类型及法律状态 / 166
7.1.5 中国重点申请人 / 167
7.1.6 关键技术 / 168
7.2 分子诊断 / 170
7.2.1 概 况 / 170
7.2.2 专利申请量趋势 / 171
7.2.3 重点申请人 / 172
7.2.4 专利申请的技术分解 / 175
7.2.5 PCR扩增 / 179
7.2.6 恒温扩增 / 190
7.2.7 辅助技术 / 201
7.3 重点申请人 / 206
7.3.1 外国重点申请人 / 206
7.3.2 国内重点申请人 / 211
7.3.3 国内外重点申请人对比 / 217
7.4 本章小结 / 218

第8章 措施建议 / 220
附录1 外国申请人名称约定表 / 222
附录2 中国申请人名称约定表 / 229
图索引 / 231
表索引 / 236
参考文献 / 237

第1章 研究概述

本章作为本报告的开篇,将从即时检测的研究背景、研究对象和方法、相关事项和约定等方面进行介绍。

1.1 研究背景

党中央、国务院历来高度重视公共卫生安全,在《突发急性传染病防治"十三五"规划(2016—2020年)》中即明确规定了全面提升对新发突发急性传染病未知病原体快速筛查和已知病原体全面检测的能力。

2015年9月,《国务院办公厅关于推进分级诊疗制度建设的指导意见》提出建立基层首诊、双向转诊、急慢分治、上下联动的分级诊疗模式。分级诊疗的实行,不仅带来了新的诊疗模式,也给即时检测行业带来了很多发展机会。分级诊疗制度背景下,胸痛中心、卒中中心、创伤中心、危重孕产妇救治中心、危重儿童和新生儿救治中心五大中心的建立,需要大量快速诊断的产品。2016年以来,包括"两票制""4+7"带量采购等在内的医药政策落地,并且逐渐向医疗诊断行业延伸扩围,即时检测行业面临巨大的机遇与挑战。

自2019年12月中旬以来,新型冠状病毒(COVID-19或2019-nCoV或SARS-CoV-2,以下简称"新冠病毒")感染的肺炎病例数量不断增长,新型冠状病毒肺炎疫情(以下简称"新冠疫情")迅速在全世界蔓延。截至2020年10月底,外国累计确诊病例4700万多人,死亡119万多人;中国确诊病例9万多人,死亡4000多人,❶新冠疫情成为自2003年后的又一次重大公共卫生紧急事件,其传播范围和力度远超2003年的非典型肺炎疫情(以下简称"非典")。全球疫情防控形势严峻,对各国/地区应对突发公共卫生事件提出了即时、准确、高效诊断的要求。

2020年3月16日,第6期《求是》发表习近平总书记的重要文章《为打赢疫情防控阻击战提供强大科技支撑》,文章强调,要加大卫生健康领域科技投入,加强生命科学领域的基础研究和医疗健康关键核心技术突破。2020年5月7日,李克强总理主持召开中央应对新冠肺炎疫情工作领导小组会议时进一步强调:"要进一步集中力量重点攻关,加快提高核酸检测能力,尤其是推进检测时间短、且无需实验室的核酸快速检测设备生产扩能,加大政策、审评审批等支持,协调帮助重点企业解决生产扩能中的

---

❶ 百度. 新型冠状病毒肺炎疫情实时大数据报告 [R/OL]. (2020-11-12) [2020-11-12]. https://voice.baidu.com/act/newpneumonia/newpneumonia/?from=osari_aladin_banner.

困难。加快组织移动方舱实验室生产，吸纳更多具备条件的第三方检测机构参与核酸检测，保证检测安全、快速、可靠。"另外，国家卫生健康委员会已经发布了《新型冠状病毒肺炎诊疗方案（试行）》第一版至第八版。

即时检测技术高通量的特点使其可以作为大规模快速筛查的手段，集成化和小型化的特点使其便于携带和储存，且试剂和样本使用量远远低于常规检测，操作简单，无须专业人员，直接输入体液样本即可迅速得到诊断结果，并将信息上传至远程监控中心。因此，在这一次新冠疫情防控中，即时检测技术对于疾病的及时发现和治疗具有突破性的意义，发挥了巨大作用。

基于以上即时诊断行业面临的机遇与挑战，有必要从专利技术的角度对即时检测的内涵、技术分支和技术边界进行清楚的确定，明确我国在即时检测中面临的机遇和潜在的风险，并提出抓住机遇、抵御风险的方法，解决产业发展问题。

1.1.1 即时检测的定义及技术发展

即时检测，即行业简称的"POCT"（Point-of-care testing），是一种在采样现场进行的、利用便携式分析仪器及配套试剂快速得到结果的检测方式。其包括3个要素：一是"即时"，即在患者发病时刻进行快速检测；二是"即地"，即在采样现场或患者现场进行床旁检测，将试剂盒和一些手携设备送到患者身边，省去了标本在实验室检验的复杂处理程序；三是操作者，可以是非专业检测师，甚至是被检测对象本人。基于以上3个要素，POCT可以理解为，是按照实施场地要求分类下，与中心实验室诊断对应的另一种检测手段，归属于医疗器械体外诊断（In vitro diagnostic，IVD）领域，以操作方便和即时快捷取胜，能够快速确定患者治疗方向，提高诊断和执行治疗计划的速度，减少患者在医疗机构中的停留时间，降低每个患者的医疗保健成本，将成为从治疗医学到预测性、个性化、先发性医学转变的一部分。由于POCT不受时间、地点或操作者的限制，显著缩短了周转时间，大大拓宽了应用场景，在大型医院、基层医院、社区保健站、私人诊所、海关、灾害医学救援等现场被广泛应用。

随着科学发展和检测技术的不断革新，POCT产品发展至今大致经历了五代变革。第一代为"定性"产品，以基于膜的金标层析为主；第二代为"手工半定量"产品，在第一代基础上增加比色卡进行粗略半定量；第三代为"手工定量"产品，配备读数仪，对反应曲线判读以获得定量结果，主要操作仍手工完成；第四代为"半自动定量"产品，除"加样"外，其他步骤均实现半自动或全自动定量检测；21世纪初期，第五代"iPOCT"（以互联网+移动医疗+POCT为表现形式）在第四代半自动定量基础上融合了互联网技术，利用精准化、自动化、云端化、共享化特点，将iPOCT核心"互联网整合POCT"发挥到极致，弥补了传统POCT自动化程度低、精准度差、成本高、信息化程度低等缺陷。

1.1.2 即时检测产业现状

1.1.2.1 国际市场

POCT是IVD的细分领域。近年来，全球POCT市场保持稳定增长态势。据市场调研公司 Rncos 发布的报告，2018 年全球 POCT 市场规模约为 240 亿美元，年复合增长率超 8%。

POCT 消费呈现区域性特点，以欧美市场主导。在 POCT 区域市场格局方面，美国地区市场规模占比 47%，成为全球最大的 POCT 消费区域；欧盟市场规模占比 30%，位列第二；日本地区约占 12%；中国等其他区域市场占比仅为 10% 左右，因此，中国区域存在巨大的发展空间。

POCT 产品的应用极为广泛，从检测项目来分，主要集中在心血管类、感染类、血糖类、血气类、妊娠类、肿瘤类等。2018 年全球 POCT 市场规模约为 240 亿美元，份额最大的血糖检测为 64 亿美元，占比 27%。在全球非血糖 POCT 检测领域，心血管检测和感染类产品占据主要地位，市场规模分别为 28.70 亿美元和 12.59 亿美元。

全球主要 POCT 企业也集中在欧、美、日等国家/地区，包括罗氏（瑞士）、雅培（美国）、西门子（德国）、丹纳赫（美国）、雷度米特（丹麦）、碧迪（美国）、强生（美国）、PTS（美国）、Quidel（美国）、Chembio（美国）等。其中罗氏、强生在血糖领域领先，雅培、雷度米特等则在血气和电解质、心脏标志物等领域居于领先地位。

1.1.2.2 国内市场

我国 POCT 虽然起步较晚，市场规模尚小，但受益于中国经济的快速发展、相关政策的相继出台以及医疗体制的不断革新，我国整体药械市场正处于快速发展阶段。

2018 年我国 POCT 市场规模约为 14.3 亿美元，折合人民币约为百亿元。由于起步较晚，我国 POCT 整体市场规模相对美国、欧盟等发达国家/地区依然偏小，但 POCT 市场增长迅速，年增长率能够维持在 20%~30%，远超世界 7%~8% 年增长水平。

一方面，中国 POCT 行业外资企业占据主导地位，2018 年罗氏、强生和雅培三家外资"巨头"占据中国 POCT 市场近一半份额。另一方面，中国企业近年来在经济和政策的双重刺激下迅速发展，万孚生物 2019 年营收 20.72 亿元，2017~2019 年复合增长率超过 55%，其中，化学发光、干式生化、电化学平台贡献超过 5000 万元收入；基蛋生物，2016~2019 年复合增长率为 37.91%，2020 年第三季度营收实现同比高速增长 102.01%。

1.1.2.3 新冠病毒等突发公共卫生事件提升 POCT 行业认可度

在突发公共卫生事件的应急领域，POCT 已成为先遣急救者首选。非典期间，国产流感 POCT 试剂盒没有研制成功，进口核酸检测与进口抗甲流药物（达菲）的诊疗组合单价超过 2000 元。2009 年甲型 H1N1 防控，我国政府快速反应，集全国之力组织研发，并评比出优质产品。随后在乙型流感、甲型 H7N9 禽流感等疫情时期，POCT 都展现了应用潜力，能够帮助快速应对大规模疫情爆发。

2020 年新冠疫情提升 POCT 行业的关注度和认可度。POCT 检测无须配套检测仪器，15 分钟内出结果，适合疾控中心、二级医院、社区等多种场景，尤其适合院前和院内大面积初筛，可大幅提高基层的筛查能力。科学技术部于 2020 年 2 月 8 日发布《新型冠状病毒（2019-nCoV）现场快速检测产品研发应急项目申报指南》，面向社会征集新冠病毒 POCT 产品，突破现有检测技术对人员/场所的限制，缩短检测用时，提升便捷程度。2020年2月19日，国务院应对新型冠状病毒感染肺炎疫情联防联控机制办公室推荐，POCT相关9个项目进入应急审批通道。

1.1.3 应用于即时检测的关键技术

POCT的关键技术有：干化学技术、免疫胶体金技术、免疫荧光技术、化学发光免疫技术、电化学技术、微流控芯片技术、微阵列芯片技术。

干化学技术是相对于湿化学技术而言的，是指将液体检测样品直接加到为不同项目特定生产的商业化的干燥试剂条上，以被测样品的水分作为溶剂引起特定的化学反应，从而进行化学分析的方法；是以酶法为基础的一类分析方法，主要采用反射光度法或差示电极法作为测量手段。干化学技术具有无须试剂准备和定标、试剂稳定时间长、可以进行全血检测等优点。

免疫胶体金技术，又称胶体金技术（Immuno Colloidal Gold Technique），是以胶体金作为示踪标志物应用于抗原抗体反应的一种新型的免疫标记技术。由氯金酸（$HAuCl_4$）在还原剂（白磷、抗坏血酸、枸橼酸钠、鞣酸等）作用下聚合成为特定大小的金颗粒，并由于静电作用成为一种稳定的胶体状态，称为胶体金。碱性溶液中的金颗粒表面带有负电荷，它们之间的静电斥力使其在溶液中形成稳定的胶体。当溶液中有较大的分子如蛋白质分子时，金颗粒表面的负电荷与蛋白质表面的正电荷结合，使金颗粒能够吸附到蛋白质分子上，并且不影响蛋白质的生物活性。胶体金除了可与蛋白质结合以外，还可与许多生物大分子结合，如与免疫球蛋白、毒素、糖蛋白、酶、脱氧核糖核酸（DNA）、抗生素和激素等多种物质非共价结合，从而使其成为免疫反应的优良标记物。

免疫荧光技术是将不影响抗原抗体活性的荧光色素标记在抗体（或抗原）上，与其相应的抗原（或抗体）结合后，在荧光显微镜下呈现一种特异性荧光反应。免疫荧光技术以荧光物质为标记物，如荧光素、量子点、上转换纳米颗粒等，兼具荧光检测的高灵敏度。

化学发光免疫技术包括化学发光分析系统和免疫反应系统。化学发光分析系统是利用化学发光物质经催化剂的催化和氧化剂的氧化，形成一种激发态的中间体，当这种激发态中间体回到稳定的基态时，同时发射出光子。免疫反应系统是将发光物质直接标记在抗原或抗体上，或酶标记于抗原或抗体再作用于发光底物。化学发光免疫技术结合了化学发光的高灵敏度和免疫分析的高特异性。该方法的优势在于高灵敏度、宽的线性动力学范围、精确的定量检测、结果稳定、误差小、操作简便。基于上述优势，在POCT的免疫诊断方向上，化学发光免疫技术已过研发蛰伏期，正成为主流诊断手段。

电化学技术研究电极（主要是固体金属或半导体）和离子导体（电解质）界面发生的化学反应，包括电极和电解质之间的电荷转换，是通过在不同的测试条件下，对电极电势和电流分别进行控制和测量，并对其相互关系进行分析而实现的。

微流控（Microfluidics）芯片技术是把生物、化学、医学分析过程的样品制备、反应、分离、检测等基本操作单元集成到一块微米尺度的芯片上,自动完成分析全过程,并通过在后端耦合光、电、热等形式的检测器和读数装置,实现从生物小分子到细胞不同尺度对象的检测过程的自动化和检测结果的信息化。应用于即时检测的微流控芯片技术完美地解决了目前封闭检测、高通量、集成化等即时检测急需解决的问题。

微阵列芯片技术基本原理是在面积很小的支持物表面有序地点阵固定排列一定数量的可寻址分子,这些分子与相应待测物成分结合或反应,以荧光、化学发光或酶促显色等显示结果,从而实现对DNA、核糖核酸(RNA)、多肽、蛋白质、细胞、组织以及其他生物组分的准确、快速、高通量检测。它一般具有使用方便、测量迅速、一块芯片上所包含的数据量大等优点。

1.2 研究对象和方法

1.2.1 技术分解

本报告经过前期技术和产业现状调研,查阅行业报告、书籍和网上资料,以及与企业技术专家的交流,把握行业内对于POCT边界、研发方向、技术壁垒的认定,结合行业标准与专利检索数据形成POCT技术分解表。POCT一级技术分支主要包括干化学技术、胶体金技术、免疫荧光技术、化学发光免疫技术、电化学技术、微流控芯片技术和微阵列芯片技术。本书以化学发光免疫技术、微流控芯片技术和微阵列芯片技术作为POCT的重点技术分支,进行具体分析。

1.2.2 专利特色分析方法

1.2.2.1 POCT边界的确定

本报告首先面临的难题在于POCT模糊化的边界。POCT单从字面上理解,是一种相对于传统医学检测的快速检测方法。但是否只要快速检测就符合POCT的概念呢?随着POCT的发展、技术的进步,POCT也走上了自动化、精准化、高通量的道路。

目前市面上存在多种检测仪器:有些检测仪器的通量已经很大,但仪器设备也比较大;有些是便携式小型化的仪器,但检测通量很低,甚至只能单独进行检测;有些检测方式,无须使用仪器,仅使用试纸条即可得到检测结果。另外,按照操作人员的不同,POCT有狭义和广义之分。广义上的POCT泛指接近病人的检验,包括在医院中进行的检验。狭义上的POCT是指针对病人,由医生进行或由病人自己进行的检验。由于专利数据并不能有效地区分操作主体,因此,本报告中的POCT的边界如何定义直接关系到本报告的专利数据范围和数量。

本报告通过梳理POCT产品类型、关键技术、检测对象以及重要申请人,同时参考了20余份行业报告和30余份企业年度报告,并对4家POCT企业[迈克生物股份有限公司(以下简称"迈克生物")、成都博奥生物、万孚生物和明德生物]进行了2次实地调研和3次线上集中调研,并与POCT企业专家进行了多次沟通、讨论。最终,本报告确定 POCT 的边界定义是能够即时即地快速检测的小型 IVD 技术，其主要技术包括干化学技术、胶体金技术、免疫荧光技术、化学发光免疫技术、微流控芯片技术、微阵列芯片技术，其监测指标主要涉及血糖、凝血、生化分析、感染性疾病、肿瘤标志物、妊娠/排卵监测、毒品/酒精监测、心脏标志物等。

相对应地，第 1.2.3 节中对 POCT 分级分类的检索思路也是创新点之一。

1.2.2.2 针对结构功能功效对应进行三维标引

本报告针对微流控芯片技术领域的特点，发明了独有的"结构－功能－功效"分析方法，具体参见第 4.7.4 节。从 1 万多篇专利文献中以重要性程度筛选出近 6000 篇中外文专利文献，再通过多次预标引的方式，确定了标引表中的人工标引项目，并进行了全人工标引。标引项从简到繁扩展为 3 大类 12 组 114 小项，后再经标引确定删除次要项，由繁化简成 67 小项。对每一篇专利文献的说明书中涉及的具体结构、结构对应的功能，以及结构和功能实现的功效进行了细致的分析。

在其他的专利分析工作中，我们没有发现过这样的"三维"标引方式。由于不同创新主体的专利文献的撰写方式差异很大，这项工作实际困难较大。在具体标引时采取人工方式，需要通读专利文献全文，抓住其技术方案的实质，并提炼出发明点，再以符合标引表的方式将其浓缩成几个对应关系构成的核心表达。这种标引方式建立在对微流控芯片领域现有技术、专利文献特点充分了解的基础上，除大量阅读之外，多次预标引工作也是必不可少的。

本报告初步分析可见，结构－功能－功效三者存在一定的对应关系，可为优化流道设计提供一定指引。

由于信息维数过多，相互关系复杂，而目前专利可视化的各种手段都存在一定的局限性，呈现方式仍有很大的改善空间。就专利分析的可视化而言，目前尚属于初步探索阶段。即便如此，这种创新的分析方式适用于诸如与结构－功能－功效相对应或具有多维考量因素的技术领域，具有一定的广泛使用价值，并有望未来在专利分析领域发挥更大的作用。

1.2.3 数据检索

本报告采用了分级分类的检索策略，结合 S 系统的算符特点，进行了相应的检索。首先，采用最准确的关键词"POCT"及全称进行了准确检索，直接纳入结果库中。再采用分总式策略，分别检索一级分支干化学技术、胶体金技术、免疫荧光技术、化学发光免疫技术、微流控芯片技术、微阵列芯片技术这六大模块。在检索各一级分支时，以技术为核心，根据技术特点辅以检测样本、检测疾病、检测指标等核心词汇，结合追踪策略，将重点申请人的对应技术进行补足。另外，还采用了引证追踪策略对发明起点进行溯源。在检索过程中，采用分类号和关键词相结合，对检索结果进行多次数据验证和调整，实现数据查全和查准。

本报告采用逐级降噪原则。首先，将非常准确的、包含 POCT 关键词的文献直接放入数据库中；其次，对各一级分支采取随机抽样的方式，抽取 100 篇文献进行预标引，获取噪声分类号，排除明显不相关文献，获取噪声关键词，进行标题检索降噪，将明显不属于即时检测领域的文章排除；再次，采用全文词频降噪；最后，进行人工降噪，得到中文专利数据 34891 件，DWPI 全球专利数据为 62720 项。

1.2.4 查全和查准评估

（1）查准率评估

查准率是通过对检索结果的随机抽样，评估有效文献量。经过评估，各一级分支的检索结果的中文查准率在 95% 以上，英文查准率在 90% 以上，查准率符合专利分析的要求。

（2）查全率评估

查全率评估是通过重要申请人和/或发明人来构建查全样本专利文献集合，根据其中有效文献在总的检索结果中的比例获取查全率。经过评估，各个一级分支的检索结果的中文查全率均在 90% 以上，英文查全率在 85% 以上，查全率符合专利分析的要求。

1.3 相关事项和约定

本节对本报告中出现的专利术语或现象给出解释。

同族专利：同一项发明创造在多个国家、地区或组织申请专利而产生的一组内容相同或基本相同的专利文献，成为一个专利族或同族专利。从技术角度来看，属于同一专利族的多件专利申请可视为同一项技术。在本报告中，针对专利技术及其原创国/地区分析时对同族专利进行了合并统计；针对专利在各个主要国家、地区或组织的公开情况分别进行分析时，对同族专利中的各件专利在相应国家、地区或组织内进行了单独统计。

项：同一项发明可能在多个国家、地区或组织提出专利申请，德温特世界专利索引数据库（以下简称"DWPI 数据库"）将这些相关的多件申请作为 1 条记录收录。在进行专利申请数量统计时，对于数据库中以 1 族（此处"族"指的是同族专利中的"族"）数据形式出现的一系列专利文献，计算为"1 项"。一般情况下，专利申请的项数对应技术的数目。

件：在进行专利申请数量统计时，例如为了分析申请人在不同国家、地区或组织所提出的专利申请的分布情况，将同族专利申请分开进行统计，所得到的结果对应申请的件数。1 项专利申请可能对应 1 件或多件专利申请。

第 2 章　POCT 技术专利概览

随着当今社会对个人健康管理的重视度和应对大规模传染性疾病应急措施的需求度的普遍提升，POCT 技术自诞生以来，经过约 70 年的发展，正进入一个新的阶段。以全自动定量模式为契机，寻求互联网技术的融合是新一代 POCT 技术的最主要特点。本章结合全球专利数据，从全球专利申请量趋势、中国专利申请量趋势、各技术分支的发展趋势、国内外重点申请人等方面进行了分析。

2.1　专利申请量趋势

2.1.1　全球专利申请量趋势

全球 POCT 技术发展起步较早，可追溯至 20 世纪中期。截至 2020 年 7 月 31 日，按照前文提出的检索策略通过 S 系统在中国专利文摘数据库（CNABS）、中国专利全文文本代码化数据库（CNTXT）、外文数据库（VEN）、德温特世界专利索引数据库（DWPI）、美国专利全文文本数据库（USTXT）、国际专利全文文本数据库（WOTXT）、欧洲专利全文文本数据库（EPTXT）、日本全文文本数据库（JPTXT）等数据库进行检索，均导入 DWPI 数据库，得到合并同族后的 62720 项记录。

如图 2-1-1 所示，POCT 技术全球专利申请量整体呈现上升态势，并且在 1999～2002 年出现了一个明显的高峰。

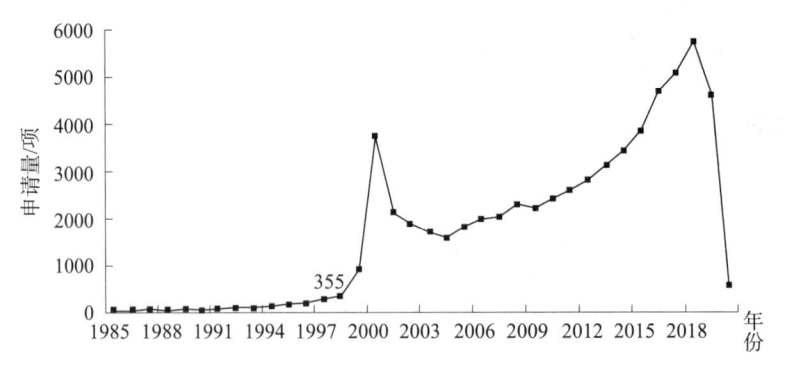

图 2-1-1　POCT 技术全球专利申请量趋势

分析其原因发现，这期间主要涉及发明人——复旦大学生命科学学院的毛裕民教授和/或谢毅教授。毛裕民教授和谢毅教授于 1997 年 11 月在复旦大学发起组建联合基因科技集团有限公司［United Gene High-Tech Group Limited，旗下拥有30多家企业，包括：1998年3月成立的上海生元基因开发有限公司（以下简称"上海生元"）、上海博德基因开发有限公司（以下简称"上海博德"），1998年12月成立的上海博道基因技术有限公司（以下简称"上海博道"），2000年6月成立的上海博容基因开发有限公司（以下简称"上海博容"），以及2000年10月成立的上海联众基因科技研究院（以下简称"上海联众"）等］，分别以上述公司或者复旦大学为申请人，同时以毛裕民教授和/或谢毅教授为发明人的涉及POCT技术的专利申请总数达3794件，其主要涉及采用微阵列芯片对不同的基因位点进行检测的技术方案。其中，1999年的申请量为390件，2000年为2893件，2001年为469件，2002年为42件，导致了该时期中国专利申请量乃至全球专利申请量的爆发性增长，但仅有4件发明专利申请获得专利权，其余3436件未进入实质审查程序，354件进入实质审查程序后因不符合《专利法》（2008年）第26条第3款的规定而被驳回。具体情况如表2-1-1所示。

表2-1-1 联合基因科技集团有限公司1999～2002年专利申请量分析　　　单位：件

	上海博德	上海博道	上海博容	上海生元	上海博华	复旦大学	总计
未实质审查	3122	123	58	16	1	116	3436
驳回	117	45	78	34	0	80	354
授权	0	0	0	1	0	3	4
总计	3239	168	136	51	1	199	3794

尽管联合基因科技集团有限公司拥有基因芯片领域足够的技术实力，但这一批集中系列申请密度过大，且多数未进入实审阶段即撤回，其中3789件专利的技术内容也并非关注微阵列芯片本身，而是一些可用于微阵列芯片的多肽。这些专利对微阵列芯片技术本身并无贡献，只是泛泛提到了具体的多肽/蛋白可用于微阵列芯片的制备。鉴于上述情况，为避免其申请量对总体趋势、排名等带来的影响，后续分析中暂时排除了这些申请。

排除联合基因科技集团有限公司的专利申请后全球专利申请量趋势如图2-1-2所示，全球早期并没有POCT的概念，最早出现的符合现场采样、便携快速概念的体外指标诊断测量装置，是美国、英国出现了一系列针对体液中的葡萄糖和蛋白质进行定量分析的干化学试纸条及应用试纸条的复合装置。这种试纸设备能够避免对体液样品的前处理步骤，达到了便携、便宜、快速、操作简便的技术效果。1995年之前，POCT技术属于萌芽阶段。

1995年，美国临床实验室标准化委员会（NCCLS）发表AST2-P文件（该文件后期被1999年的AST2-A所替代），正式提出POCT的概念，POCT相关技术得到持续且迅速的发展，微流控、微阵列芯片等新兴技术得到了极大促进。相关专利申请数量开始平稳上升，1998年突破300项/年。1999年左右，微阵列芯片技术出现了成熟的市场化产品，促进了该分支专利申请量的迅速增长，1999～2002年POCT专利申请呈现爆

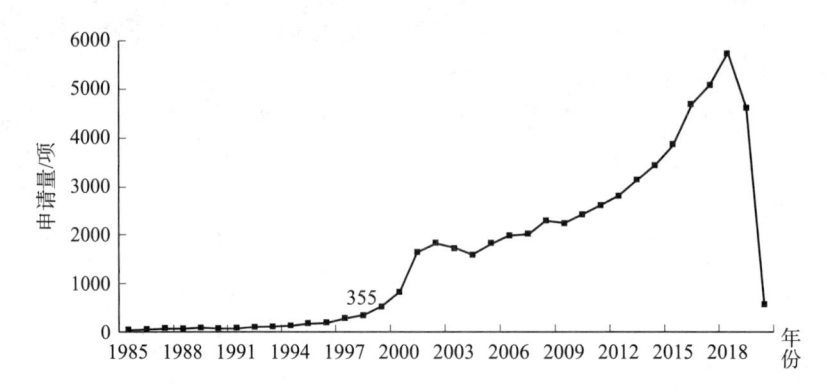

图 2-1-2　POCT 技术全球专利申请量趋势（排除联合基因科技集团系列）

发式增长，专利申请量趋势图上反映出一个小的高峰。在此高峰后，微阵列芯片技术的热度回落，POCT 的专利申请量逐渐回归至比较平稳的上升趋势。

2006~2010 年，因非典等重大传染性疾病事件的爆发，全球各国/地区对疾病预防控制的关注度显著提高，重大疾病即时与快速诊断的需求不断上升，各国/地区逐渐推行出多项分级诊疗的制度和 POCT 相关课题的立项计划。2015~2018 年，POCT 专利申请量平均每年增幅超过 500 项。随着 2019 年新冠肺炎疫情的爆发，预期 POCT 相关技术的专利申请将会再次增长。因专利公开的滞后性，2019~2020 年的专利申请数据尚不能准确统计。由此可见，POCT 技术是 IVD 领域的研究热点，正面临前所未有的发展机遇。

2.1.2　中国、美国、欧洲、日本、韩国的专利申请量趋势

图 2-1-3 反映了 POCT 领域全球申请人每年在中、美、日、韩、欧"五局"专利申请量布局。美国从 20 世纪 30 年代就出现了 POCT 专利申请，欧洲和日本的相关专利申请起步于 20 世纪 60 年代，而韩国和中国的相关专利申请起步于 20 世纪 80 年代。可见，美国是最早的技术原创国，其次为欧洲和日本，美国、欧洲和日本均为该时期的主要经济发达国家/地区。

由图可知，此后，各国/地区专利申请量呈现出不同的发展趋势，这与各国/地区经济发展状态密切相关。其中第一个重要的时间节点为 1995~2001 年，各国/地区都在该时间段出现了稳定的增长。一方面，可能与 1995 年 NCCLS 发表 AST2-P 文件引发各个 IVD 公司争相在该领域进行角逐有关。经过五六年的技术研发和沉淀，以及微阵列芯片工艺的成熟，专利申请量在 2001 年左右得到爆发。另一方面，该时间段世界局势产生重大变化，世界经济迎来新的格局，美国、日本成为这一阶段的重点专利布局国家。同时欧洲各国/地区也更加关注此技术，全球呈现出经济、技术的复苏趋势，中国和韩国的相关技术也在这一阶段开始发展。

2000~2009 年，POCT 技术的核心布局区域一直保持在美国。2007 年经济危机之后，日本产业创新活力下降，在 IVD 行业包括 POCT 在内的产业相关技术没有持续及时地跟进研究，从而出现下滑态势，逐渐失去了该领域的持续创新能力。因此，日本专利申请量

趋势自2007年起出现了略为下滑的态势。不同于日本，2001年以来，美国、欧洲作为技术原创核心国家/地区，保持了长期的创新活力，专利申请量基本保持稳定。2005年以来，随着中国经济的蓬勃发展，POCT相关技术的快速发展，民众创新意识不断增强，中国的专利申请量开始超越其他各国/地区，成为专利申请的主要申请国。

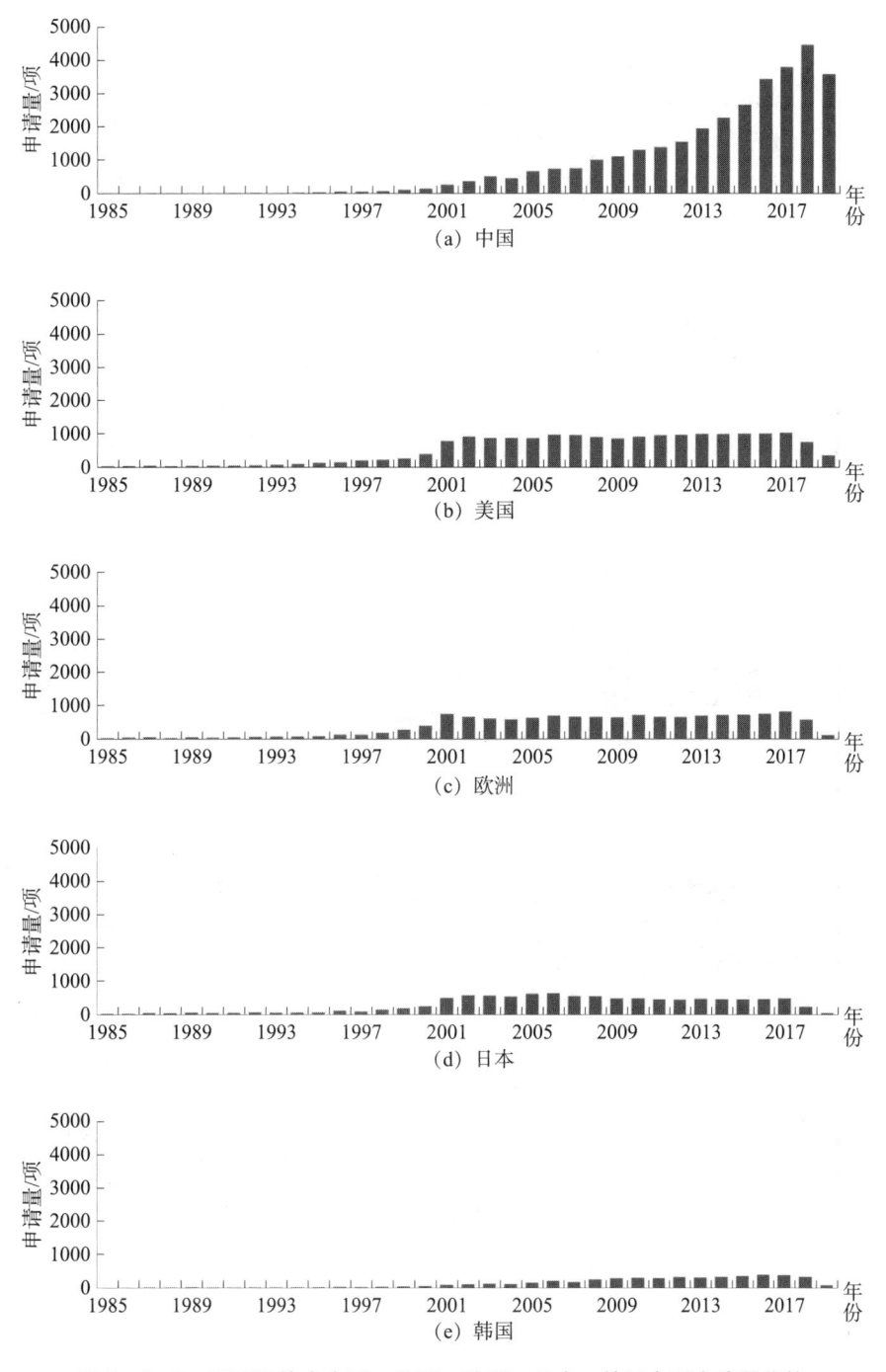

图2-1-3 POCT技术中国、美国、欧洲、日本、韩国专利申请量趋势

2.2 技术迁移

2.2.1 全球专利申请的技术迁移

图 2-2-1 反映了 POCT 技术美国、欧洲、日本、韩国和中国的专利申请中 PCT 的占比情况。专利的保护具有地域性，重要的专利技术通常在多个国家/地区申请专利。专利族的规模越大，地域覆盖范围越广，则市场占有力越强，价值也相应越大。但鉴于专利申请耗时费力，维持费用不菲，对于大部分专利技术来说，只需在想要占领市场的目标国家/地区申请即可，而不必去所有国家/地区申请。中国虽然专利申请总量居高，但是其中 PCT 占比不足 5%，为"五局"中最低。相比较而言，美国、欧洲、日本的 PCT 专利占比均大于 30%。一方面，美国、日本、欧洲的 POCT 相关申请起步早，发展稳定，在早期抢占了先机，拥有一批基本的核心专利，并且具有良好的全球布局，是 POCT 行业的领先国家/地区。另一方面，专利申请总量和 PCT 占比排名的反差表明了中国专利申请的市场布局主要集中在中国本土，中国专利申请的质量和国外布局意识相对于美国、日本、欧洲仍有待提高。

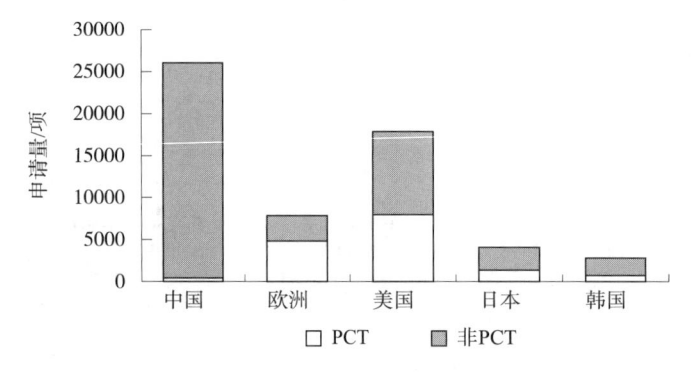

图 2-2-1　POCT 技术美国、欧洲、日本、韩国和中国的专利申请中 PCT 占比情况

图 2-2-2 反映了各主要国家/地区之间的 POCT 相关专利申请的技术来源，能够反映世界范围内技术和市场的占比关系。申请人所属国家/地区能够反映主要技术来源地；在哪个国家/地区进行专利申请能反映现在或未来的主要应用市场。虽然美国的专利申请量不是最多的，但其作为最大的技术来源国，在全世界各主要国家/地区都有技术输出，且分布在美国本土以外的数量远远高于美国本土。欧洲和日本也几乎在全世界范围内都有一定的专利布局。相反地，虽然中国的专利申请量远超其他国家/地区，但中国主要在中国本土布局，向其他国家/地区的布局很少。不过，中国专利申请的输出虽少，但也尽力在全世界范围内进行布局，向美国、欧洲、日本、韩国、澳大利亚等国家/地区均有输出。

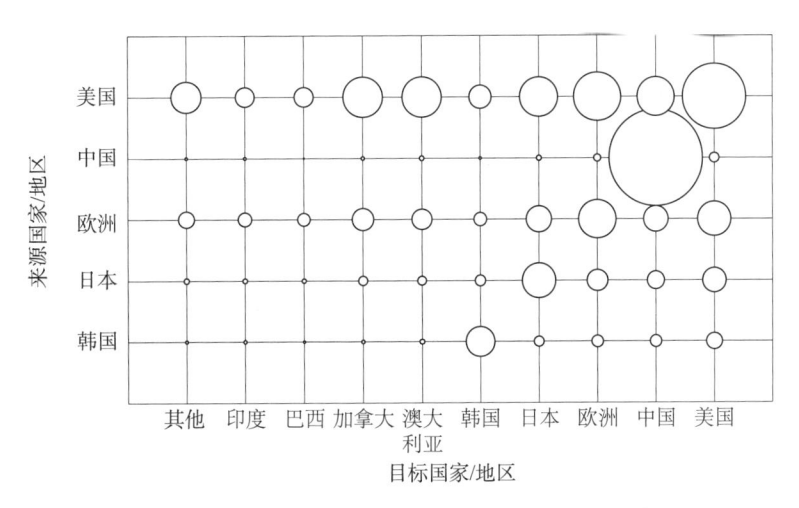

图2-2-2 POCT技术全球专利申请的技术迁移情况

注：气泡大小代表专利申请量的多少。

2.2.2 中国专利申请的技术来源国家/地区

如图2-2-3所示，POCT中国专利申请的最主要的外国来源为美国，占比超过40%。其次依次为日本、瑞士和德国。美国拥有多个POCT行业的综合型大型跨国企业，包括罗氏、雅培、丹纳赫等。日本和德国也出现了希森美康、西门子、拜耳这种代表性的企业。这些大型企业在2000年以后逐步进入中国市场，是中国POCT市场的主要厂商，并且掌握了抗原/抗体，微流控/微阵列芯片制备工艺、核心元器件等方面的核心技术，是行业的主要申请人。

图2-2-3 POCT技术中国专利申请的技术来源国家/地区

2.2.3 中国专利申请的主要区域分布

如图2-2-4所示，中国专利申请量最高的区域为北京，共3779件；江苏紧随其后，共3767件；广东以3311件排名第三；上海、山东、浙江和天津的专利申请量均不足3000件，依次排在第四至第七位；其余各地区数量均不足1000件。由此可见，东部沿海地区作为中国经济发展的传统优势地区，高校密度大，具有较多的生产研发机构和生物技术基地，是POCT行业的热门分布地。

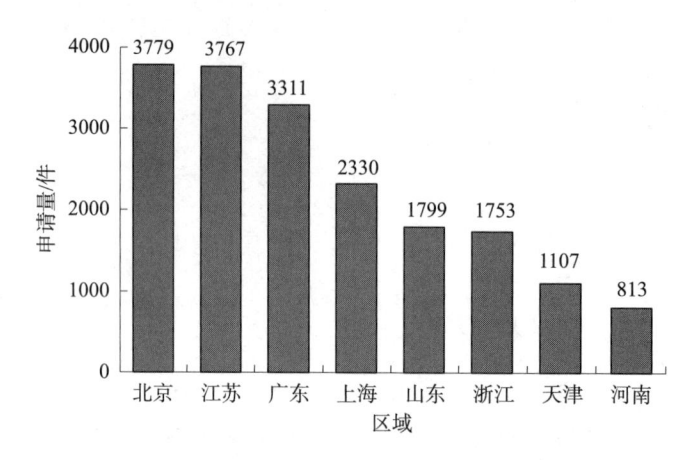

图 2-2-4　POCT 技术中国专利申请的主要区域分布

2.3　技术构成

图 2-3-1（见文前彩色插图第 1 页）统计了 1990～2020 年 POCT 的各技术分支的全球专利申请量变迁。由于发明专利申请公开的滞后性，2019～2020 年的数据低于实际专利申请量。总体而言，各技术分支的专利申请量都呈上升趋势，但技术与技术之间存在的代际更迭现象相当明显。如微流控芯片技术和免疫荧光技术在近几年专利申请量显著增长，而干化学技术虽然每年还能维持一定的专利申请量，但其增长速度极其缓慢。

在应用上，干化学技术属于定性检测技术，全球专利申请量较低，而且在近些年的上升幅度很小。这是因为干化学技术密度较低，而且经过多年发展，技术已经趋于成熟。很多干化学检测方法都是基于经典检测技术，改进空间不大，且难以适应现今 POCT 的应用情景。2010 年后，干化学技术与其他分支的专利申请量更是拉开了明显的差距。

胶体金为定性、半定量检测技术，其专利申请量总体上呈较平缓的上升趋势。虽然胶体金技术操作简易、成本较低，但由于难以定量，也越来越无法满足当前 POCT 日益增长的高精度、高通量、自动化需求。即使近年来胶体金技术在定量检测、多通道检测方面取得了一些进展，但可视化设计的胶体金技术在定量上存在先天劣势，仍然缓慢地被新一代的检测技术所取代。

化学发光、电化学和免疫荧光总体上都属于定量分析技术，在专利申请量趋势上也基本一致。但化学发光和电化学发力较晚，专利申请总量也略低于免疫荧光。2015 年之后，免疫荧光的专利申请量猛增，这与近年来新荧光物质的发现和利用、新的信号识别方法的发展以及荧光物质出色的泛用性是分不开的。在分析检测中，从要检测的靶物质到可读的信号，至少需要两个步骤：第一步是结合要识别的靶物质。在 POCT 领域，这一步通常是由生物亲和吸附实现的，典型的识别方式包括"抗原-抗体识别"，当待测靶物质为抗原时，信号识别元件如荧光物质修饰的抗体结合到靶物质。第二步是识别信号的读出。例如检测荧光信号，实现荧光强度对靶物质的定量检测。化学发光、电化学和免疫荧光技术实质上均为信号读出技术，相应的靶物质的结合技术，部分来自胶体金层析技术甚至干化学技术，部分则与微流控芯片技术结合，作为平台检测技术的一部分。因此，在POCT领域里，化学发光、电化学和免疫荧光技术发挥了承前启后的重要作用。即便微流控芯片技术存在部分特有的检测方法，比如电阻抗技术等，但都无法取代化学发光、电化学和免疫荧光技术的重要地位。

微流控芯片和微阵列芯片技术为自动化平台检测技术，专利申请量的爆发期都比较晚。其中，微阵列专利技术在2001年前后存在一个专利申请量高峰，这可能与当时的人类基因组计划有关。而微流控芯片技术在2012年后开始迅猛增长，这与微加工技术的进步密切相关。早期的微流控芯片加工技术主要基于半导体芯片加工技术的改进，微加工技术的进步促进了微流控芯片技术的突跃。今天的微流控芯片技术更多地融入了POCT的其他分支，在基材、控制技术、信号检出方式也有了更多的选择，加工方式因而变得更加灵活。功能上也越来越分化，无论是即抛即用、低成本的微流控纸芯片，还是高通量、高精度、高度自动化的微流控分析平台，都在POCT领域取得了一席之地。过去必须在中心实验室才能进行的检测项目，现在已经可以在芯片实验室进行，微流控芯片技术就是POCT未来的发展趋势。

2.4 重点申请人

2.4.1 全球重点申请人

2.4.1.1 全球重点申请人排名

图2-4-1显示了POCT领域全球专利申请量排名前十位的申请人以及各自的专利申请量。专利申请量排名前十位的申请人为罗氏、加州大学、雅培、济南大学、因赛特、皇家飞利浦、强生、北京泱深生物信息技术有限公司（以下简称"北京泱深"）、西门子、浙江大学，分别来自中国、美国、欧洲、日本。

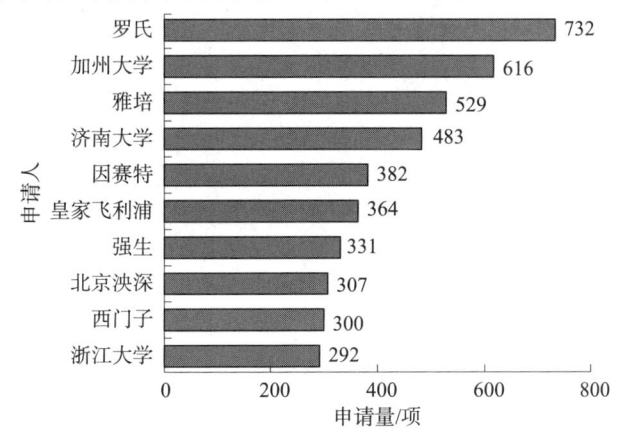

图2-4-1 POCT技术全球重点申请人排名

申请人	申请量/项
罗氏	732
加州大学	616
雅培	529
济南大学	483
因赛特	382
皇家飞利浦	364
强生	331
北京泱深	307
西门子	300
浙江大学	292

罗氏从20世纪60年代初期开始在POCT领域布局,在全球IVD和基于组织的肿瘤诊断领域享有领导地位,并依靠优势产品线和超前的战略眼光牢牢把握了专利的领先地位,一共申请了732项专利申请。加州大学以申请量616项位居第二,1994年开始进入POCT领域。雅培以529项申请排名第三,在营养产品、诊断产品、糖尿病护理、心血管产品等方面均有较为深入的实践,并且通过合作、并购等方式完善专利布局。2017年雅培通过收购全球最大的POCT生产商美艾利尔实现了优势互补,以强补强,跃升为仅次于罗氏的领域巨头。济南大学排名第四,由济南大学魏琴团队为发明人的专利申请居多,授权率在77%,但仅有1项专利转让。因赛特的专利申请量排名第五,追踪其法律状态发现,其中46%处于失效状态,33.87%处于有效期满状态,仅0.20%处于有效期内,并且5年内即将到期。可见,该公司在POCT领域设置的专利壁垒即将消失,相关企业可参考进入。

2.4.1.2　全球重点申请人技术布局

通过图2-4-2可以看出不同申请人在各技术分支的专利申请量,以此得出各自的研发优势、重点、弱项或者空白区域。罗氏作为行业标杆,在各个技术分支均有专利布局,且专利申请量相对较大,其研发方向涵盖化学发光、电化学、微流控芯片、免疫荧光领域等;其余各重点申请人则在优势领域集中发展。

加州大学主要在免疫荧光、微流控芯片领域发展;雅培主要着力于电化学、化学发光、免疫荧光领域;强生主要着力于电化学领域;西门子主要集中在化学发光和微流控芯片领域。

究其原因,由于血糖监测仍然是POCT的最大市场,因此,罗氏、雅培、强生、西门子等重点企业均在电化学方面进行了相应布局;胶体金属于半定量监测,其技术相对成熟和稳定,可探索的空间较小,专利布局相对较少;化学发光由于其成本较低,检测精度仅次于免疫荧光,罗氏、雅培、西门子均在此分支上进行了专利布局。

2.4.1.3　各技术分支的全球重点申请人

图2-4-3对POCT各个技术分支的重要申请人进行了排名,可以明确得出各个技术分支中的优势企业。欧美地区专利申请人在整个POCT领域都具有很强的优势和实力且专利申请人数量较多,在各个技术分支的专利申请量都名列前茅,专利布局较广,掌握着该领域的先进技术,具有绝对的优势。以罗氏为例,在干化学、免疫荧光、化学发光、微流控芯片、微阵列芯片、电化学领域都名列前茅,可见其在各个分支领域的研发投入很大,具有相对优势。从图中还可以看出,微流控芯片、微阵列芯片、免疫荧光、化学发光这几个分支相对于其他分支具有更集中的研发投入和专利申请热度,也从侧面反映出这几个分支是目前的研发热点。

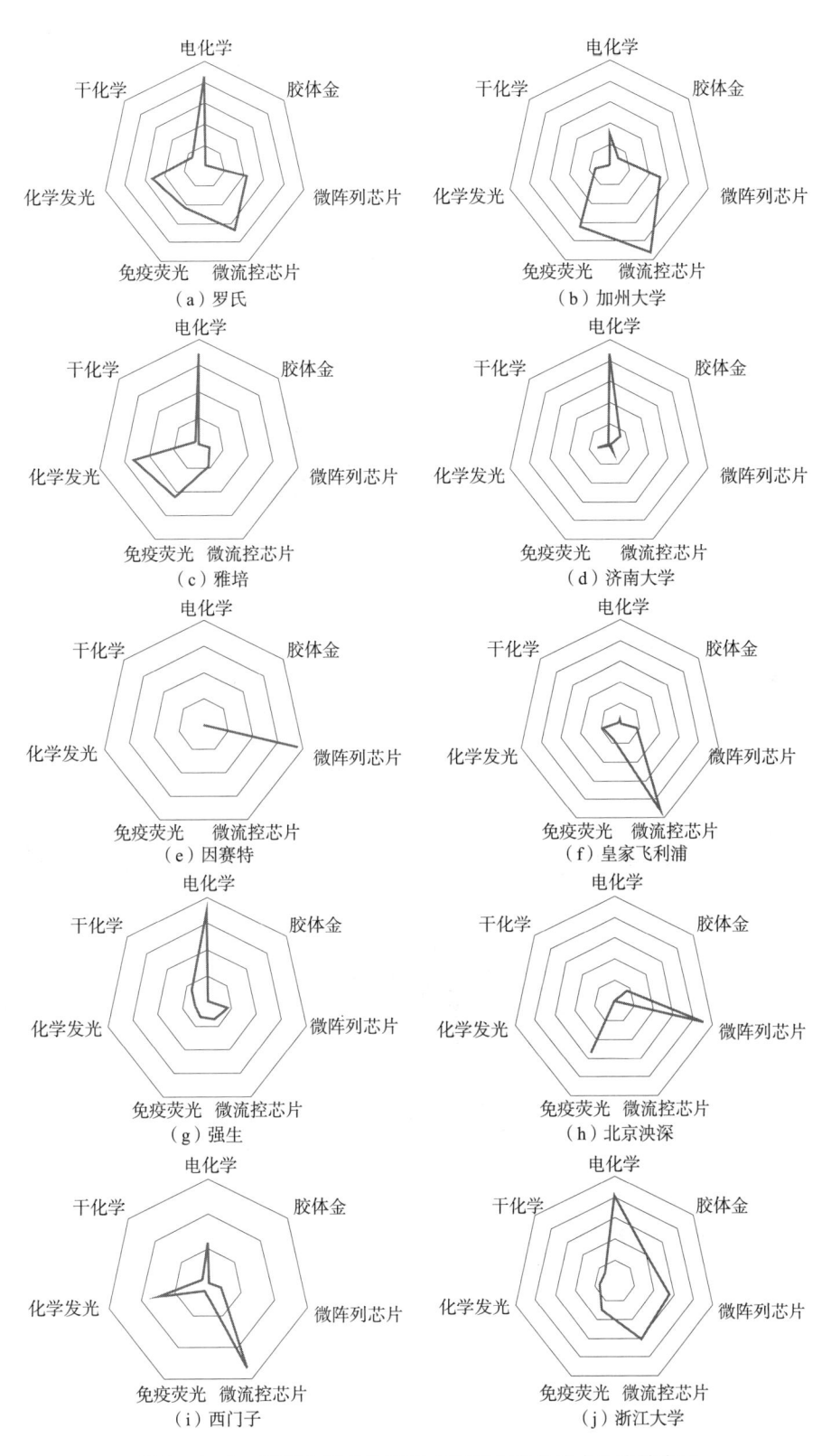

图 2-4-2　POCT 技术全球重点申请人在各技术分支的布局

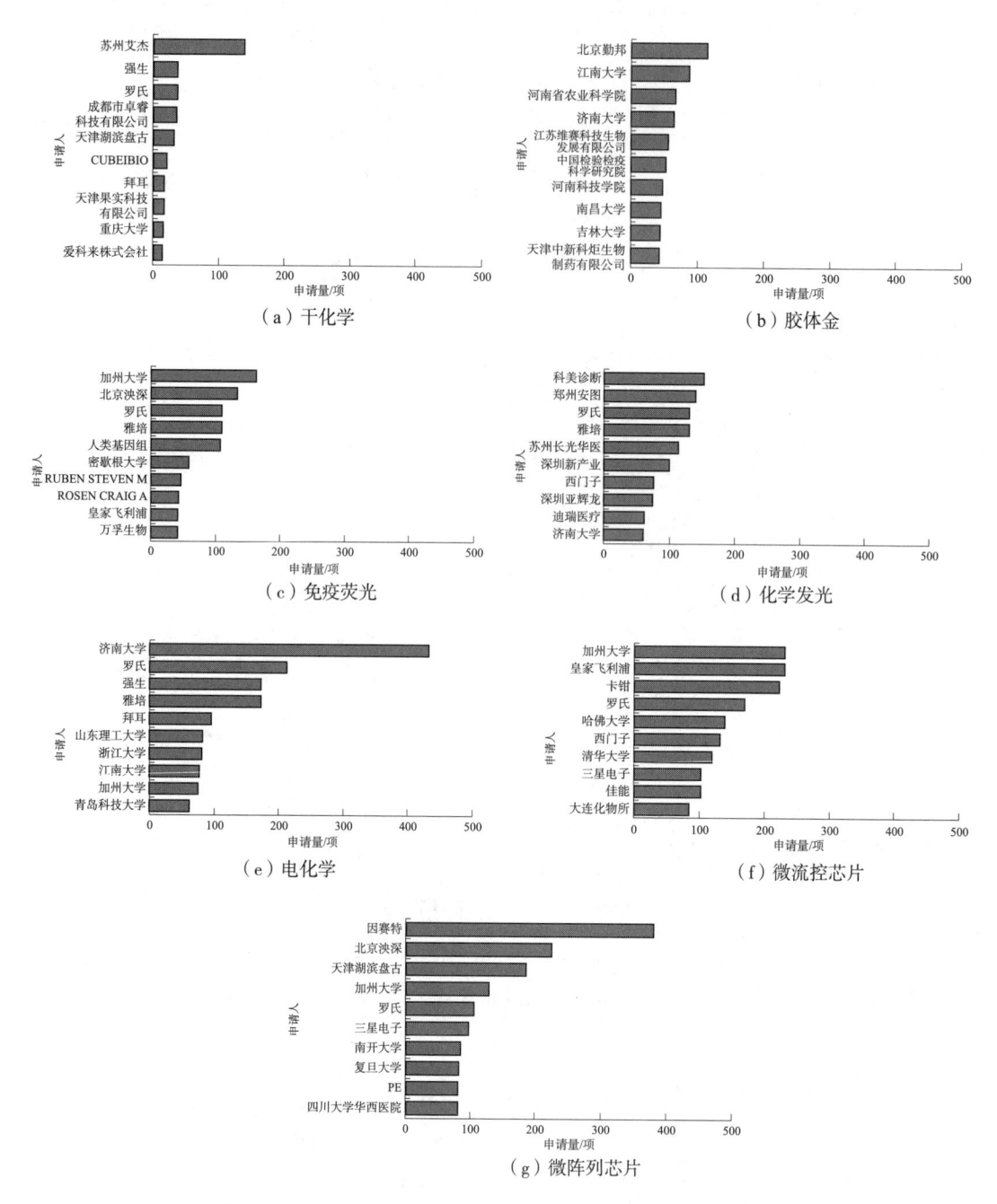

图 2-4-3 POCT各技术分支的全球重点申请人及申请量排名

2.4.2 中国重点申请人

由图 2-4-4 可知,从重点申请人的类型来看,企业占比 53.40%,科研单位占比 9.40%,大专院校占比 24.27%,企业是中国专利申请的主力。但是具体到中国重点申请人的专利申请量上,如图 2-4-5 所示,除北京泱深外,其余公司的排名并不如浙江大学、清华大学和复旦大学等高校，且申请人较为分散，专利并未形成有效布局，也没有形成专利申请中的龙头企业。如图2-4-6所示，POCT中国市场上较为知名的代表企业，比如万孚生物、基蛋生物、明德生物的专利申请量并未名列前茅。结合调研发现，这些公司在专利布局方面较为薄弱，或者是市场和专利布局同时进行，已经错过了抢占申请日的优势。因此，如何解决POCT领域的专利布局与快检行业的频繁迭代更新的矛盾，是目前POCT领域的企业需要思考的问题。

图2-4-4 POCT技术中国重点申请人的类型

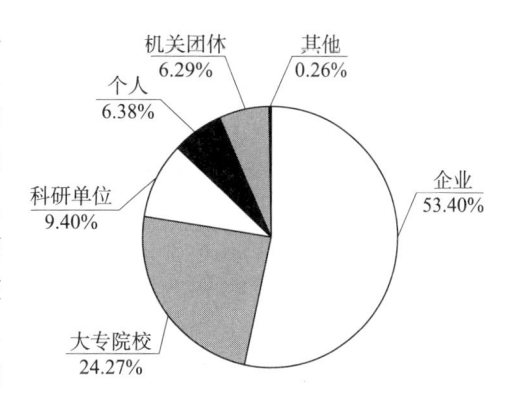

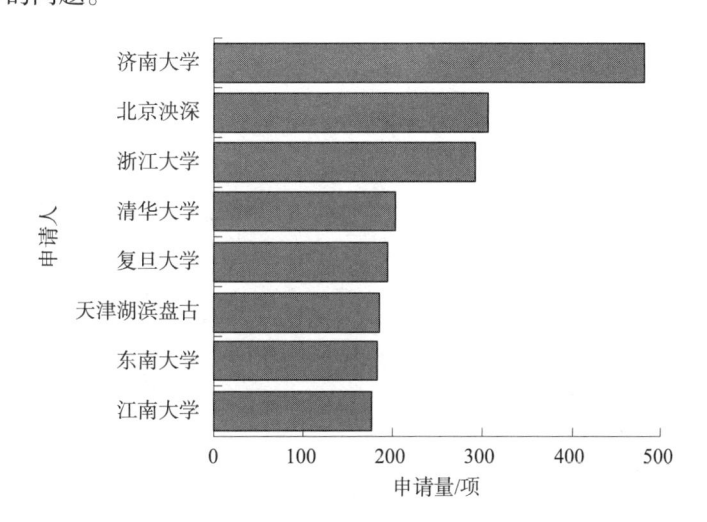

图2-4-5 POCT技术中国重点申请人及专利申请量排名

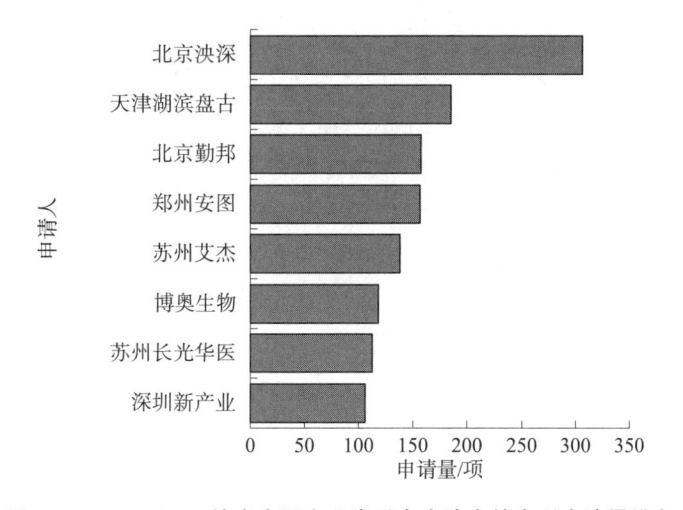

图2-4-6 POCT技术中国企业类重点申请人的专利申请量排名

2.5 技术发展生命周期

2.5.1 全球技术发展生命周期

如图 2-5-1 所示，从申请人数量和专利申请量随年份变化的情况来看，POCT 相关技术的全球技术发展大体为稳定上升趋势。但是发展过程中出现了 3 次较为明显的波动和曲折。第一次，是在 2002~2005 年，出现了申请人数量增长但专利申请量下降的情况，接着申请人数量下降但专利申请量恢复到了正常的上升趋势；第二次在 2008~2010 年，申请人数量再次出现了下降；第三次明显曲折在 2011~2013 年，这期间申请人数量出现较大幅度的下降，但专利申请量仍然保持上涨趋势。

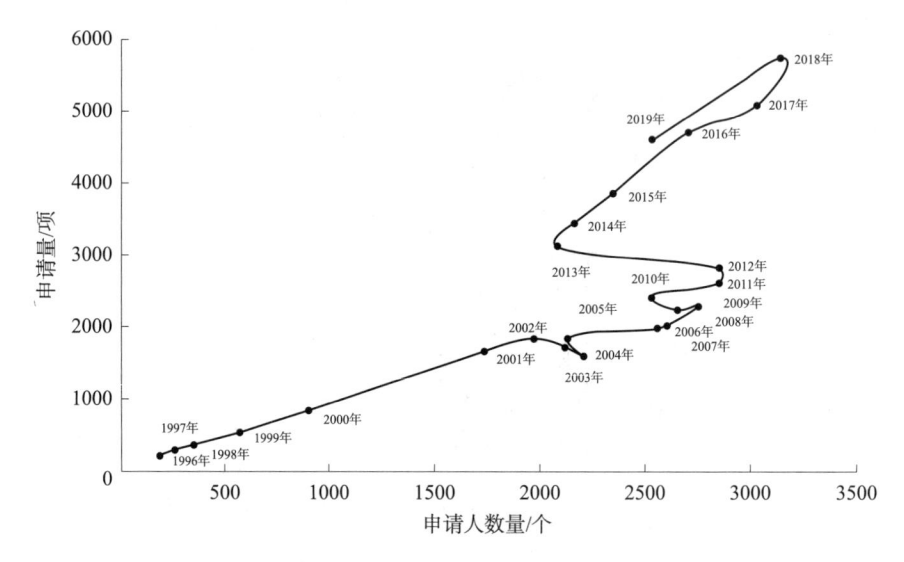

图 2-5-1 POCT 技术全球发展生命周期

从 1996 年开始，POCT 领域开始被更多的申请人关注，1996~2011 年，进入该领域的申请人数量增长快于专利申请量的增长，POCT 行业呈现出良好的发展态势，吸引了众多行业人员的加入。2002~2010 年出现了申请人和专利申请量的两次小幅波动，这主要与跨国公司的合并有关。例如，2007 年，罗氏并购以免疫化学为主要业务的 BioVeris；2008 年，罗氏又并购了以诊断学为主要业务的 Ventana medical system 公司；2006~2007 年，西门子先后完成对德普（DPC）、拜耳医疗保健集团诊断部（以下简称"拜耳诊断"）、德灵诊断的并购形成独立的免疫诊断部门，而 3 家被并购公司的主营业务（免疫和 POCT 诊断）的专利布局被迫调整；2006~2007 年，美艾利尔❶收购了艾康生物技术（杭州）有限公司（以下简称"杭州艾康"）的快速诊断业务，又收购了 Biosite。2011~2013 年，专利申请量仍然呈现上升态势，而申请人的数量较大幅度减少。

---

❶ 2017 年美艾利尔被雅培以总价 53 亿美元的价格收购。

这可能与 2010 年美国出台的医疗保险改革法案有关，在新法案中包含有给医疗设备的销售征税的条款，2013 年 1 月 1 日起生效。根据这项条款，任何制造商、生产商和进口商只要销售"可以征税的医疗设备"，就应按照销售额上缴 2.30% 的税款；并且在进行交易时，价格取决于政府和非销售商。该项法案迫使医院更多使用现有器械，而不是购买更多新设备；并且 POCT 设备的制造商方的利益空间大幅度降低。迫于这一政策的压力，部分中小企业考虑退出该领域的研发和竞争。2013 年后，POCT 市场逐渐稳定，重新出现了申请人数量和专利申请量的持续平稳增加。原因可能有以下几点：①医疗行业完成了新一轮的洗牌，各大企业更加注重该领域的技术保护和布局；②POCT 门槛较低，POCT 的特点在于"即时即地""快速""小型"，研发的成本较低，其蓝海市场吸引了更多的行业人员的加入和跟从；③1995～2004 年布局的一批早期专利，逐步进入到期或者失效状态，使得该领域的前期壁垒逐渐消失，吸引了一批观望的行业人员的加入。

2.5.2 中国技术发展生命周期

由图 2-5-2 可知，中国申请人数量和专利申请量都逐年增加，说明 POCT 领域对中国行业研发人员的吸引较大。究其原因，一是国家政策对于 IVD 尤其是 POCT 领域的持续利好，国家分级诊疗制度的推进落实、国家对 POCT 产品研发的明确鼓励，使 POCT 产品渗透性更强；二是新冠肺炎疫情等突发公共事件使得 POCT 的认知度更高；三是该领域的成本较低，准入门槛较低。

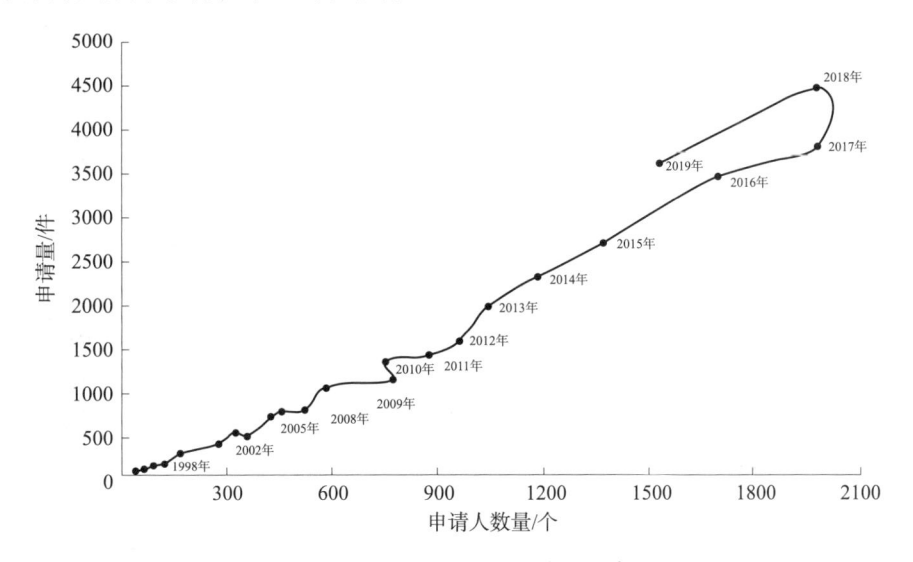

图 2-5-2 POCT 技术中国发展生命周期

2.6 本章小结

总体来说，国外起步较早，布局较早，尤其是欧美国家/地区，在 20 世纪 50～60

年代就出现了 POCT 专利申请。中国相关专利申请起步于 20 世纪 80 年代，相对起步较晚，从 2001 年后开始专利申请量迅速增长，并且远超其他国家/地区，但是未形成有效的专利布局，尤其是向外国输出较少，明显低于中国本土。这表明中国创新主体对 POCT 领域具有极大的热情，但目标主要集中在中国市场，对于外国市场的探索和专利布局意识有待提高。

中国专利申请最主要的外国来源为美国、日本、德国，主要来自多个综合型大型跨国企业，例如罗氏、雅培、丹纳赫、希森美康、西门子、拜耳这种代表性的企业，表明外国领域巨鳄在中国已经形成一定的专利布局。

中国东部沿海地区作为中国经济发展的传统优势地区，高校密度大，具有较多的生产研发机构和生物技术基地，是 POCT 产业的主要分布地。

根据 POCT 领域在干化学、胶体金、免疫荧光、化学发光、电化学、微流控芯片、微阵列芯片七大关键技术的全球专利申请量变迁可以看出，干化学技术密度较低，趋于成熟，全球专利申请量都较低；胶体金为定性、半定量检测技术，其申请量总体上呈较平缓的上升趋势；化学发光、电化学和免疫荧光承前启后，在专利申请趋势上基本一致；2015 年后，伴随新的荧光物质的发现和利用、新的信号识别方法的发展以及荧光物质出色的泛用性，免疫荧光的专利申请量猛增；微流控芯片和微阵列芯片技术为自动化平台检测技术，专利申请量的爆发期都比较晚。微流控芯片技术由于融入了 POCT 的其他分支，在基材、控制技术、信号检出方式上有了更多的选择，加工方式因而变得更加灵活，展现出了即抛即用、高通量、高精度、高度自动化的优势。由于分子诊断越来越受到重视，微流控芯片、微阵列芯片平台以及其试剂是未来发展和关注的焦点。

POCT 全球重点申请人主要包括罗氏、雅培、西门子、强生，专利布局与市场扩张相生相伴，并且形成持续长期有效布局，是该行业重点关注对象。罗氏作为行业标杆，在各个技术分支均有布局，且专利申请量相对较大，研发方向涵盖化学发光、电化学、微流控芯片、免疫荧光等。其余各重点申请人则在优势领域集中发展。

POCT 中国申请人中，企业是专利申请的主力，但是专利申请量排名均未靠前，未形成有效布局，也没有形成专利申请中的龙头企业。中国市场上较为知名的代表企业，比如万孚生物、基蛋生物、明德生物的专利申请量并未名列前茅，结合调研发现，部分公司在专利布局方面较为薄弱，或者是市场和专利布局同时进行，已经错过了抢占申请日的优势。因此，如何解决 POCT 领域的专利布局与快检行业的频繁迭代更新的矛盾，是目前 POCT 领域的企业需要思考的问题。

从技术发展生命周期来看，POCT 相关技术的全球技术发展大体为稳定上升趋势，发展过程中出现了 3 次较为明显的波动和曲折，主要受到行业兴起、跨国公司的合并、美国医疗保险改革法案等政策、市场等多因素影响。

第3章 化学发光免疫分析

3.1 概 况

化学发光免疫分析（Chemiluminescence Immunoassay，以下简称为"化学发光"），是将具有高灵敏度的化学发光测定技术与高特异性的免疫反应相结合，用于各种抗原、半抗原、抗体、激素、酶、脂肪酸、维生素和药物等的检测分析技术，是继放免分析、酶免分析、免疫荧光分析之后发展起来的一项最新免疫测定技术。

化学发光包含两个部分，即免疫反应系统和化学发光分析系统。化学发光分析系统是利用化学发光物质经催化剂的催化作用和氧化剂的氧化作用，形成一个激发态的中间体，当这种激发态中间体回到稳定的基态时，同时发射出光子（hv），利用发光信号测量仪器测量光量子产额。免疫反应系统是将发光物质（在反应剂激发下生成激发态中间体）直接标记在抗原或抗体上，或酶标记于抗原或抗体再作用于发光底物。

20世纪70年代中期 Arakawe 首先报道化学发光，化学发光发展至今已经成为一种成熟的、先进的超微量活性物质检测技术。化学发光应用范围广泛，近十年发展迅猛，是目前发展和推广应用最快的免疫分析方法，也是最先进的标记免疫测定技术，灵敏度和精确度比酶免法、荧光法高几个数量级，并且具有特异性强、试剂价格低廉、试剂稳定且有效期（6~18个月）较长、方法稳定快速、检测范围宽、操作简单、自动化程度高等优点。高灵敏度的化学发光检测技术已被广大研究人员所认可，并逐渐替代传统的生物检测技术。

3.2 专利申请量趋势

3.2.1 全球专利申请量趋势

图 3-2-1 是近50年来 POCT 化学发光的专利申请量的发展趋势。化学发光技术在20世纪70年代中期首次被报道，而后逐渐出现关于化学发光技术在 POCT 中应用的相关专利。1980~1990年，全球 POCT 的专利申请量在12项以下，大部分年份不足10项，可见其仍然处在技术的萌芽期。但正是在这一阶段，以美国的西门子、罗氏、雅培等企业为代表的 POCT 诊断公司，处在积极地开发和摸索适用于快速、准确的化学发

光产品的技术阶段。它们在该时间段申请了部分核心专利，占据了先机，此后一直处于化学发光领域的引领地位。2000年以后，化学发光技术快速发展，进入了一个稳定的技术发展期，专利申请数据在波动中保持增长。2013年以来，随着全球各个国家/地区相继出台分级、分类诊断政策，POCT行业的热度空前。加之中国对国内化学发光行业的投入增加，涌现出一大批优秀企业，并快速进入全球市场，全球化学发光的相关专利申请量开始出现了大幅度增长。截至2018年，全球化学发光领域的专利年申请量为824项，并且仍然势头强劲。

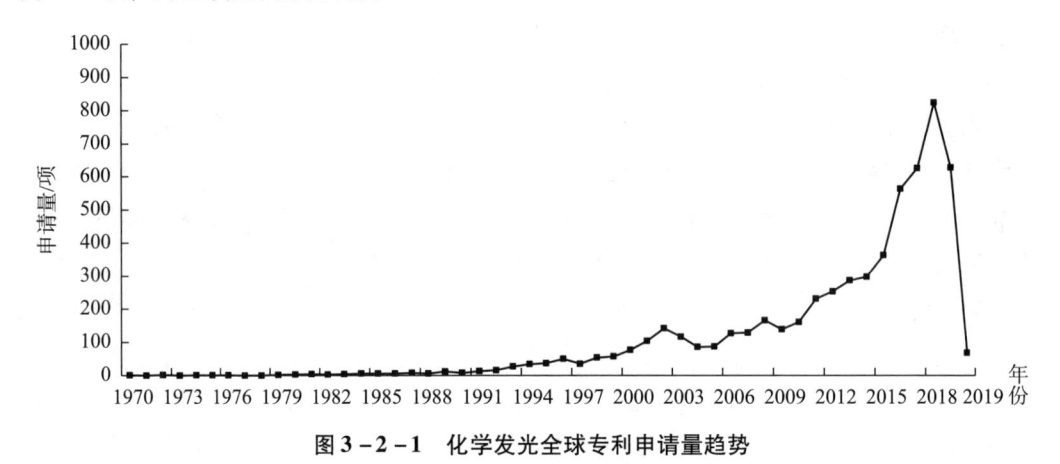

图3-2-1　化学发光全球专利申请量趋势

3.2.2　中国、美国、欧洲、日本、韩国的专利申请量趋势

从图3-2-2来看，美国在1993年以来，专利申请量出现波折并且呈平稳增加的趋势。中国的化学发光技术起步较晚，自1984年起才出现少量相关专利申请，落后美国约20年。中国这种低量的趋势持续至2000年，2000年以后，经过了10多年的平稳发展和积累，2013年中国的相关专利申请量开始显著增加，发展迅速，并一举超过其他"四局"。这种现象，一方面与中国对POCT行业发展的鼓励政策有关，另一方面与中国POCT的市场规模逐渐增大，POCT的企业对技术的研发投入增大相关。日本和欧洲的专利申请量趋势与美国基本一致，美国的专利申请量大于欧洲、日本。但日本的化学发光领域的技术起步早于欧洲，晚于美国。韩国在该领域起步时间与中国接近，专利申请量也一直较低，2010年以来虽然有了一些发展，但平均年专利申请量仍然不超过30件。由此可见，美国的化学发光领域发展最早，是早期专利申请的主体力量，掌握了大量核心专利，在技术壁垒高的化学发光领域优势明显。日本在早期的化学发光领域也占据优势地位。中国化学发光免疫分析技术应用时间虽然晚于外国，错过了早期技术发展更迭频繁的时期，但近年来呈现快速发展的趋势，在全球专利申请量中占比很高。相信中国可以抓住目前化学发光快速发展的时机，逐渐打破技术壁垒，发展前景良好。

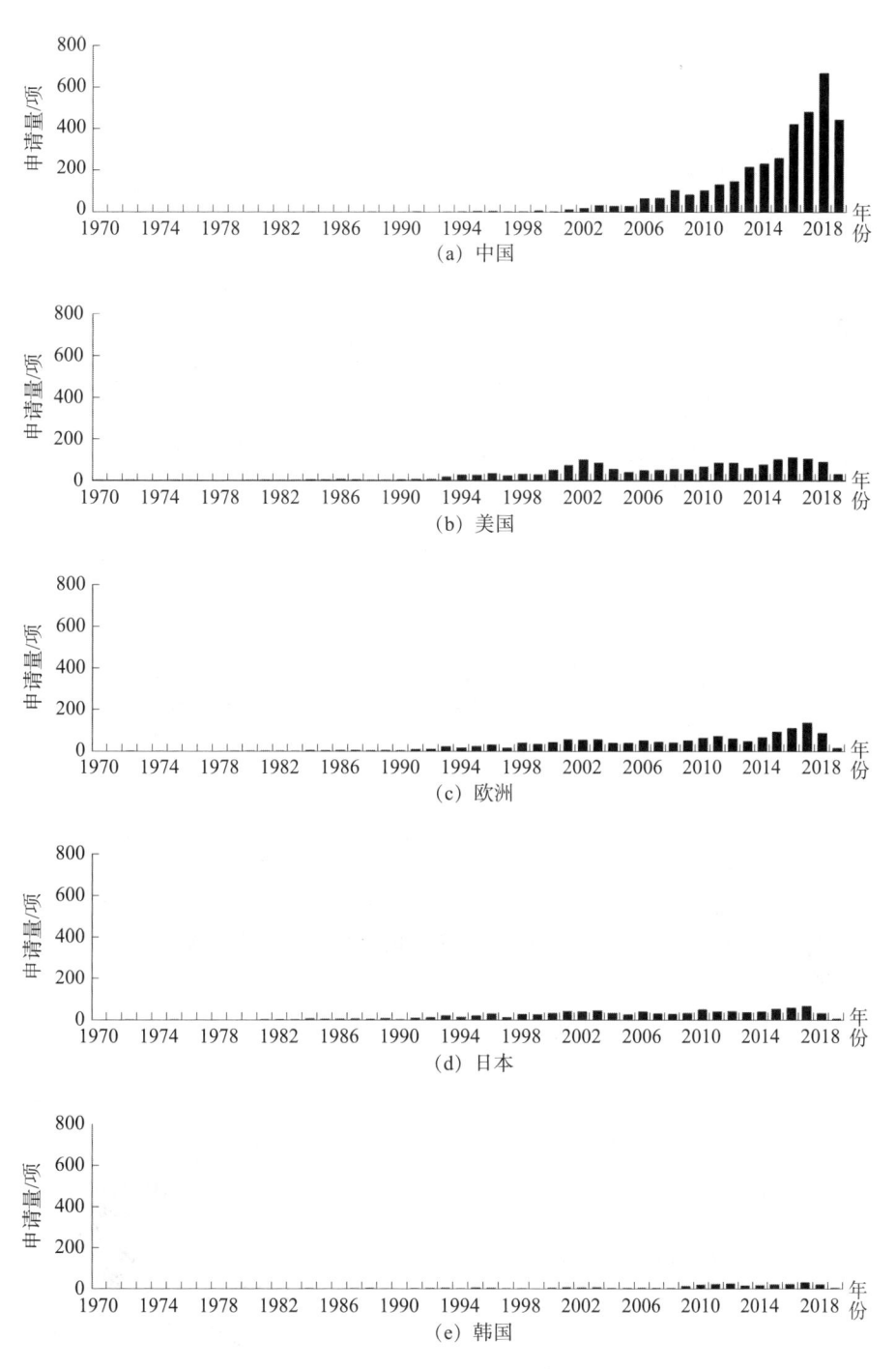

图 3-2-2 化学发光中国、美国、欧洲、日本、韩国的专利申请量趋势

3.3 专利申请的技术迁移

3.3.1 全球专利申请的技术迁移

图3-3-1反映了化学发光相关专利申请的主要技术来源和目标国家/地区。美国作为化学发光起步最早、重点企业最多的国家,很早就开始了其化学发光技术的全球专利布局。虽然美国近年以来申请量被中国超越,但是可以看出其向外输出的数量最多,而且在全球多个国家/地区布局平均;除了在美国本土外,在中国、欧洲、日本、韩国都有较多的专利布局量。欧洲与日本在专利申请量和向外国专利布局的数量方面接近,仅次于美国,并且也注重在全球范围内的布局。中国的输出和布局意识最为薄弱,占比不足总申请量的1/10。

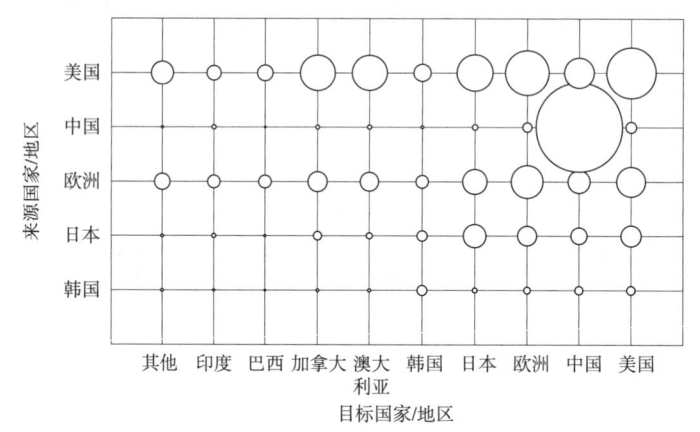

图3-3-1 化学发光专利申请的全球技术来源和目标国家/地区

注:图中气泡大小代表专利申请量多少。

3.3.2 中国专利申请的技术来源国家/地区

对来华申请的外国申请人进行分析,如图3-3-2所示,美国专利申请量占比最大,其次是日本、德国、瑞士等欧洲国家/地区,美日两国专利申请量超过了外国来华专利申请总量的一半,美日欧三国家/地区占据了来华专利申请总量的绝大部分。由此可见,各主要国家/地区申请人都较为看重中国市场,尤其是美、日、欧等在化学发光技术中拥有核心专利和优势地位的申请人等。可见,中国市场前景被普遍看好,但是也因外国重点申请人的重点布局形成了技术壁垒。

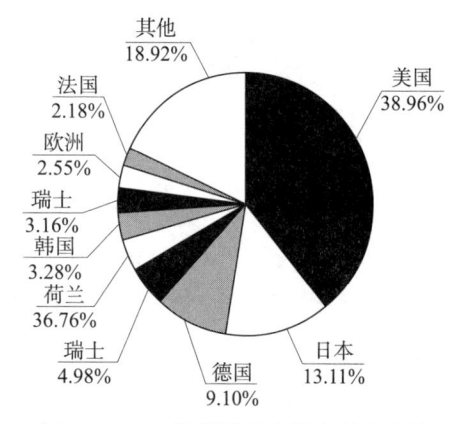

其他 18.92%
美国 38.96%
法国 2.18%
欧洲 2.55%
瑞士 3.16%
韩国 3.28%
荷兰 36.76%
瑞士 4.98%
德国 9.10%
日本 13.11%

图3-3-2 化学发光中国专利申请的技术来源国家/地区

3.3.3 中国专利申请的区域分布

图3-3-3是化学发光专利申请在中国各区域的分布情况。由图可见,申请量较多的区域为江苏、广东、北京、上海。专利申请量与相应区域的经济发展水平具有一定的关系,经济发展水平好的区域,企业较多,创新能力相对较强,专利申请量也相应较多,这也和企业在相对发达的地区布局专利有一定关系。同时,地区的经济基础好了,又进一步地促进企业的研发投入,鼓励创新,从而促进专利申请量的增加。另外,中国化学发光的PCT专利申请量非常少(据统计,通过PCT条约进入外国的专利申请量仅为10项),可以说基本不在外国进行专利布局。这就反映出,中国企业的业务基本集中在国内,主要供应内需,对外出口很少,不需要在外国进行布局;同时,中国化学发光没有较为核心的技术,无法向外国进行专利布局。

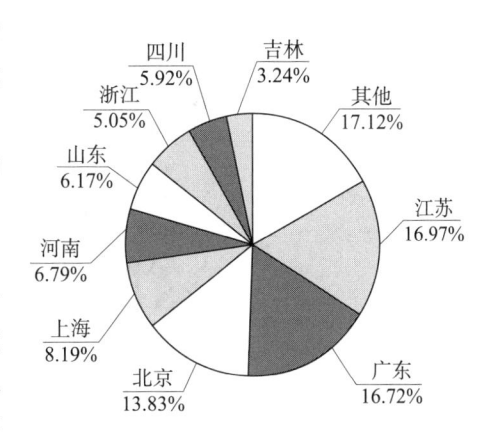

图3-3-3 化学发光中国专利申请的区域分布

3.4 重点申请人

高端免疫领域约70%的免疫市场已经采用化学发光技术,而化学发光市场基本上被罗氏、雅培等外国公司所垄断,中国企业仅占10%左右的市场份额。中国IVD化学发光中高端市场一直是罗氏、雅培、丹纳赫、西门子的主要战场,四大巨头也是拼劲十足。虽然国产产品在不断追赶,不少中国上市巨头先后推出自己的生化免疫分析系统,甚至流水线分析系统,然而,目前四大巨头依然占据着大部分二、三级医院的市场份额。不管是生化免疫单机、生化免疫组合分析系统还是生化免疫流水线,罗氏、雅培、丹纳赫、西门子的产品依然是医院检验科优先选择的对象。中国企业,如郑州安图、科美诊断、迈克生物等优秀企业在化学发光诊断领域中还处于不断追赶阶段。

3.4.1 全球重点申请人

图3-4-1包含化学发光技术的全球重要申请人及其专利申请量排名。在外国申请人中,罗氏和雅培的专利申请量最大,西门子的也比较大,它们是该领域最早起步的一批企业,专利申请量一直稳定增长。上述情况表明,上述3家公司并未止步于早期占领的核心专利优势地位,在化学发光领域持续布局,开发技术拓展市场。

在产业链分布上,重点申请人中同时涉及原料、试剂和仪器的申请人为国内的科美诊断、郑州安图以及以罗氏、西门子、雅培为代表的欧美企业。郑州安图注重核心原材料的研发,拥有100人的研发团队,免疫诊断试剂产品的抗原、抗体自给率达到

77%以上。涉及试剂和仪器，而不涉及原料的申请人包括以苏州长光华医、深圳新产业等为代表的中国化学发光企业。从上述现象可以看出，在化学发光方面，中国企业的仪器和试剂配套发展，缺乏更多的原料研发环节。

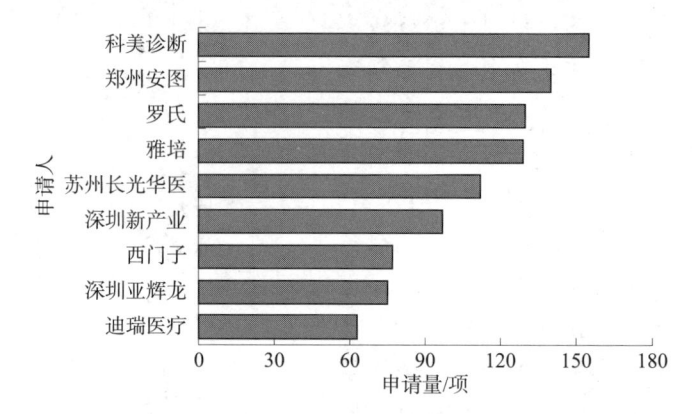

图 3-4-1 化学发光全球重要申请人专利申请量排名

3.4.2 中国重点申请人

如图 3-4-2 所示，中国专利申请量较大的重点申请人为科美诊断、郑州安图、苏州长光华医、深圳新产业、深圳亚辉龙、迪瑞医疗、济南大学、重庆科斯迈生物科技有限公司（以下简称"重庆科斯迈"）和迈克生物。其中，科美诊断、郑州安图的专利申请总量已经达到了第一梯队，苏州长光华医、深圳新产业的专利申请量也较多，成为第二梯队。

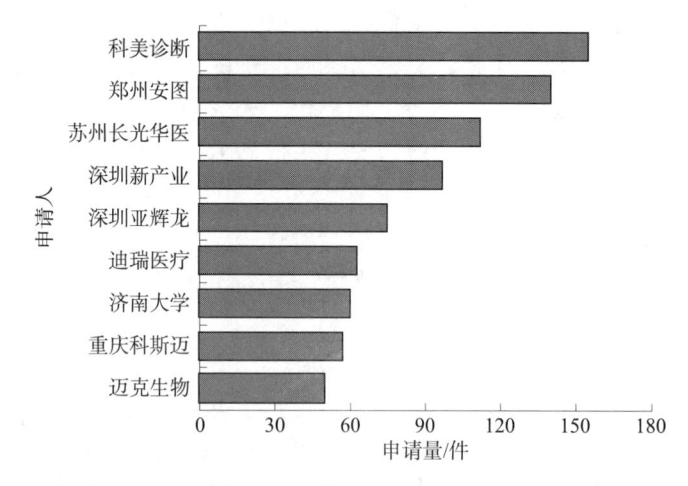

图 3-4-2 化学发光中国重点申请人及专利申请量排名

2003~2013 年化学发光的市场容量到达百亿元，随着可检测项目的逐步丰富和开发，化学发光市场仍然以每两年翻一倍的速度不断增长。化学发光在全球 IVD 细分中增速保持前三，而中国发展最为迅速，2011~2016 年复合增速为 30%。在此良好的发展环境下，中国本土企业发展迅速，创新能力不断增强，专利保护意识也在逐渐增强，因此，专利申请量增长较快。

中国企业由于在化学发光领域起步较晚，其技术和市场已经基本被外国公司如罗氏、雅培、丹纳赫、西门子等所垄断，国产化的仪器和试剂仅占很小的一部分市场份额。且在酶促化学发光、直接化学发光、电化学发光技术领域，外国企业都进行了专利布局，形成了专利技术壁垒，国产企业想要寻求技术突破比较困难。目前，很多中国的化学免疫诊断技术还是外国公司过期的专利技术，技术落后。化学发光技术中制备技术难度高，例如最核心的材料就是用于识别待测标志物的生物活性材料（如抗体、抗原等），中国企业主要依赖于进口。中国企业应当加大投入研发，促进自身技术的创新。

令人欣慰的是，国内企业如郑州安图，经过技术研究，目前已经掌握了单克隆抗体、多克隆抗体、基因重组抗原及天然抗原的设计、表达、纯化、标记、筛选、保存、使用等一整套技术。郑州安图创立于1998年，专注于IVD试剂和仪器的研发、制造、整合及服务，产品涵盖免疫、微生物、生化等检测领域，同时也在分子检测等领域积极布局，能够为医学实验室提供全面的产品解决方案和整体服务。

图3-4-3对化学发光的中国申请人类型进行了统计，其中，企业申请人占比76.37%，大专院校和科研单位分别占比12.14%、4.96%。也就是说在化学发光领域中，技术发展主要是由企业主导，大专院校和科研单位的参与度相对较少。

图3-4-4对申请人之间的合作情况进行了统计，在共同申请中，忽略了个人申请的情形。从图中可以看出，多个申请人的共同申请绝大多数体现为企业与科研单位/大专院校的共同申请，这种合作模式是一种较好的合作模式。科研单位/大专院校具有较好的科研条件，研究能力较强，企业与科研单位/大专院校合作，可以获得技术上的支持，而且科研单位/大专院校的研究成果可以通过企业转换为具有市场应用价值的技术。值得一提的是，关于化学发光技术，企业与企业之间没有专利合作申请，这是因为各企业之间本身就存在业务上的竞争关系，同行业企业之间进行专利合作可能会面临技术秘密泄露的风险。且化学发光技术原理上已比较成熟，面临的问题可通过与科研单位/大专院校的合作解决。

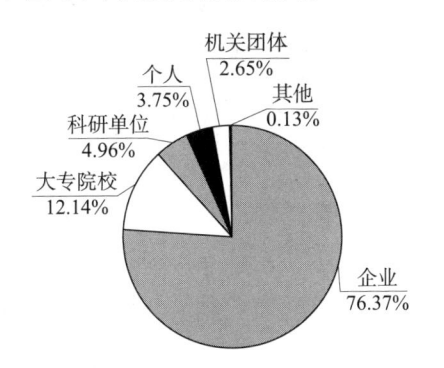

图3-4-3 化学发光中国申请人类型

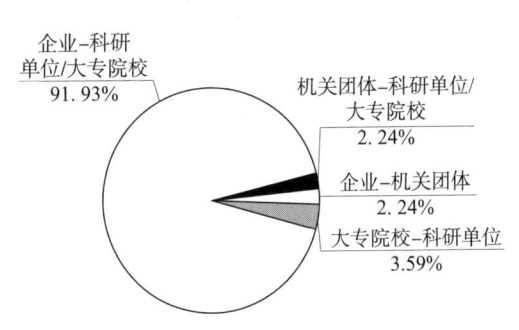

图3-4-4 化学发光中国申请人合作情况

3.5 技术发展生命周期

3.5.1 全球技术发展生命周期

图 3-5-1 从申请人数量与专利申请量两个维度对化学发光随年份的变化情况进行了分析。1997~2018 年，化学发光技术的申请人以及专利申请量的总趋势都是随着时间持续增长，这表明化学发光技术目前仍是一个充满生命力的科学领域。但是该生命周期出现了 3 次较明显的转折：第一次在 2004~2005 年，第二次在 2006~2007 年，这两次申请人数量和专利申请量都有小幅度下降；第三次在 2011~2013 年，申请人数量由近 400 个跌至 200 个左右，但是专利申请量仍然保持上升趋势。

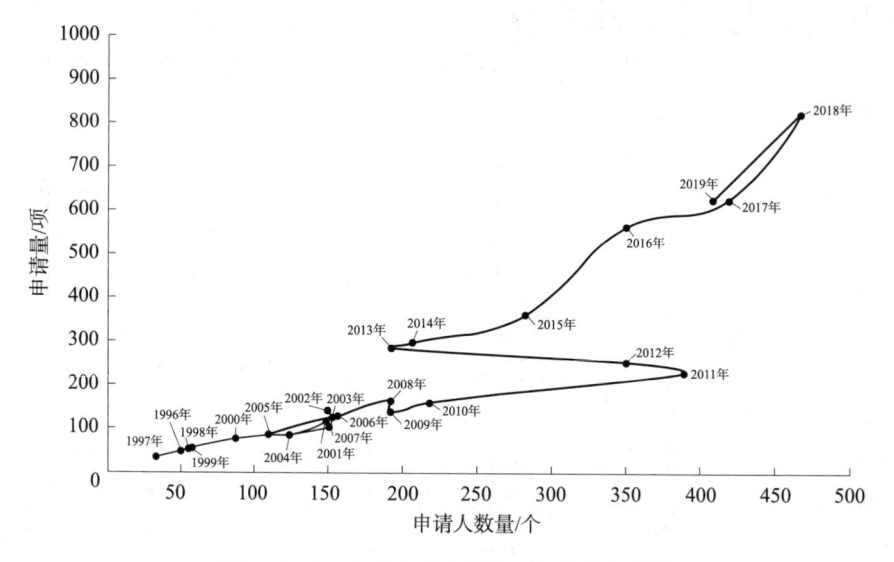

图 3-5-1　化学发光全球技术发展生命周期

2004~2007 年，全球 IVD 试剂市场良好，免疫诊断行业的巨头在此期间纷纷进行并购，积极涉足诊断试剂领域或进一步巩固在 IVD 市场的份额。例如，2007 年，罗氏并购以免疫化学为主要业务的 BioVeris；2008 年，罗氏又并购了以诊断学为主要业务的 Ventana medical system。

3.5.2 中国技术发展生命周期

图 3-5-2 是化学发光在中国的生命周期。整体上看，1996~2018 年，化学发光的申请人以及专利申请量都随着时间持续增长，表明化学发光目前在中国是一个充满生命力的领域，是研究的热点。其中出现的 3 次波折与全球趋势基本一致，均受到了全球形势的影响。

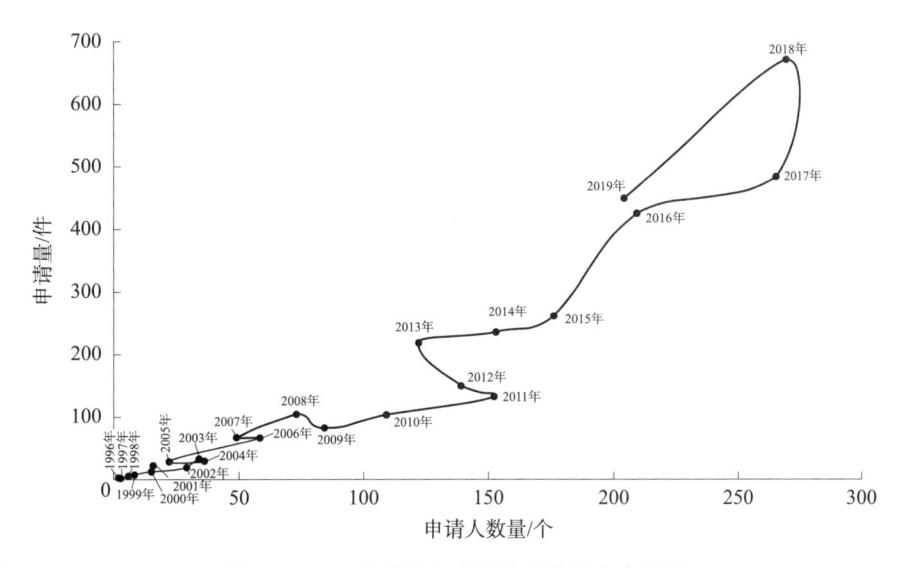

图 3-5-2　化学发光中国技术发展生命周期

3.6　演进路线

按照原理，化学发光技术可以分为：直接化学发光、酶促化学发光、电化学发光和光激化学发光。

从技术原理的角度，对化学发光技术的专利演进和更新及其对应的时间节点进行梳理，按照出现时间的先后关系大致可划分为四代。图 3-6-1 中所列每一代技术的第一件专利是该技术最早的专利，以说明每项技术的技术起点情况。此外，我们还分析了各个分支技术随时间的演进过程，对其中的关键专利的改进点和申请人等信息进行了统计和分析。

第一代技术——直接化学发光技术。发光材料（发光底物）主要有鲁米诺类、吖啶酯类、草酸酯类。早期的化学发光 POCT 装置即采用直接化学发光底物，并且经历了从鲁米诺—吖啶酯发光染料的迭代更替。吖啶酯在化学发光中的应用始于 1979 年，当前应用于化学发光的吖啶酯分为以雅培化学发光免疫试剂为代表的酰胺类吖啶酯和以西门子化学发光免疫试剂为代表的 DMAE 类两种，二者发光性能相近。吖啶酯化学发光为闪光型，在化学发光领域与其他技术相比具有优势，吖啶酯化学发光在加入启动剂 0.4s 后发射光强度达到最大，半衰期为 0.9s，2s 内发光基本结束，可以实现快速检测。吖啶酯标记工艺简单，标记反应一步完成，发光过程只需要在碱性条件下经 H_2O_2 氧化就可以直接发光，不需要其他发光催化剂。在第一代直接化学发光染料中，吖啶酯类的发展路线更为丰富，相对于鲁米诺类的发展路线更加充实。纵观吖啶酯分支的发展路线，可以发现，在此后的发展历程中，通过基团修饰对吖啶酯类衍生物作为发光材料在其量子产率、发光波长范围、亲水性等方面进行了多次改进，以期望改善其在多重检测、检测灵敏性、易标记性以及生物亲和性等方面的特性。在此过程中最主要的申请人是雅培和西门子，两大公司一直处于竞争地位。雅培在传染病领域领先其他竞争对手，最早于 1993 年推出 Axsym 系列产品；1998 年推出其高端产品 Architecti2000，采用先进的发光技术吖啶酯直接化学发光，最高速度为 200T/H；2008 年以后推出 Architecti1000，逐步替换市场上的 Axsym，最高速度为 100T/H。雅培 2007 年进入中国。

第二代技术——酶促化学发光技术。该技术中常用的酶有辣根过氧化物酶 HRP、碱性（或酸性）磷酸酯酶 ALP。这一类技术的起点可以认为是美国碧迪在 1987 年提出的 HRP 酶催化的化学发光 POCT 技术。酶催化化学发光的代表企业还包括强生。酶促化学发光技术中，由于酶具有专一性，催化效率高，相对于直接化学发光技术效率更高。但是由于酶的特性对反应时环境温度、pH、底物等要求较高，易受自身批间差异、储存条件等因素干扰，因此，检测的结果稳定性、线性度较差。在发展后期，酶促化学发光 POCT 领域似乎没有出现代表型的申请人或企业。

目前从市场表现来看，应用吖啶酯作为发光染料的直接化学免疫 POCT 类产品占比更高，有些厂家在尝试过酶催化标记检测方法后，还是会选择直接化学发光方法。其原因可能在于：①直接化学发光方法没有显色酶，稳定性更好。临床调研中专家反馈，酶促化学发光方法试剂大包装开盖后，在越短时间内用完，则检测结果的稳定性越好，时间拉长则稳定性下降、误差增大。②发光检测环节，直接化学发光方法线性关系更好。酶促化学发光方法检测反应后的辉光，反映的是酶分解底物的速度（速率法）。直接化学发光方法检测短时间内的光强曲线积分（积分法），检测值直接和检测标的数量线性相关。③从临床使用反馈看，在进口仪器和试剂之间比较，直接化学发光方法标准曲线制作比酶促化学发光方法更便捷，可以实现两点定标，偏移率更低。

第三代技术——电化学发光技术。它是电化学发光和免疫测定相结合的产物，它是一种在电极表面由电化学引发的特异性化学发光反应，包括电化学和化学发光两个过程。电化学发光是电启动发光反应，而一般的化学发光是通过化合物混合启动发光反应。电化学发光不仅可以应用于所有的免疫测定，而且还可用于 DNA/RNA 检测。该类技术在 POCT 类产品上的最早应用可追踪至伊根在 1988 年提出的专利申请，该专利后期被罗氏所收购。至今为止，电化学免疫化学发光诊断产品的市场和技术基本上为罗氏所垄断，它掌握了核心的专利技术，市场占有率较高。罗氏以电化学发光为其核心产品，该产品由伊根于 1988 年开始研发并申请了专利，该专利权被转让给宝灵曼，并由宝灵曼推出产品。1997 年它收购宝灵曼公司后，产品不断升级换代，目前以 170T/H 的 E170 和 86T/H 的 E411 为主要产品。2016 年罗氏电化学发光专利到期。

第四代技术——光激化学发光（LiCA）技术。它是以纳米高分子微粒为基础，由光激发的一种均相免洗的化学发光分析技术。该技术由美国 Snytex Ullman 教授于 1991 年提出（US5340716A），该专利后期被美国德灵诊断（Dade behring）收购，并研发成功。后由 PerkinElmer 公司生产相关试剂（AlphaScreen），西门子生产出免疫诊断试剂（LOCI）。国产光激化学发光免疫检测系统由科美诊断的子公司"博阳生物科技（上海）有限公司"建立在该技术之上。光激化学发光技术可应用于多种生物分子的测定，包括酶活性、受体－配体反应、低亲和力的反应、第二信使水平、RNA、蛋白质、多肽、碳水化合物；光激化学发光技术是具有快速、均相（免洗）、高灵敏度和操作简单等特点的新一代技术，有效地提高了信噪比，增加了特异性，前景广大，是化学发光免疫分技术的又一个里程碑，是中国 POCT 免疫企业最有进取空间的领域之一。2014

年该技术由科美诊断引入中国，并研制了配套的检测试剂和系统。

```
直接化学发光（第一代）    酶促化学发光（第二代）    电化学发光（第三代）    光激化学发光（第四代）
```

1980年
- 1979年 LKB SE7905852A 荧光用于POCT装置
- 1986年 雅培 EP273115B1 吖啶酯被应用于POCT
- 1987年 西门子 EP0257541A3 吖啶酯被应用于POCT
- 1987年 碧迪 US5017473A HRP酶促化学发光
- 1988年 伊根 WO8910551A1 电化学发光Ru(bpy)₃

1990年
- 1993年 诺华 US5395752A 不同发光波长的吖啶类试剂进行多重检测
- 1995年 Hoechst AG公司（专利转让于德灵，后被西门子收购）US5783696A 高量子产率的吖啶类衍生物
- 1991年 雅培 WO9212255A1 不同寿命的化学发光标记物，时间分辨非均相化学发光分析方法同时检测多种待测物
- 1996年 鲁米根公司 CN1180349A 新的磷酸酯反应的杂环发光底物，高的发光效率
- 1991年 Snytex（转让于德灵，2007年被西门子收购）US5340716A 首次提出光激发化学发光
- 1993年 德灵诊断（2007年被西门子收购）EP0716746B1 光激发化学发光应用于POCT
- 1996年 诺华 US5965354A HSV-1和HSV-2精确检测

2000年
- 2002年 雅培 US6727092B2 吖啶类衍生物同时检测HCV抗原及其抗体
- 2005年 拜耳 US20050221390A1 高量子产率、亲水性吖啶鎓，提高免疫测定灵敏度
- 2002年 基因描绘系统公司 CN100354429C 大面积成像，快速灵敏检测
- 2010年 中生北控生物科技股份有限公司 CN102156121A 鲁米诺及增强剂对碘苯酚和氧化剂过氧化脲，提高灵敏度
- 2001年 罗氏 US6716640B2 电化学发光信号的稳定和放大
- 2005年 BioVeris（2007年被罗氏收购）US20060035248A1 提供新的猝灭剂用于均相检测的思路
- 2013年 罗氏 CA2879089C 新的铱基发光配合物
- 2017年 罗氏 WO2018037060A1 多官能化硅纳米粒子，提高发光效率
- 2001年 西门子 US7867781B2 光激化学发光减少钩状效应
- 2008年 博阳生物（2014年被科美诊断收购）CN101769931B 胎儿甲种球蛋白检测微粒
- 2013年 西门子 US9618523B2 高精度检测活性异构体
- 2018年 科美诊断 CN108445223A 检测目标抗-CARP的试剂盒

2010年
- 2009年 中国科学技术大学 CN101900723B 鲁米诺直接键合纳米金信号放大

2020年

图3-6-1 化学发光的技术演进路线

从图3-6-1所述技术演进路线来看，第一代直接化学发光技术中的吖啶酯染料发光原理、第三代电化学发光技术的原理是比较成熟的。但这两个路线中的核心技术专利大多被大公司所垄断。雅培、西门子、罗氏等大型医疗诊断公司，为了确保其在吖啶酯和电化学方向的优势地位，在自主研发之外还通过买断和收购掌握了大量核心技术。新生的第四代光激化学发光诊断发展历程短，但染料本身具备均相、高的量子产率和低的检测背景的明显优势。在德灵诊断被西门子收购后，光激化学发光技术发展出现了停滞现象，未形成垄断格局。这对中国的POCT化学发光行业来说是一个巨大

机遇。近年来，中国如科美诊断等企业开始涉足该领域。在第四代光激化学发光原理中，申请人分别从不同的角度进行改进，以进一步提高化学发光方法的检测效果。例如，直接化学发光和酶促化学发光的改进角度主要为灵敏度和多重检测方面的改进；电化学发光从检测灵敏度和均相检测原理两个角度提出了改进；而第四代光激化学发光主要从均相检测的角度，对信号校正、降低本底和特异性识别方面进行了改进。对应的代表性专利如图3-6-2所示。

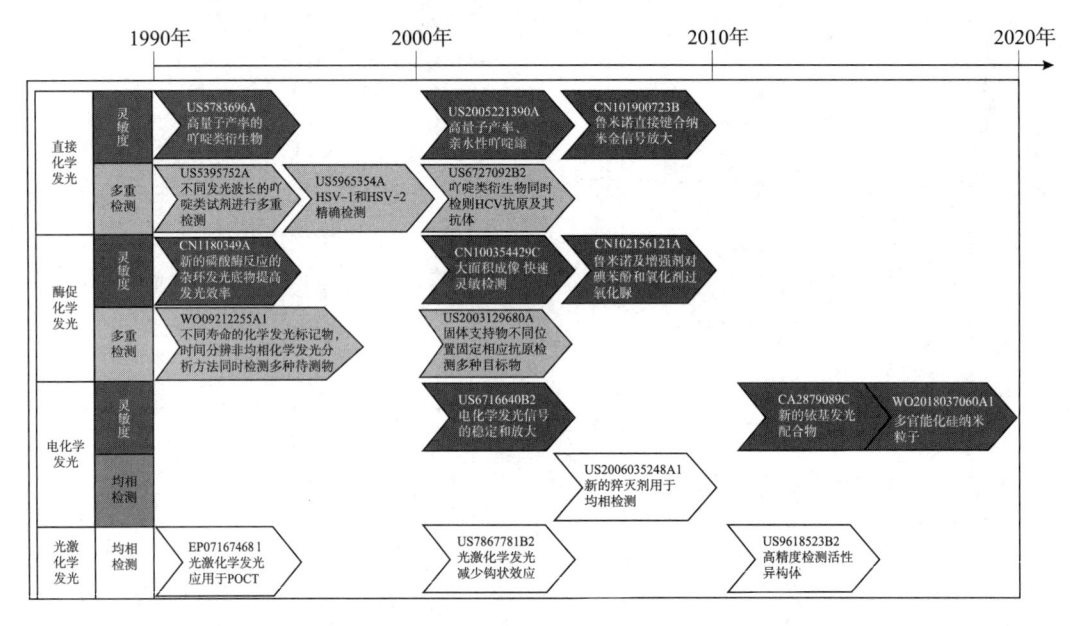

图3-6-2 化学发光的技术改进点

3.7 关键技术

3.7.1 样本前处理

作为生物分析检测的一个重要环节，待检测目标物的分离和纯化是实现灵敏、特异性检测必不可少的环节。如何简单、高效地集成样品前处理过程，是设计自动化、快速、无须中心实验室介入的POCT设备的重点和难点。通过对化学发光产品的分析和梳理，可以发现其样品前处理的典型方式包括层析、磁分离、浮力材料分离以及固相分离4个方面。

如图3-7-1、图3-7-2所示，对化学发光的国内外专利申请量进行分析，可以进一步获得依据不同的前处理方式实现免疫测定和即时检测的专利申请量的变化趋势，反映出国内外的化学发光技术的热度都主要集中于磁分离的技术领域。磁分离技术应用于化学发光可以追溯至1982年，此后整体趋势在波折中呈上升态势，近年来达到一个小的高峰。磁分离技术的广泛应用主要得益于磁性纳米颗粒生物相容性好，方便功能化。操作方便的优势，在小型POCT仪器中发挥了重要作用。除磁分离技术外，基于免疫层析的分离技术是传统优势分离方法，起步于19世纪70年代，且由于其廉价、操作简便，至今仍然在不断地发展和应用。在小型化学发光仪器中，基于固相载体固定和清洗分离的方法是另一种重要分离手段，研究热度和发展趋势在磁性纳米材料之后。此外，1995年之后，基于浮力材料的标记和分离技术逐渐萌芽。基于浮力材料的标记和分离技术，理论上具有免去清洗和磁分离的复杂程序的潜力，且不需要离心技术的参与，能够自动集中于上层区域进行富集和筛选，在节约程序、提高集成度和仪器小型化方面具有巨大潜力。

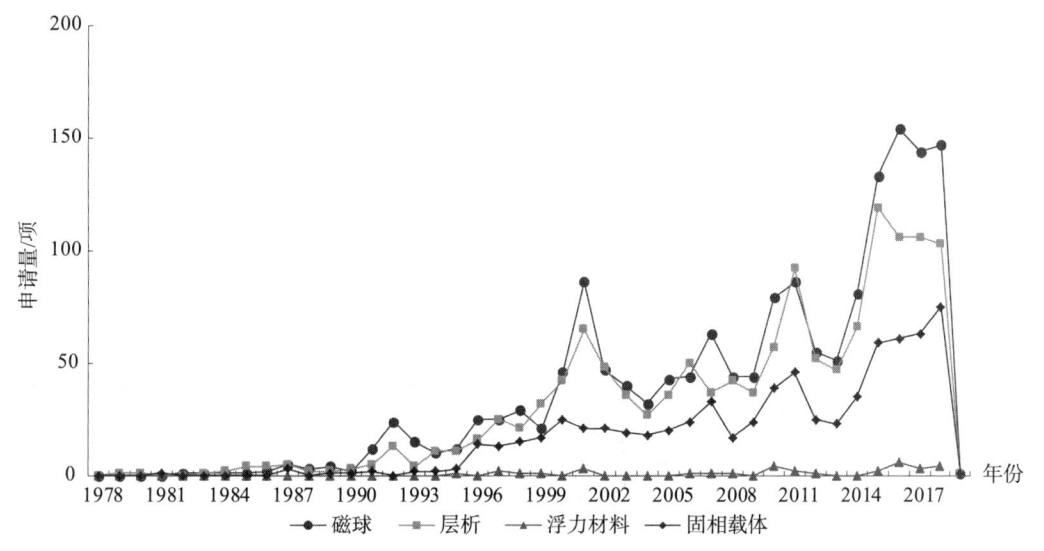

图 3-7-1 化学发光样本前处理的外国专利申请量趋势

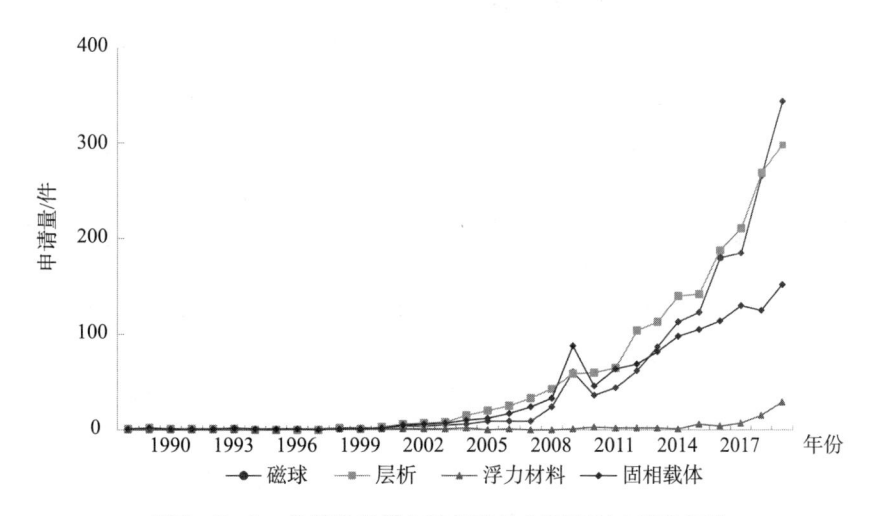

图 3-7-2 化学发光样本前处理的中国专利申请量趋势

POCT的化学发光领域的专利申请大致可以分为两类，一类侧重于基于前处理方式的扩展研究，另一类关注于原料和原理方面的研究。结合图3-7-1和图3-7-2对国内外涉及前处理方式的专利申请量趋势进行横向比较，可以发现中国专利申请中涉及前处理方面的专利申请量明显超过外国。而通过之前对化学发光领域国内外专利申请量的分析可知，国内外在POCT的化学发光分支的专利申请总量接近，均为3000件左右。结合上述两方面的信息，可以推断出，中国POCT化学发光领域的研究更侧重于已经集成了前处理方式的即时检测应用方面。从专利的分析中也能发现，外国POCT化学发光领域的研究更侧重于基础性研究，包括发光原料、发光原理、分离材料的制备等方面。相对而言，外国申请人的研究重点侧重于原理性强的核心技术。

3.7.1.1 层析

层析技术是20世纪90年代在单克隆抗体技术、胶体金免疫层析技术和新材料技术基础上发展起来的一项新型IVD技术，具有快速、简便、单人份检测、经济的优点，现已广泛应用于医学检测、食品质量监测、环境监测、农业和畜牧业、出入境检验检疫、法医定案等领域。

如图3-7-3所示，层析法的原理是将特异的抗体先固定于硝酸纤维素膜（以下简称"NC膜"）的某一区带，当该干燥的NC膜一端浸入样品（尿液或血清）后，由于毛细管作用，样品将沿着该膜向前移动，当移动至固定有抗体的区域时，样品中相应的抗原即与该抗体发生特异性结合，若用免疫胶体金或免疫酶染色可使该区域显示一定的颜色，从而实现特异性的免疫诊断。层析试纸条主要包括4个部分：样品垫、结合释放垫、NC膜和吸收垫。

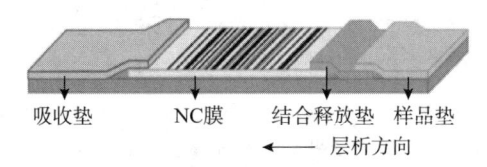

图3-7-3 侧向层析技术的基本原理示意（CN108414747A）

在层析技术中无论是胶体金免疫层析、荧光免疫层析，还是化学发光免疫层析，都是以大孔径的微孔滤膜为载体，将特异性的抗原或抗体固定在微孔滤膜上。目前采用的大孔径的微孔滤膜载体大都是多孔聚合物膜材料，这种材料在胶体金试纸中被用作T/C线的承载体，同时也是免疫反应的发生处，并且在整个层析装置中承担了分离和纯化功能，直接影响层析检测装置的性能和准确度。NC膜是目前发展最成熟的大孔径微孔滤膜聚合物材料，市场占有率高。中国的NC膜原材料像其他层析膜材料一样，主要依赖进口，中国和外国厂家生产的层析膜材料在性能上还具有较大差距。

NC膜的生产原理可以分为以下4个步骤：

匀浆配比：购买回来的原料硝酸纤维素粒子是一种非常普遍的有机化学物，溶解形成混浆。在该浆体内，通过加入一定比例的试剂来调整最后形成膜的性质，一般主要包含表面活性剂/高分子聚合物/盐离子/成型剂等溶解的一个缓冲体系内。不同的厂家加入的溶液配方不一样，并产生了不同的产品。

滚筒铺膜：配好的匀浆通过滚筒，形成了一张薄膜，平摊在十分光滑的平面载体上。过程与造纸非常相似。

成型：当匀浆内的成型剂开始挥发时，膜逐步干燥成型。在这个过程中由于温度比较高，有些厂家采取了在密闭腔体内成型，同时补充配方溶液的形式来避免一些有效成分的蒸发。

切割：通过以上步骤生产出来的膜是一个宽度极大的产品，宽度的大小直接和滚筒的大小相关，滚筒越大生产越方便，但设备的成本也越高。宽膜要经过切割才能成为市面上可以购买到的 25mm、20mm、18mm 宽的膜，而长度上，成品卷膜和宽膜的长度是相同的。

NC 产品的关键技术参数主要在于以下两个方面：

（1）化学性质：蛋白吸附能力和亲水能力

NC 膜的功能是通过检测线 T 线和控制线 C 线（以抗体为典型）对特定目的分子的吸附特性将其固定，同时样品的检测结合物被引导流向反应区域。要达到这样的目的，膜必须具有高度蛋白吸附能力，同时还需具备一定的空隙和润湿性以保证水性样品的毛细流动。NC 膜是蛋白印迹最广泛使用的转移介质，对蛋白有很强的结合能力，而且适用于各种显色方法，包括同位素、化学发光（鲁米诺类）、常规显色、染色和荧光显色，背景低，信噪比高。转移到 NC 膜上的蛋白在合适的条件下可以稳定保存很长时间。

（2）物理性质：膜孔/爬速，及其均匀性

NC 膜需要根据灵敏度要求选择不同的膜孔大小，从而决定不同的层析速度/爬速。爬速是 NC 膜在免疫层析测试中最重要的参数，因为其直接影响测试反应的快慢。较为理想的产品 NC 膜按照孔径及爬速设计，通过优化表面化学处理和独特的生产工艺，具有重复性好、爬速稳定的特点。层析膜的选择应依据不同的测试条件来决定。孔径越小（爬速越慢），灵敏度就越高。对于高亲和力的抗原抗体反应，使用较大孔径（爬速较快）的层析膜可获得较快的测试速度，同时也具有足够的灵敏度。

从前文梳理的层析膜产品的关键产品性能入手，对层析膜的生产工艺发展过程中的重点专利进行分析，可以得到如图 3-7-4 所示的层析膜生产工艺的技术改进点及其技术演进路线。

为了获得合适的孔径爬速以提高侧向层析过程中的水流速度的可控性和匀速性，提高层析膜方法检测的灵敏度和准确性，申请人主要从孔径尺寸以及孔径的均匀度两个方面进行改进。专注于滤纸的生产加工工艺和参数改进的 Pall，早在 1961 年就提出了共混式和层叠式的滤膜制备方法（US3158532A），提出了作为骨架的粗纤维和细纤维两种纤维的比例将影响微孔的孔径尺寸，并给出了平均孔径与纤维比例的关系趋势；Whatman 在 2015 年申请的专利 US2017115287A1 给出了一种降低样品试剂用量的具体膜厚系数和纤维素膜孔径参数。在纤维素膜孔径的均匀性和膜的重复性控制方面，Pall 在 1997 年发现，由于纤维素的部分酸硝化，难以实现硝化纤维素膜制造的均匀性的技术问题。为了改善均匀性，Pall 申请的专利 US5980746A 提供一种 NC 膜的具体制备方法，混合合成有机聚合物（>60%），对应的天然聚合物（<40%）和纤维素化合物后进行浇铸，以获得硝酸纤维素均匀分布在表面的膜。Millipore 也在 2018 年提供了一种有别于传统浇铸方法的层析膜聚合物成型方法，采用电纺或电吹塑纤维毡，可以实现高体积孔隙率，具有窄分布的大孔径等级、高表面积以及高且可调节的蛋白质结合。在某些实施例中，与现有的空气浇铸 NC 膜相比，所述电纺或电吹塑的纤维毡是柔性的且不脆，允许它们卷起或折叠，这可以用于打开非平坦应用的场景。

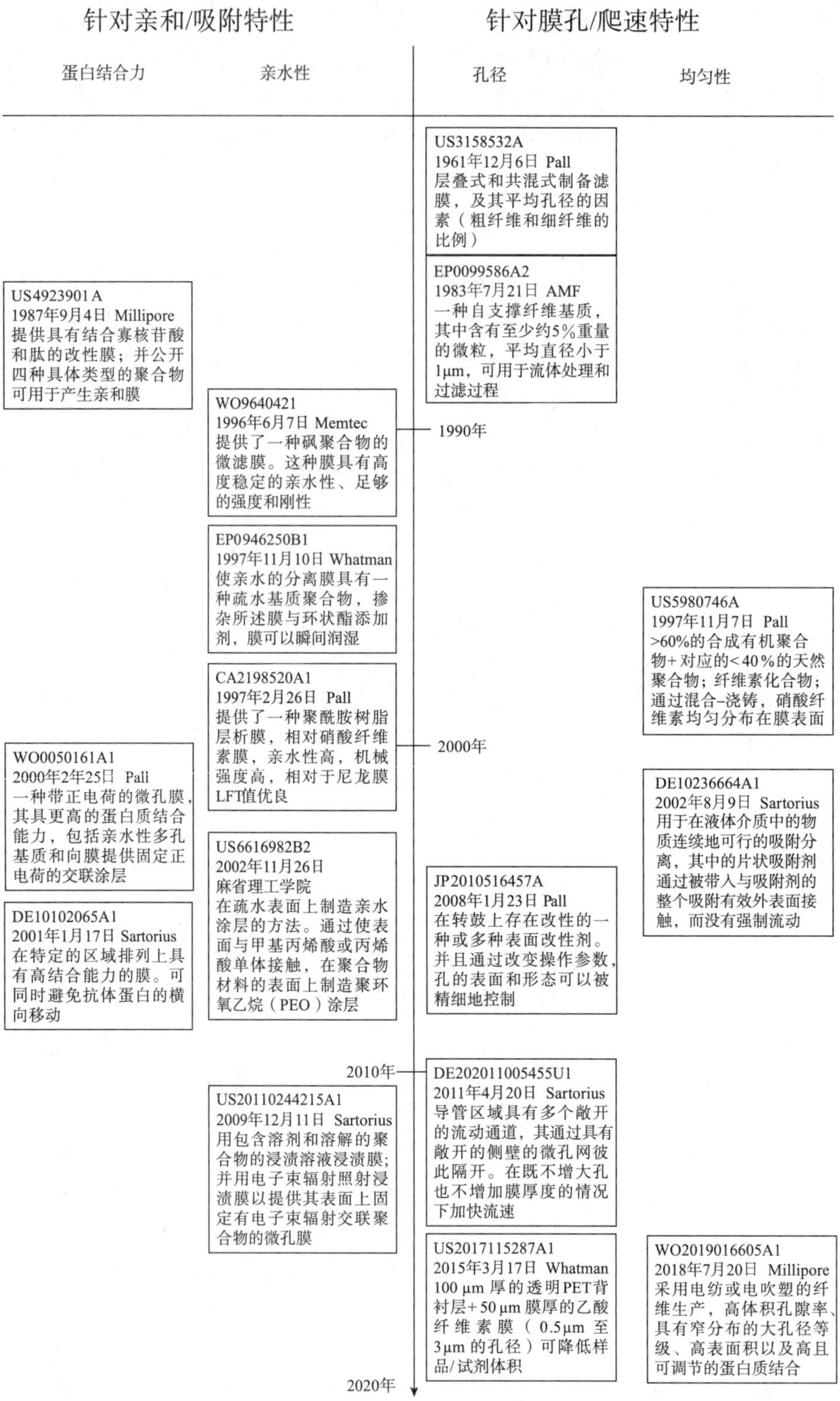

针对亲和/吸附特性

蛋白结合力

- **US4923901A**
  1987年9月4日 Millipore
  提供具有结合寡核苷酸和肽的改性膜；并公开四种具体类型的聚合物可用于产生亲和膜

- **WO0050161A1**
  2000年2月25日 Pall
  一种带正电荷的微孔膜，其具更高的蛋白质结合能力，包括亲水性多孔基质和向膜提供固定正电荷的交联涂层

- **DE10102065A1**
  2001年1月17日 Sartorius
  在特定的区域排列上具有高结合能力的膜。可同时避免抗体蛋白的横向移动

亲水性

- **WO9640421**
  1996年6月7日 Memtec
  提供了一种砜聚合物的微滤膜。这种膜具有高度稳定的亲水性、足够的强度和刚性

- **EP0946250B1**
  1997年11月10日 Whatman
  使亲水的分离膜具有一种疏水基质聚合物，掺杂所述膜与环状酯添加剂，膜可以瞬间润湿

- **CA2198520A1**
  1997年2月26日 Pall
  提供了一种聚酰胺树脂层析膜，相对硝酸纤维素膜，亲水性高，机械强度高，相对于尼龙膜LFT值优良

- **US6616982B2**
  2002年11月26日 麻省理工学院
  在疏水表面上制造亲水涂层的方法。通过使表面与甲基丙烯酸或丙烯酸单体接触，在聚合物材料的表面上制造聚环氧乙烷（PEO）涂层

- **US20110244215A1**
  2009年12月11日 Sartorius
  用包含溶剂和溶解的聚合物的浸渍溶液浸渍膜；并用电子束辐射照射浸渍膜以提供其表面上固定有电子束辐射交联聚合物的微孔膜

针对膜孔/爬速特性

孔径

- **US3158532A**
  1961年12月6日 Pall
  层叠式和共混式制备滤膜，及其平均孔径的因素（粗纤维和细纤维的比例）

- **EP0099586A2**
  1983年7月21日 AMF
  一种自支撑纤维基质，其中含有至少约5%重量的微粒，平均直径小于1μm，可用于流体处理和过滤过程

- **JP2010516457A**
  2008年1月23日 Pall
  在转鼓上存在改性的一种或多种表面改性剂。并且通过改变操作参数，孔的表面和形态可以被精细地控制

- **DE202011005455U1**
  2011年4月20日 Sartorius
  导管区域具有多个敞开的流动通道，其通过具有敞开的侧壁的微孔网彼此隔开。在既不增大孔也不增加膜厚度的情况下加快流速

- **US2017115287A1**
  2015年3月17日 Whatman
  100μm厚的透明PET背衬层+50μm膜厚的乙酸纤维素膜（0.5μm至3μm的孔径）可降低样品/试剂体积

均匀性

- **US5980746A**
  1997年11月7日 Pall
  >60%的合成有机聚合物+对应的<40%的天然聚合物；纤维素化合物；通过混合-浇铸，硝酸纤维素均匀分布在膜表面

- **DE10236664A1**
  2002年8月9日 Sartorius
  用于在液体介质中的物质连续地可行的吸附分离，其中的片状吸附剂通过被带入与吸附剂的整个吸附有效外表面接触，而没有强制流动

- **WO2019016605A1**
  2018年7月20日 Millipore
  采用电纺或电吹塑的纤维生产，高体积孔隙率、具有窄分布的大孔径等级、高表面积以及高且可调节的蛋白质结合

时间轴：1990年 — 2000年 — 2010年 — 2020年

图 3-7-4 层析膜生产工艺的技术改进点及其技术演进路线

为了使得液体流能够顺利层析达到检测位置，解决 NC 膜亲水性不佳的问题，除了采用表面活性剂对 NC 膜进行表面改性之外，申请人还尝试了采用提供新的聚合纤维材料基质。例如，Pall 在 1997 年即提出了新型聚酰胺树脂，相对于 NC 膜，亲水性高，机械强度高，相对于尼龙膜 A 值优良。针对蛋白抗体结合力弱的问题，经典的改进方式包括 Pall 等公司在 2000 年提出的专利 WO0050161A1，其提供一种带正电荷的微孔膜，具有约 25mg/mL 或更高的蛋白质结合能力，包括亲水性多孔基质和向膜提供固定正电荷的交联涂层；Sartorius 于 2001 年提出专利 DE10102065A1，其指出膜本身的抗体蛋白结合能力很低，但是在特定的区域排列上具有高结合能力的膜，可以避免抗体蛋白的横向移动，提高灵敏度，并且工艺简单。

3.7.1.2 磁分离

磁分离技术是基于功能化磁性材料的批量处理技术。磁分离是特别适合于生物大分子的吸附剂，表面积大，生物相容性好，分离高效。典型的磁分离过程将分离结构表现出亲和力的磁性材料与含有目标化合物的样品混合；在孵育期间，靶化合物与磁性颗粒结合，随后使用额外的磁场将整个磁性复合物与样品分离；清除污染物后，分离的目标化合物可以洗脱并用于进一步的工作。通常，磁分离技术的模式可以分为直接模式和间接模式。直接模式：将具有适当的亲和配体并对靶化合物表现出亲和力的磁性亲和粒子直接施加到样品上，孵育后，目标化合物或细胞与磁性亲和粒子结合，形成稳定的磁性复合物。间接模式：首先将游离亲和配体如适当的抗体加入溶液或悬浮液中与靶化合物相互作用，在从溶液中除去过量的未结合的亲和配体后，通过合适的亲和磁性颗粒捕获所得到的标记复合物。

磁分离技术具有以下优点：磁性材料通常对生物分析物如蛋白质或肽类来说是温和的，磁分离可以通过几个简单的步骤直接用于生物样品；捕获到磁性材料的目标分析物可以从样品中容易地去除。

自 1970 年开始磁性材料应用于分离和分析各种生物活性化合物和细胞。目前，磁分离技术在生物分析检测仪器和方法中应用广泛，包括：蛋白的富集；固定在磁纳米颗粒（MNP）上的特异性寡核苷酸结合到粗细胞裂解物中的靶核酸的特异位点，然后磁分离；固定在 MNP 上的抗原可用于通过免疫应答分离抗体表达或抗原特异性细胞，短时间内进行受控的酶降解，一旦反应完成，酶固定的 MNP 可以通过外加磁体与产物分离。

如图 3-7-5 所示，对基于磁分离的国内外技术发展情况分别进行了梳理，外国的发展路径较中国更为丰富，可以分为纯光学的分析装置［化学发光（CL）仪器路线］、原理性的技术发展以及电化学发光分析装置［电化学发光（ECL）仪器路线］。在纯光学的分析装置的技术演进过程中，西门子的专利布局比较典型。通过引用相同的专利文献，西门子设计了一种完整的完全自动化、通用性和高通量的仪器；包括储存和输送系统、储存和选择系统、分离系统、检测系统和数据收集/处理系统等多个模块。1995~2000 年，西门子分别针对各个模块所涉及的具体结构装置申请相关专利，形成了一个完整的专利布局，保护力度更强。此外，雅培、菲利普斯等化学发光领域的重点申请人也在该路径中提出了相关申请，分别对试剂的输送处理、洗涤分离等装置进行了详细限定。例如,1996 年,雅培申请的样品定量检测方法公开了一种盘式的反应容器盛放输送装置。盘式试剂容器下方的轨道设计,使得处理路径灵活可调,能够根据需要结合处理站的设置,规划多种不同的处理路径且具有高通量潜力。

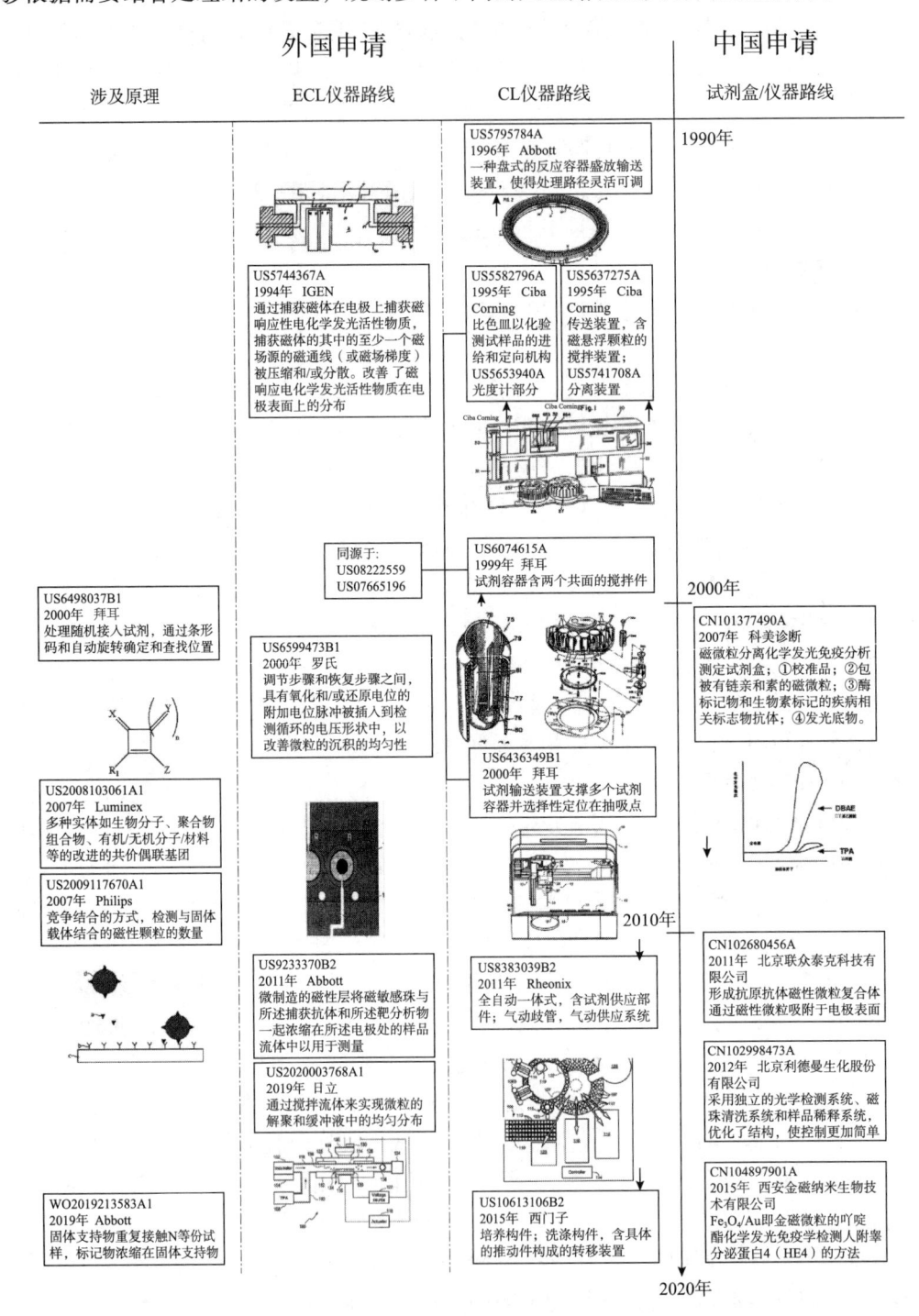

图 3-7-5 化学发光样本前处理磁球分选方式的技术演进路线

外国相关中请人也提供了具有普适性的涉及原理改进的专利申请，包括对随机插入的试剂进行定位和处理的一般方法、用于进行生物分子和材料连接的改进基团、通过多次反复接触提高样本和材料结合效率的方法等。其中，2007年菲利普斯申请的已授权且有效的专利（用磁场检测样品中的目标分子的方法）公开了一种竞争性结合检测的方法，包括使所述样品和附接到磁性颗粒的第一结合分子与附接到固体载体的第二结合分子接触，第一结合分子能够结合到第二结合分子，并且靶标能够干扰这种结合，施加磁力使磁性粒子与固体支持物紧密接近，通过检测与固体载体结合的磁性颗粒的数量实现定量检测。

在ECL仪器领域，磁纳米颗粒也是实现分离和富集的常用手段。如何将载有待测样本和信号分子的磁性纳米颗粒均匀、高效地集中在电极表面，避免因磁球沉聚造成的均相浓度不匀或沉积不可控是最关键的技术问题。对此，IGEN在1994年的专利申请中提出通过捕获磁体在电极上捕获磁响应性电化学发光活性物质，捕获磁体的其中的至少一个磁场源的磁通线（或磁场梯度）被压缩和/或分散，改善了磁响应电化学发光活性物质在电极表面上的分布，并减少了对光电倍增管的干扰，增强了ECL信号。而罗氏在2000年的专利申请中提出调节步骤和恢复步骤之间，将具有氧化和/或还原电位的附加电位脉冲插入检测循环的电压形状中以改善微粒的沉积的均匀性，从而可以实现分析的再现性和精确度的改进。日立在2019年的申请中进一步提出了，由于弱相互作用，微粒倾向于沉积在容器的底部聚集。为了获得代表性的测量结果，缓冲液中微粒的均匀分布对于确保每个分析循环中微粒的恒定浓度是必要的，因此还需要通过搅拌流体来解聚微粒。值得注意的是，雅培在2011年的申请中还提出了一种用于即时检测的小型装置，微制造的磁性层被定位成将包被有捕获抗体的磁敏感珠吸附到靶分析物上，其中采用的电极为安培电极，和磁性层被配置成将所述磁敏感珠与所述捕获抗体和所述靶分析物一起浓缩在所述电极处的样品流体中以用于测量。

中国在磁分离技术中的发展路径主要集中在试剂盒和检测仪器方面，属于技术的下游。与外国的专利技术演进路线对比可以发现，中国的相关研究起步较晚，相对缺乏原理性和普适性的研究。在中国的授权专利申请中，试剂盒一般针对具体的标志物，检测仪器对整体细节限定充分，相对而言难以构成技术壁垒，保护力度弱。

3.7.1.3 浮力材料

随着技术的进步，使用磁分离的问题逐渐显示出来：①产品装置复杂，需要磁场产生装置；②产品价格高昂，普通分离装置价格均过万元人民币；③操作烦琐，需要连接抗体、磁极分选、洗脱等步骤。抗体标记的浮力微球用于分离纯化可以克服上述缺陷，且具有以下优点：①快速分离目的细胞，时间缩短至15分钟，仅为传统方法时间的1/4；②操作简单，无须复杂的装置，只需要常用器械即可完成所有的分离步骤；③经济，获得相同数量高纯度细胞的成本仅为传统方法的1/4。

如图3-7-6所示，对近年来浮力材料的免疫分析检测装置进行分析，可以发现浮力材料主要用于结合光激化学发光的原理，即通过目标物的引入，引发悬浮状态的浮力颗粒的靠近，从而实现化学发光均相免洗测定，例如2017年的西门子申请

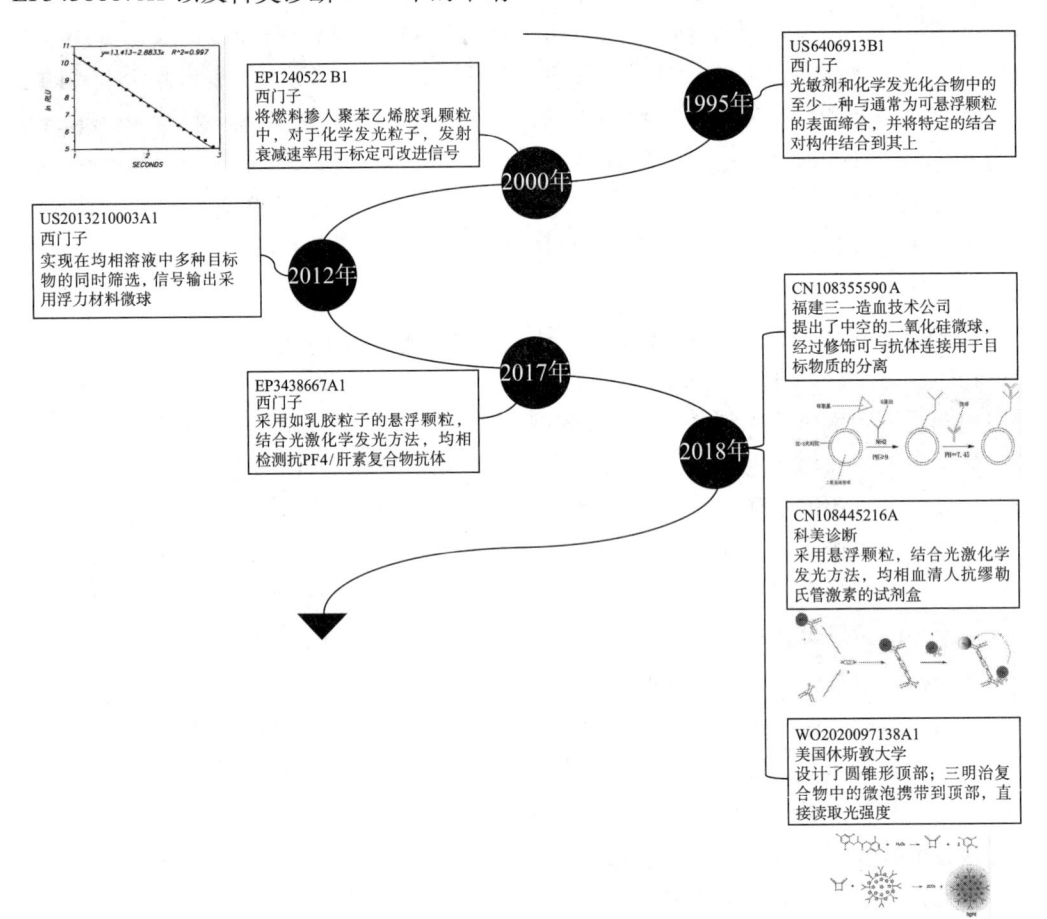

EP3438667A1 以及科美诊断 2018 年的申请 CN108445216A。

图 3-7-6 化学发光样本前处理浮力材料分选方式的技术演进路线

对于浮力材料及其修饰，2018 年的专利申请 CN108355590A 提供了一种利用浮力分离纯化生物物质的微球，包括内部中空的二氧化硅微球，所述的二氧化硅微球的外周包被 SU-8 光刻胶，在 pH 7.45 条件下可以与抗体连接用于目标物质的分离纯化。细胞、细菌、核酸、蛋白、抗体等均可使用该方法分离。

对于具体的测定方法，2018 年的专利申请 WO2020097138A1 也公开了一种可以在化学发光浮选测定法中检测和测量目标分析物的方法，其中玻璃微泡涂有使用硅烷化学识别目标分析物的抗体，并用牛血清白蛋白（BSA）封闭。在目标分析物的存在下，化学发光的报告分子被抗体-目标分析物-与报告物偶联的抗体的三明治复合物中的微泡携带到顶部。在反应器管的顶部读取光强度，光的强度被解释为样品中存在的目标分析物的量。

在免疫小型仪器方面，前处理模块目前主要热点仍然是基于磁球的洗涤和分离技术。浮力材料虽然相对于磁球材料具有免洗的潜力，但是受到溶液中背景光强度的限制，仍然局限于结合光激化学发光的应用场景。如何充分利用浮力材料在空间上的定位性能以充分摆脱溶液中本底的影响，扩宽其普适性，真正向免洗的方向改进可作为以后研发的重点方向之一。例如，将比色皿设计为锥形，深入移液针底部抽吸反应液等方式。

3.7.1.4 固相载体

在前处理方面用到的分离材料中，将基于磁分离的磁性材料、基于色谱分离的多孔纤维层析材料、基于浮力材料相关的分离材料按照其分离性质进行了划分。其他固相分离载体并不具备特殊性质，仅基于界面特性实现分离的可以划分为固相载体的分离材料。常见的固相载体分离材料，包括孔板/尼龙/塑料/玻璃等材质以提供界面；电化学检测装置中具有修饰和分离作用的电极；珠形的分离材料，通过过滤方式进行分离；管形的分离材料，在通过液体的同时实现分离。进一步地，在固相载体的表面，也可以覆盖一侧聚合物薄膜，以进一步改善界面性质。常见的覆膜包括交联壳聚糖膜以及 NC 膜。

3.7.2 免疫识别技术

3.7.2.1 检测对象

化学发光技术所针对的疾病对象参见图 3-7-7。随着人类癌症发病率和死亡率的持续走高以及癌症种类和检测指标的增多，针对癌症的研究是重要热点内容。由图可知，在化学发光的检测疾病中，各类肿瘤标志物的相关专利申请量最多，其次为肾脏疾病，再次为肝炎、甲状腺疾病相关指标的检测，其余如关节炎、妊娠、毒品、心肌受损等相关指标的检测。这种现象可能受到各疾病对应指标的发展程度或者其他技术的成熟应用影响。

图 3-7-7 化学发光的检测对象分布

注：字体大小代表专利申请量多少。

3.7.2.2 检测指标

针对上述检测疾病，分析相关专利申请得到各检测对象所对应的检测指标如表 3-7-1 所示。为分散经营风险，更有效迅速地切入新的细分，持续丰富产品线对于企业的发展尤为重要。而针对各类检测对象，研发新的、更有效的检测指标也会为化学发光的研究注入新的活力。

表 3-7-1　化学发光各检测疾病所对应的检测指标

疾病	指标
传染/感染	CRP、HBVPreS1、HBcAg、desA、HBsAg、HBeAg、HCV、Pre-S1、HEV-IgG、抗-HBc、抗-HBe 等
心血管	MRP8/14、cTnl、Myo、D-dimer 等
肿瘤标志物	CA19-9、PSA、NSE、CA125、UBC、GPC-3、Cyfra21-1、AFP、CEA、CA15-3、CA72-4、CA50、ProGRP、Fer、TPS、GPC3、HSP27、CA242、THBS-1、ANGPTL4、HER-2 等
妊娠/排卵	HCG、孕酮、雌二醇、雌三醇等
生化	6-乙酰基吗啡、激素、葡萄球菌肠毒素、T3、T4、TPO 抗体等
肾脏类	TRF、PSA 等

在化学发光中，已有指标的制备和新指标的研发不可避免地就要涉及抗原抗体的合成。抗原抗体属于试剂原材料，其合成在整个 IVD 产业链中居于上游，下游临床应用技术的创新往往需要原材料层面进行支撑，因此想要掌握最先进的诊断技术，常常需要先掌握最先进的原材料技术。另外，这些核心原材料对于诊断系统的性能影响极大，核心原材料的性能极限在很大程度上决定了 IVD 系统性能的上限，想要开发性能最强的诊断技术也经常需要高端的原材料进行支撑。目前中国核心原材料产业大量依赖进口，外国厂家处于垄断地位导致原材料成本高居不下，严重影响了中国企业的国际竞争力。而且在贸易战的背景下，大量进口的核心原材料持续顺畅供应难以得到充分保障，严重影响整个 IVD 行业的产业安全。

以下将针对抗原制备与抗体制备两方面进行简单分析。

（1）抗原的制备

抗原的设计与制备对于抗体的合成是一个非常重要的问题，设计或者制备得不好的抗原有可能完全不能免疫出抗体来。常用抗原的制备方式及其特点如表 3-7-2 所示。

表 3-7-2　化学发光抗原制备方式及特点

抗原制备方式	特点
纯化的天然蛋白质	天然蛋白存在修饰，结构复杂，免疫原性强；很难达到较高的纯度，且只适合在机体细胞内表达量比较高的蛋白
纯化的重组蛋白	容易获得较高的纯度，鉴定相对方便，生产过程更易掌握；为便于纯化，通常需要带一段标签，后续纯化需要去除带标签抗体；因为不存在修饰，也不存在高级结构，因此最终生产出来的抗体可能无法识别天然蛋白

续表

抗原制备方式	特点
人工合成多肽	适用于相似度高的家族蛋白；需要将多肽连在一个大的载体上以增加其免疫原性；成本较高
小分子物质	主要是小分子药物；需要连接载体才能够进行免疫动物
组织、全细胞或细胞组分	适用于不清楚需要的抗原，例如要制备肿瘤特异性抗原的抗体

（2）抗体的制备

抗体制备技术大体可分为两大类，即多克隆抗体制备技术和单克隆抗体制备技术。多克隆抗体是由多个 B 淋巴细胞克隆产生的多种抗体混合体，能够识别一种抗原的多个表位，是多种抗体的混合物。单克隆抗体则是由单一 B 淋巴细胞克隆产生的高度均一、特定识别某一特定抗原表位的抗体。1975 年，德国科学家 Kohler 和英国科学家 Milstein 利用杂交瘤技术将产生抗体的 B 淋巴细胞与骨髓瘤细胞融合，成功研发出单克隆抗体制备技术。两人也因此获得了 1984 年诺贝尔医学与生理学奖。

多克隆抗体与单克隆抗体的比较参见表 3-7-3。

表 3-7-3 化学发光中多克隆抗体与单克隆抗体比较

比较项目	多克隆抗体	单克隆抗体
特异性	较弱	较强
稳定性	较好	相对较差，对理化条件敏感
对免疫原的要求	免疫原纯度越高越好	不纯的免疫原也能得到高纯度的抗体
标准化	较难，不同批次的抗体质量差异大	易于标准化，批次间差异小
识别	能识别多个表位	仅检测抗原上的一个表位
交叉反应	很常见，难避免非特异反应	不易于其他蛋白发生交叉反应
沉淀和聚集反应	有	大多数没有
制备成本	较低	较高
制备周期	较短	较长
价格	较低	较高

多克隆抗体的制备主要包括以下几个步骤：①免疫原的制备；②免疫动物；③免疫血清的收集；④免疫血清的鉴定；⑤免疫血清的保存。图 3-7-8 显示了若干具有代表性的对传统多克隆抗体制备方法改进的专利，例如利用嵌合抗体获取多克隆文库和编码它们的 DNA 片段文库（US6420113B1），抗体具有可变区和恒定区。在已经有转基因小鼠和牛的多克隆抗体制备方法的基础上，建立能够产生大量全人多克隆抗体的生产平台，利用转基因禽类，如鸡、鹌鹑获取多克隆抗体（US2006123504A1）。2007年 Symphogen A/S 利用重组蛋白作为抗原，制备了针对呼吸道合胞病毒的新型多克隆抗

体（US2010040606A1）。2011 年 US2012027771A1 抗病毒、细菌和/或真菌感染亲和纯化的人多克隆抗体制备方法（US2012027771A1）。2014 年，丝科普乐（北京）生物科技有限公司合成了抗丝素蛋白多克隆抗体（CN104059131A）。

图 3-7-8　化学发光多克隆抗体制备的技术演进路线

单克隆抗体的制备由于具有较强的特异性，长期以来受到研究者们更多的关注。图 3-7-9 显示了单克隆抗体制备方法的大致专利发展过程。

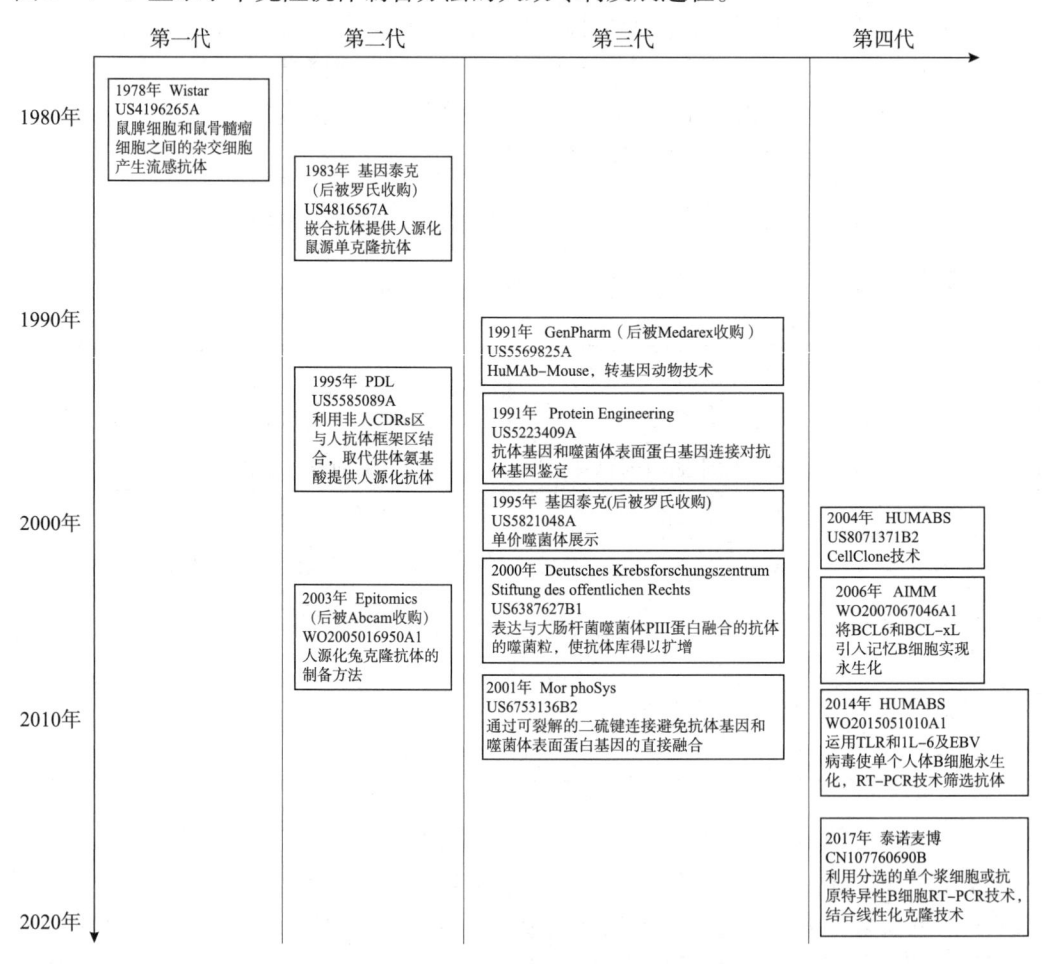

图 3-7-9　化学发光单克隆抗体的技术演进路线

单克隆抗体的制备从最早的小鼠杂交瘤技术开始发展到全人抗体的发现技术，基本经历了 4 个发展阶段：第一代抗体技术杂交瘤单克隆抗体技术、第二代抗体技术嵌合抗体和人源化改造单克隆抗体技术、第三代抗体技术全人源单克隆抗体技术（抗体库技术、转基因动物平台等）、第四代抗体技术天然全人源单克隆抗体技术（EBV 转化、单个人 B 细胞技术等）。1975 年 Milstein 和 Kohler 建立了鼠源性单克隆抗体。由于被他人先公开披露，Milstein 和 Kohler 没有获得相关技术专利。1978 年，Wistar 在其基础上利用鼠脾细胞和鼠骨髓瘤细胞之间的杂交细胞制备了流感抗体，进一步发展了鼠杂交瘤单克隆抗体技术。随着单克隆抗体制备技术的进一步发展，基因泰克（Genentech，后被罗氏收购）申请了重组抗体的生产方法专利，即所谓的"Cabilly 专利"。Cabilly 专利是基因泰克获得的与抗体制造方法相关的一系列专利，重组抗体的生产方法通常难以避免落入 Cabilly 专利保护范围。该系列专利不仅很好地保护了基因泰克自身的抗体药，还帮助其收获了高额的许可费，在商业竞争中占据了有利地位。因申请人的布局，该系列专利的总保护期达 35 年（1983 年 4 月 8 日至 2018 年 12 月 18 日）；被许可人包括 Abbott、Johnson & Iohnson、ImClone、MedImmune 等，基本涵盖了抗体药领域的主要企业厂商。US4816567A 的被引用频次达到近 9000 次。在此基础上，1995 年 PDL 的 Cary Queen 等发明人申请了一系列人源化抗体相关的专利，保护主题涉及人源化抗体、编码人源化抗体的核苷酸序列以及人源化抗体的生产方法，即所谓的 Queen 专利。Queen 专利的垄断地位虽不及 Cabilly 专利，但也建立了较强的技术壁垒。2003 年，Epitomics（后被 Abcam 收购）则建立了人源化兔单克隆抗体的制备技术，拥有了兔单克隆抗体技术的专利。

1991 年，Protein Engineering 发明了抗体基因和噬菌体表面蛋白基因融合对抗体基因鉴定技术。1995 年，基因泰克又发明了单价噬菌体展示技术。噬菌体展示技术能够根据表达在噬菌体表面的抗体片段与特异性抗原的结合特性或生物学功能对抗体库中的大量抗体基因进行快速筛选，目前是业界发展较为成熟的技术，主要掌握在 Cambridge Antibody Technology（CAT）、Dyax、MorphoSys 和基因泰克等公司手上，但其相关专利已陆续失效。Dyax 与 CAT 的专利相互交叉覆盖，但基本不涉及 MorphoSys 技术的关键点——通过可裂解的二硫键连接避免抗体基因和噬菌体表面蛋白基因的直接融合，因此引发了时间较长的专利纠纷。2000 年 Deutsches Krebsforschungszentrum Stiftung des offentlichen Rechts 又发展了表达与大肠杆菌噬菌体 PIII 蛋白融合的抗体的噬菌粒，使抗体库得以扩增。而与噬菌体技术发展同期，转基因动物技术也得到了 GenPharm 公司（后被 Medarex 收购）的发展。转基因动物技术是通过对非人动物进行基因工程化获得人源化免疫球蛋白基因座，从而产生各种全人源抗体。首先由 Lonberg 等人于 1994 年公开，掌握该技术的主要有 Medarex、Abgenix、Regeneron、OMT、Kymab、TRIANNI 和 Ablexis 等公司。

近年来，随着聚合酶链式反应（PCR）技术、高通量测序技术和单个细胞培养技术的发展和成熟，单个人体 B 细胞抗体制备技术迅速兴起。如 HUMABS 和 AIMM 均对该项技术申请了专利。该技术来源于天然的人体 B 细胞，相较于传统的抗体制备技术具有效率高、天然全人源、基因多样性更丰富等优势。单个人体 B 细胞抗体制备技术已成为制备全人抗体的热门方法，较为成熟的技术平台有 True Human™、AIMSelect™、

CellClone、MabIgX－C™ 和 HitmAb® 等。珠海泰诺麦博生物技术有限公司（Trinomab 以下简称"泰诺麦博"）建立了 HitmAb® 技术，其能够高效快速分离天然人的单克隆抗体。与噬菌体库技术、转基因鼠技术以及采用体外基因工程获得的所谓"全人源"抗体相比，HitmAb® 技术获得的天然全人源抗体不仅序列 100% 是人的，而且经历了自然人体免疫耐受机制的层层筛选，最大限度地降低了抗体药物应用于人体的免疫原性，从而避免了其他方法生产的抗体引发的抗体免疫反应（ADA）。泰诺麦博公司于 2017 年申请了该技术的专利并于 2018 年获得授权（CN107760690B）。

在上述发展基础上，中国也出现了大批上游原料厂家，有不少 IVD 终端厂家开始布局或者涉足上游原料业务。如广州万孚生物材料，作为万孚生物独立的原料部门，早在 2016 年就开始为行业提供抗体、微球等原料。2016 年，北京热景生物技术股份有限公司成立了原料子公司北京开景基因技术有限公司。基蛋生物也拥有自己的原料部门，为公司内部的终端试剂提供抗体抗原等原料。中国部分原料厂家涉及新型抗原/抗体/半抗原或者抗原/抗体/半抗原制备方法相关技术保护的专利申请量如图 3-7-10 所示，中国厂家也开始参与到上游原料的技术开发与竞争中。

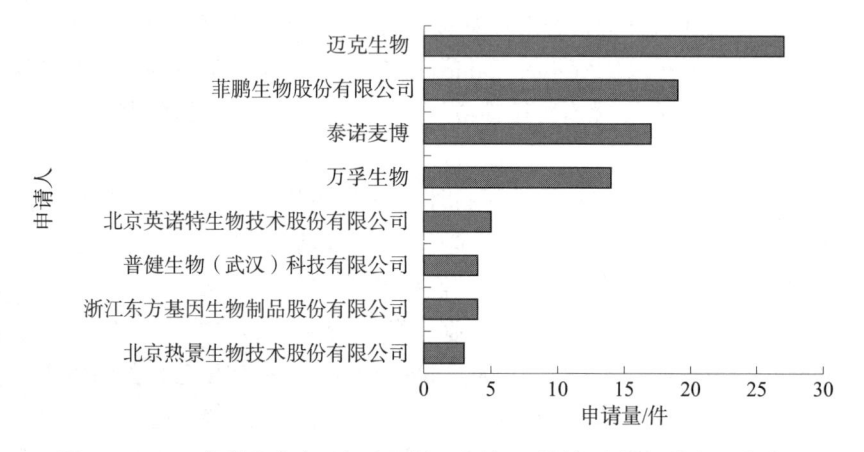

图 3-7-10 化学发光中国部分原料厂家抗原/抗体/半抗原的专利申请量

国内医疗器械的技术壁垒逐渐被打破，医保控费等相关政策的出台，市场竞争的压力，这些因素使成本价格的竞争成为所有中国 IVD 企业不得不面对的问题，同时也是中国原料厂家发展壮大的最好机会。但是，面对激烈的市场竞争，以及下游 IVD 厂家对试剂质量要求的提升，中国原料厂家不但需要提升技术保证原料质量，还需要提升服务模式，为下游客户提供技术解决方案才能够赢得更多的市场。

3.8 本章小结

POCT 化学发光起步于 19 世纪 70 年代，近 10 年来发展迅速，正处于快速发展和革新的时代。1980～1990 年，以美国的西门子、罗氏、雅培等企业为代表的 POCT 诊断公司，积极开发和摸索适用于快速、准确的化学发光免疫产品的技术。它们在该时间段抢先申请了部分核心专利，占据了先机，此后一直处于化学发光POCT领域的引领地位。

中国的POCT化学发光起步较晚，自1984年起才出现少量相关专利申请，落后美国约20年。自2013年以来，中国专利申请量显著增加，技术发展迅速，在全球专利申请量中占比很高。相信中国可以抓住目前POCT化学发光免疫快速发展的时机和机遇，逐渐打破技术壁垒，发展前景良好。

该领域专利申请量最大的是中国的科美诊断。雅培、罗氏、西门子起步最早，并且每年都有一定数量的相关专利申请。上述3家公司并未止步于早期占领的核心专利优势，在POCT化学发光免疫领域中持续布局，开发技术，拓展市场。中国本土企业虽然起步较晚，但发展迅速，在化学发光POCT免疫领域的专利申请量迅速增长，如科美诊断、郑州安图、苏州长光华医、深圳新产业等。

在产业链分布上，同时涉及原料、试剂和仪器的重点申请人有以罗氏、西门子、雅培为代表的欧美大型POCT企业。中国企业的POCT化学发光免疫板块仪器和试剂配套发展，相对于外国大型代表性化学发光免疫企业，原料研发环节较为薄弱。

从发光原理的角度，对化学发光专利技术发展路线进行了迭代分析。化学发光技术原理按照其出现时间的先后关系大致可划分为4代，分别是以1979年为起点的直接化学发光、以1987年为起点的酶促化学发光、以1988年为起点的电化学发光和以1991年为起点的光激化学发光。新生的第四代光激化学发光发展历程短，但染料本身具备均相、高量子产率和低检测背景等明显优势，在德灵诊断被西门子收购后，其发展较为缓慢，未形成垄断格局，而且2000年以前的关键专利已经失效。近年来，如科美诊断等企业开始涉足该领域，对中国的POCT化学发光免疫行业来说是一个巨大机遇。

通过对POCT化学发光免疫产品的分析和梳理，可以发现其样品前处理的典型方式包括层析、磁分离、固相分离以及浮力材料分离4个方面。在中国或外国POCT化学发光免疫领域，小型POCT化学发光仪器主要集中于磁分离的技术领域。基于层析分析试纸条和磁性材料的小型分离仪器热度相当。层析技术中，层析膜制备工艺的技术含量很高，中国企业如果想获得性能较高的层析材料，需要一定的积累和重点研发。中国在磁分离技术的发展主要集中在试剂盒和检测仪器方面，属于技术的下游，相对缺乏原理性和普适性的研究。在中国的授权申请中，试剂盒一般针对具体的标志物，检测仪器对整体细节限定充分，相对而言难以构成技术壁垒，保护力度低。自1995年以来，基于浮力材料的标记和分离技术逐渐萌芽。基于浮力材料的标记和分离技术，目前局限于光激化学发光分支，但其理论上具有免去清洗和磁分离的复杂程序的潜力，且不需要离心技术的参与，能够自动集中于上层区域进行富集和筛选，在节约程序、提高集成度和仪器小型化方面具有巨大潜力，值得进一步探索。

中国也出现了部分上游原料厂家。有不少IVD终端厂家开始布局或者涉足上游原料业务。如广州万孚生物材料作为万孚生物独立的原料部门，2016年就开始为行业提供抗体、微球等原料。

第 4 章　微流控芯片

4.1　概　　况

微流控芯片技术依托微加工技术，将整个实验室的分析功能，包括采样、样品前处理、分析、分离、监测等集成在一块几平方厘米的芯片上，通过在后端耦合光电热等形式的检测器和读数装置，可实现从生物小分子到细胞不同尺度对象的检测过程的自动化和检测结果的信息化。由于微流控芯片具有体积小、易携带、使用试剂/样品量少、高集成度、快速、高通量检测等特点，目前已成为POCT检测技术中的热点。

4.2　专利申请量趋势

4.2.1　全球专利申请量趋势

微流控芯片技术全球专利申请量趋势如图4-2-1所示。全球微流控芯片技术的发展主要分为4个阶段。

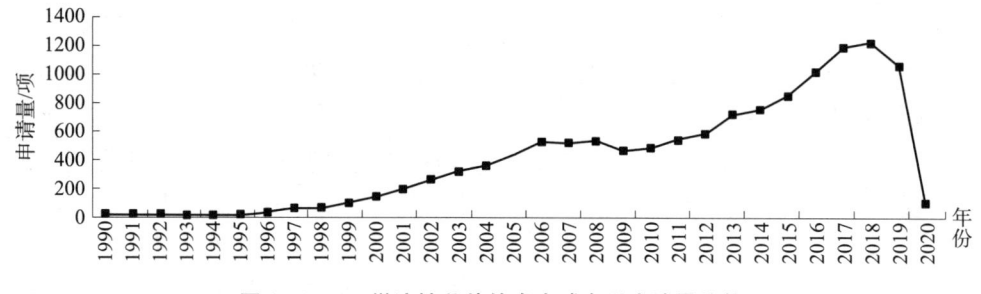

图4-2-1　微流控芯片技术全球专利申请量趋势

1996年以前为微流控芯片技术的起步阶段，专利申请量很少，每年不足50项，研究方向主要集中在生物分子的毛细管进样和过滤分离。1990年，瑞士Ciba-Geigy的Manz与Widmer运用微电子机械系统（MEMS）技术在一块微型芯片上实现了此前一直需要在毛细管内才能完成的电泳分离，首次提出了微全分析系统，即我们现在熟知的微流控芯片。此后的美国橡树岭国家实验室的研究人员Mike Ramsey在Manz与Widmer的原有研究基础上，改进了芯片毛细管电泳进样方法，提高了其性能。1995年全球首家专门从事微流控芯片技术的卡钳生命科学公司（Caliper Life Sciences，以下简称"卡钳"）在美国马萨诸塞州成立，微流控芯片技术正式开启了商业化、产业化之路。

1996~2006年为微流控芯片技术专利申请量的第一次快速上升阶段。由于早期受制于加工技术的限制，很多功能器件难以小型化、微型化，大规模集成电路的发展催生着微机电系统MEMS技术的快速发展。随着MEMS技术的成熟，结构更加复杂、功能更加丰富的微流控芯片开始出现，如卡钳1999年提出多层微流体系统，将样品制备、分析集成在同一个芯片上，减小了体积的同时提高了装置的集成化。同年卡钳联合安捷伦科技有限公司（以下简称"安捷伦"）推出首台微流控芯片商品化仪器，并应用于生物临床分析领域。2001年清华大学提出了一种检测核苷酸和单核苷酸多态性用的毛细管电泳芯片装置，采用了三层结构结合一维、二维或多维微流体通道，设置多组加热层带实现了快速、高效和消耗样品少的检测。

2007~2009年为微流控芯片技术专利申请量的稳定期，基本稳定在四五百项。

2010年至今为微流控芯片技术专利申请量的第二次快速上升阶段。2009年H1N1流感爆发，之后对于即时检测技术需求增大，专利申请量开始快速上升。2012年大规模集成化微流控芯片制备成功，多功能、高精度、高集成度的微流控芯片开始大量出现。另外，纸基微流控芯片开始出现，由于成本低、易获得，吸引了如哈佛大学、大连化物所、济南大学等的关注。2019年和2020年专利申请量下降主要是由于专利公开的滞后性，大量专利申请还处于未公开状态。

4.2.2 中国、美国、欧洲、日本、韩国的专利申请量趋势

图4-2-2为中国、美国、欧洲、日本、韩国的专利申请量趋势。对比可以看出，韩国每年的专利申请总量缓慢上升，一直位于100项以下，可见韩国微流控芯片技术较为薄弱。中国在2001年以前有关微流控芯片技术的专利申请量非常少，长期处于30项以下。同时期的欧洲、美国和日本专利申请量逐年攀升，且均超过50项，尤其是美国更是达到155项。2003年至今，美国专利申请量基本保持在200项以上，2017年突破400项。这显示了美国在微流控芯片技术方面具有非常强的研究实力。

由于微流控芯片技术主要基于MEMS工艺进行加工，中国国内的MEMS工艺起步晚，因此一定程度上阻碍了微流控芯片技术的研究，早期研究主要集中在清华大学、大连化物所等少数高校/研究所。随着中国MEMS工艺的进步，《生物产业"十二五"发展规划》和《"十三五"国家科技创新规划》均提出突破微流控芯片关键技术。自2002年起中国专利申请量开始逐步增长，尤其是2010年以后更是步入了快速上升阶段，并在2014年首次超过美国，专利申请量居于世界首位，2018年专利申请量达到807项，为美国专利申请量的2.7倍，欧洲的4.2倍。这也显示出中国正在逐渐赶上世界微流控芯片技术的第一梯队。

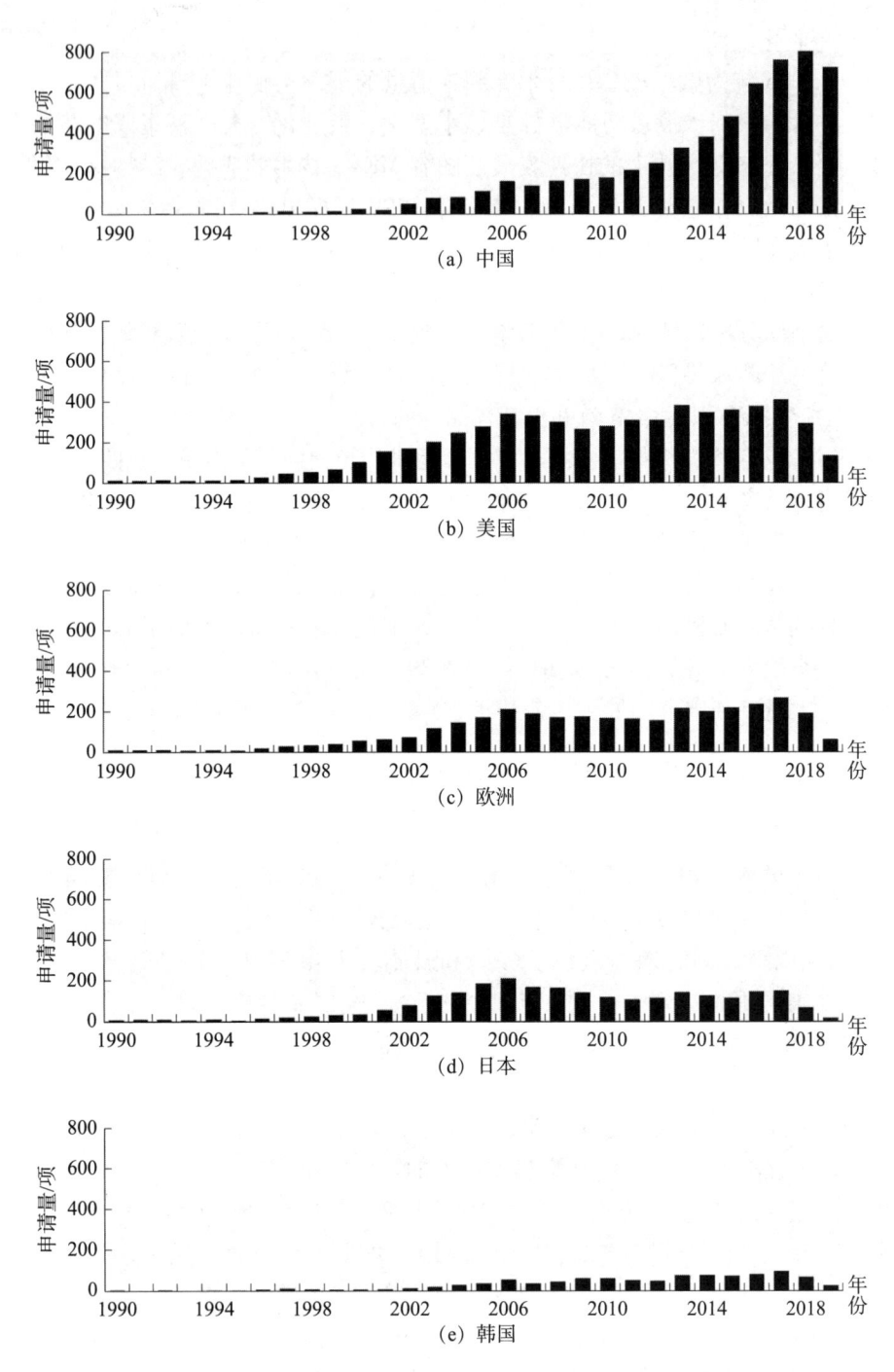

图 4-2-2 微流控芯片中国、美国、欧洲、日本、韩国专利申请量趋势

4.3 专利申请的技术迁移

4.3.1 全球专利申请的技术迁移

图4-3-1反映了微流控芯片技术相关专利申请的主要技术来源和目标国家/地区，首次申请国家/地区反映了该国家/地区的技术原创力。可以看出，美国作为微流控芯片技术的发源地具有很强的技术研发实力，全球将近一半的微流控芯片技术均来源于美国，足见其深厚的技术底蕴。欧洲作为老牌发达地区，同样显示了较强的技术原创能力。中国的专利申请量占据份额超过日本和韩国，位列第三。另外，目标国家/地区情况表明，美国不仅在本国大量布局微流控芯片技术，而且将近一半的专利同时还进入了中国、欧洲、日本和韩国；美国进入欧洲、日本和韩国的专利申请量接近相应国家/地区自身在这些国家/地区的专利申请量，表明美国不仅在本国保持着绝对优势，还在其他主要国家/地区掌握着话语权。另外，中国申请人的专利申请基本上集中在中国，对于美国、欧洲等发达国家/地区鲜有布局。虽然中国的技术原创能力相对较弱，但由于中国人口众多，市场潜力巨大，促使美国、欧洲、日本和韩国在中国进行大量专利布局。

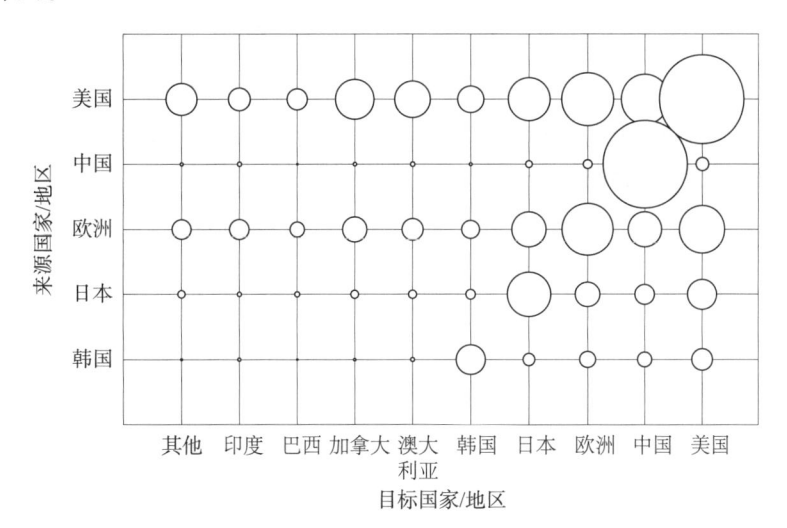

图4-3-1 微流控芯片专利申请的技术迁移情况

注：气泡大小代表专利量多少。

4.3.2 中国专利申请的技术来源国家/地区

图4-3-2为微流控芯片技术专利申请的外国来源。通过分析技术来源可以发现，来自美国的专利申请达到1011件，将近占据外来专利申请量的一半。来自荷兰、德国、瑞士、英国和法国的欧洲五国的专利申请量总量位于第二位，第三、第四位分别是日本和韩国。这与全球主要研究微流控芯片技术的公司和大学所在的国家/地区基本一致。

4.3.3 中国专利申请的区域分布

图4-3-3反映了中国主要区域在微流控芯片技术的原创力。可以看出经济越发达的地区，微流控芯片技术研发能力越强，北京、江苏、广东、浙江和上海分别位于国内区域专利申请量的前五位，其中北京居首。这主要是由于北京拥有数量众多的大学和研究所，如清华大学、北京工业大学等。同时，国内主要微流控芯片技术企业也位于北京，如博奥生物的3家子公司——博奥颐和健康科学技术（北京）有限公司、北京博奥医学检验所有限公司和北京博奥晶典生物技术有限公司。

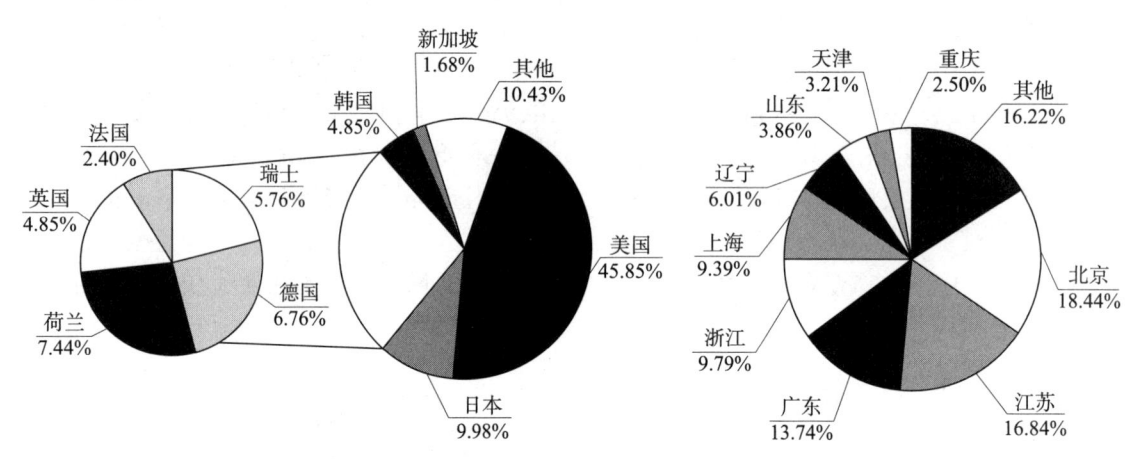

图4-3-2 微流控芯片中国专利申请的技术来源国家/地区

图4-3-3 微流控芯片中国专利申请的区域分布

4.4 重点申请人

4.4.1 全球重点申请人

图4-4-1可以看出全球微流控芯片技术的主要研究者来自美国、欧洲、中国、日本和韩国，其中全球前六位均来自美国和欧洲。美国的加州大学和欧洲的皇家飞利浦均申请了231项专利，共同位居全球首位。美国的卡钳作为全球首家专门从事微流控芯片技术的公司，专利申请量也突破了200项，达到223项，位列全球第三位。瑞士的罗氏、美国的哈佛大学和德国的西门子分列第四至六位。作为中国较早研究微流控芯片技术的清华大学和大连化物所分列第七和第十位。综上可以看出，美国和欧洲在微流控芯片技术领域占据了优势地位。

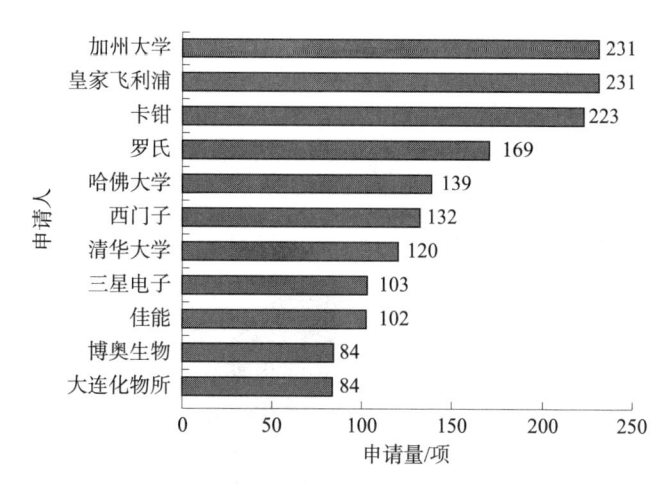

图4-4-1 微流控芯片全球重点申请人及其专利申请量排名

申请人申请量（项）：
- 加州大学 231
- 皇家飞利浦 231
- 卡钳 223
- 罗氏 169
- 哈佛大学 139
- 西门子 132
- 清华大学 120
- 三星电子 103
- 佳能 102
- 博奥生物 84
- 大连化物所 84

4.4.2 中国重点申请人

图4-4-2为微流控芯片技术的中国重点申请人及其专利申请量排名情况。从图中可以看出，前十位申请人中，高校和研究所占据主导地位，并且清华大学、大连化物所分别位于中国重点申请人的前两位的高校/研究所。上述高校/研究所也是中国较早进行微流控芯片技术研究的单位。另外，博奥生物作为清华大学控股企业，成立20余年，在清华大学的技术支持下，已开发出高通量恒温扩增微流控芯片核酸分析仪和晶芯 RTisochip™-A 恒温扩增微流控芯片核酸分析仪等相关微流控检测产品。华迈兴微、南京岚煜和苏州汶颢虽然成立都不到10年，但是可以看出这3家公司均在微流控芯片技术领域展现出不俗的研发实力，均进入了前十名。但是，总的来说，中国微流控芯片技术的主要研究者还是集中在高校/研究所，企业相对较少，企业研发强度弱。

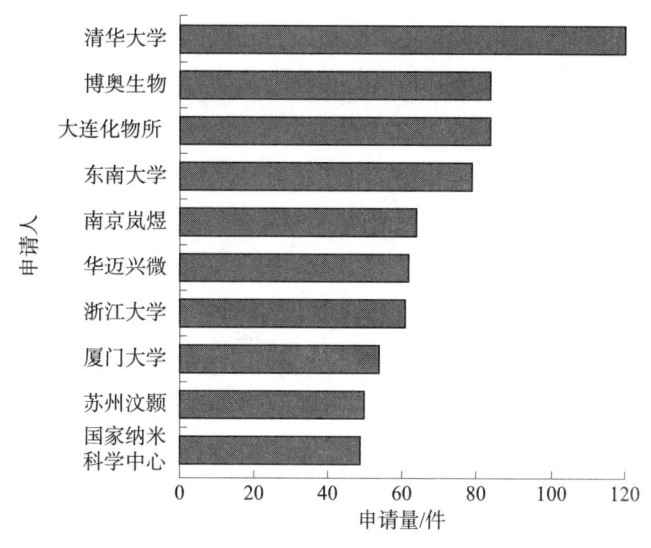

图4-4-2 微流控芯片中国重点申请人及其专利申请量排名

申请人（申请量/件）：
- 清华大学
- 博奥生物
- 大连化物所
- 东南大学
- 南京岚煜
- 华迈兴微
- 浙江大学
- 厦门大学
- 苏州汶颢
- 国家纳米科学中心

图4-4-3为微流控芯片技术的中国重点申请人的主要类型。可以看出，虽然超过一半申请人为企业，但是缺乏龙头企业，研究较为分散。另外，除企业外，大专院校、科研单位和机关团体三者共占据了大约40%的比例。这也表明企业和高校/研究所均为中国微流控芯片技术重要的研究力量。

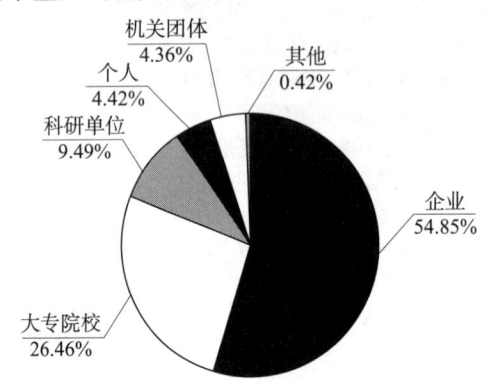

图4-4-3 微流控芯片中国重点申请人类型

4.5 技术发展生命周期

4.5.1 全球技术发展生命周期

图4-5-1为微流控芯片技术的全球技术发展生命周期图。可以看出2004年以前，专利申请人数量和专利申请量曲线接近呈现线性上升；2004~2012年申请人数量停止增长，并且出现来回震荡，同时专利申请量长期在500项左右；2013~2014年，虽然申请人的数量在减少，但是专利申请量开始出现上升；2015~2018年，专利申请人数量和专利申请量再次出现双增长。

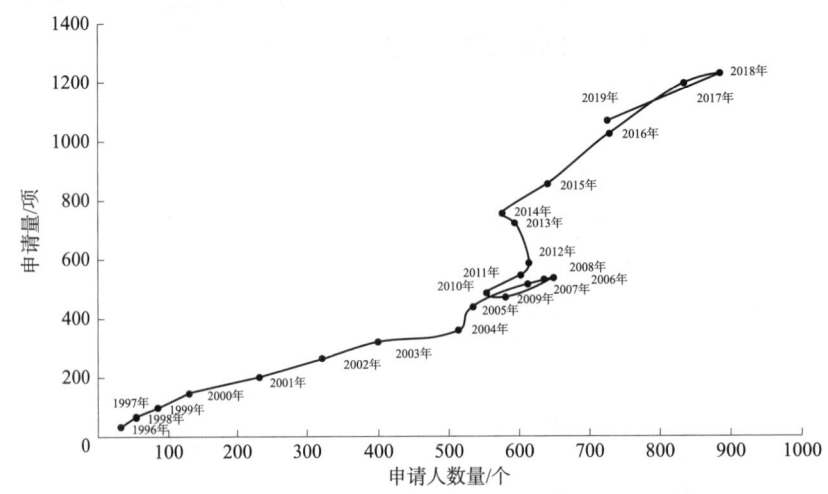

图4-5-1 微流控芯片全球技术发展生命周期

4.5.2 中国技术发展生命周期

图4-5-2为微流控芯片技术在中国的技术生命周期。2001年以前专利申请量和申请人数量均增长缓慢，专利申请量和申请人数量少，技术发展缓慢，且主要为美国的申请人，如卡钳。中国的清华大学于1999年也开始涉足微流控芯片技术的研究，该阶段属于微流控芯片技术的技术导入期。2001~2005年专利申请人和专利申请量开始出现双增长，主要是由于欧美和日本的大量专利申请开始进入中国，如塞通诺米、佳能、日本电气等。同时，中国申请人大连化物所、成都夸常科技有限公司和博奥生物也开始进行微流控芯片技术的研究。2006~2010年进入了申请人数量和申请数量震荡上升阶段，2011年至今申请人数量和专利申请量呈现爆发式增长，外国主要研究微流控芯片技术的企业在中国设立分公司。同时，中国大量高校和研究所以及中小企业均开始进入微流控芯片技术领域。

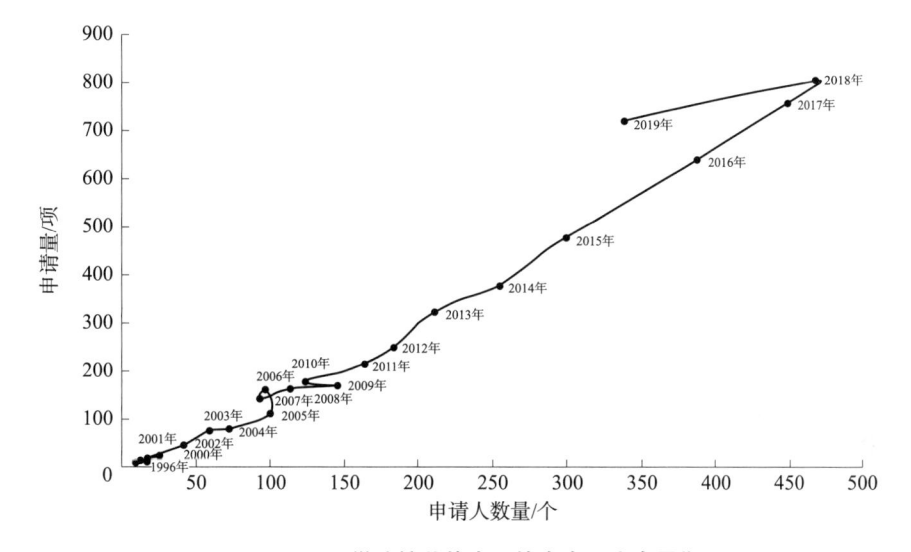

图4-5-2 微流控芯片中国技术发展生命周期

4.6 技术演进路线

如图4-6-1所示，微流控芯片技术的专利申请以1990年的US5063081A正式提出为起步标志，经过30多年的发展，功能逐渐丰富，分支日渐繁杂，从最开始的简单传感功能发展到多结构、多通量。在过去10年中，微流控芯片技术深化了在生物化学和转化医学方面的应用，如微型化生化分析、高通量筛选、即时检测和新颖生物材料制备等。微流控芯片技术还开拓了在诸如器官芯片、组织工程、体外三维细胞共培养、三维生物打印和微液滴单细胞分析等新兴领域的应用。借助于微流控芯片技术的独特优势，研究人员进行了筛选化合物、个性化药物联合、细胞和癌症生物学、体外组织构建和细胞团异质性等方面的探索。

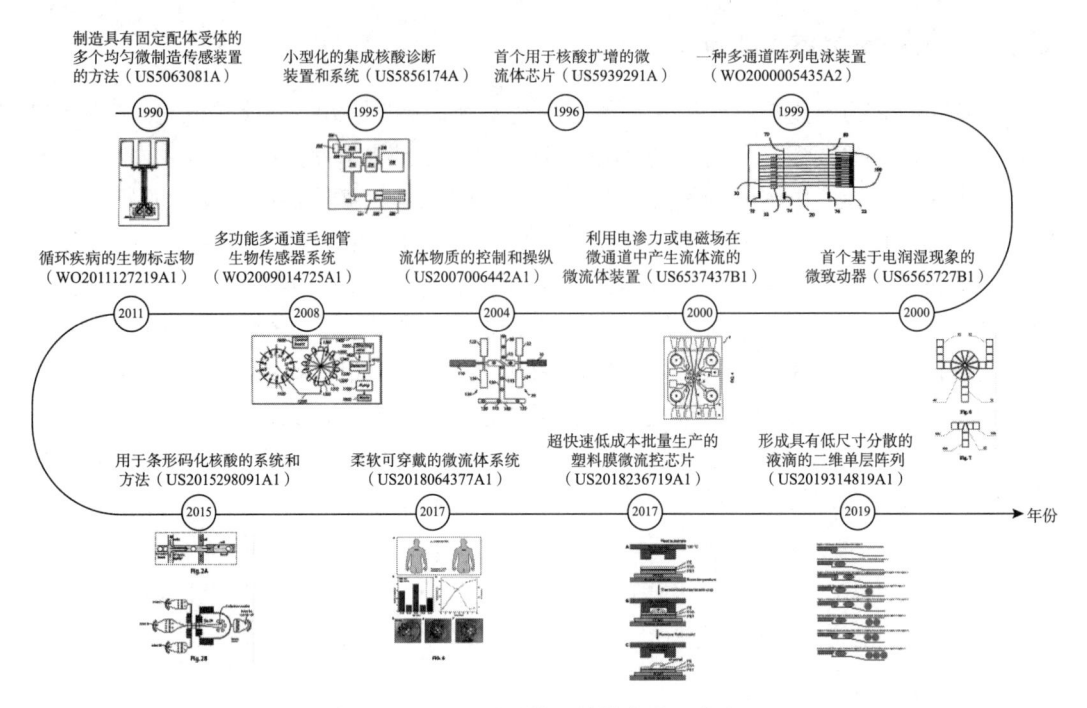

图 4-6-1 微流控芯片技术演进路线

4.7 关键技术

4.7.1 基片材料

4.7.1.1 基片材料的专利申请量趋势

用于制作微流控芯片的材料在微流体技术中起重要作用。微流控芯片的材料可以分为无机材料、聚合物和纸三类，其中无机材料分为硅、玻璃/陶瓷和金属三类。

硅和玻璃/陶瓷是最早被用于微流控的材料。选择硅，是因为它具有耐有机溶剂性、高导热性和稳定的电渗迁移率且易于金属沉积。但是，由于硅材料本身的缺点，例如，绝缘性、透光性较差，深度刻蚀困难等，成本的增加，使硅材料很快就被玻璃所取代。

玻璃在被用于制作微流控芯片之前，就已经被广泛用于气相色谱和毛细管电泳的微通道制作。其优点是有一定的强度，散热性、透光性和绝缘性都比较好，很适合常规的样品分析。由陶瓷制成的微流体装置通常使用低温共烧陶瓷，这是一种基于氧化铝的材料。陶瓷材料的优点是价格成本低，允许将加热部件、传感部件等集成到一个模块中，能够简化制造过程。

金属可重复使用，并且在常规机械微加工中易于制造，尤其适用于高温的恶劣环境中，因此成为近期制作微流控芯片的替代候选材料。

尽管硅和玻璃/陶瓷具有重要用途，但聚合物正日益成为微流控领域的首选材料。种类繁多的聚合物为选择具有特定性能的合适材料提供了极大的灵活性。并且，与无机材料相比，聚合物易于获取且原材料价格便宜，是目前最常用的被用于制作微流控芯片的材料。但是，基于聚合物的微流控芯片，通常对有机溶剂的化学耐性较低，并且随着时间的流逝可能出现降解和变形。根据物理性质的不同，聚合物可分为热塑型、固化型和溶剂挥发型，代表聚合物分别为聚甲基丙烯酸甲酯（PMMA）、聚二甲基硅氧烷（PDMS）和橡胶。其中，PMMA是一种廉价的聚合物，是普通塑料中疏水性最低的一种；PDMS的弹性模量低，适合阀门和泵的制造。聚合物材料通常需要通过添加缓冲剂或通过化学反应进行表面改性，以适应不同的需求。

纸是一种基于纤维素的柔性材料，纸基微流控芯片特别适于制作"用后即弃"的一次性分析传感器，可通过组成/配方的变化或表面化学方法轻松进行化学修饰，近来已成为有前途的微流控芯片基片材料。但是，由于较弱的机械性能和目前有限的处理技术，纸只能用于有限的微流控领域。

图4-7-1为微流控芯片基片材料的全球专利申请量分布，图4-7-2为微流控芯片基片材料的中国专利申请量分布。聚合物基微流控芯片的占比，在不同时间段内均远高于其他材料。中国专利申请量分布整体状况与全球一致，由图中可知，随着专利意识的提升，在2016~2020年，各基片材料的专利申请量达到最大。值得注意的是，硅基微流控芯片专利申请量在2011~2015年和2016~2020年非常接近，可能意味着硅基微流控芯片的发展进入瓶颈期。

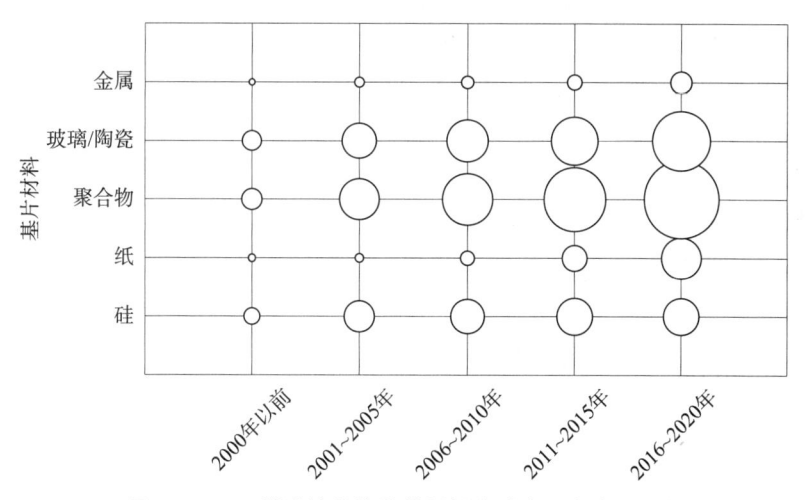

图4-7-1 微流控芯片基片材料全球专利申请量分布

注：气泡大小代表专利申请量多少。

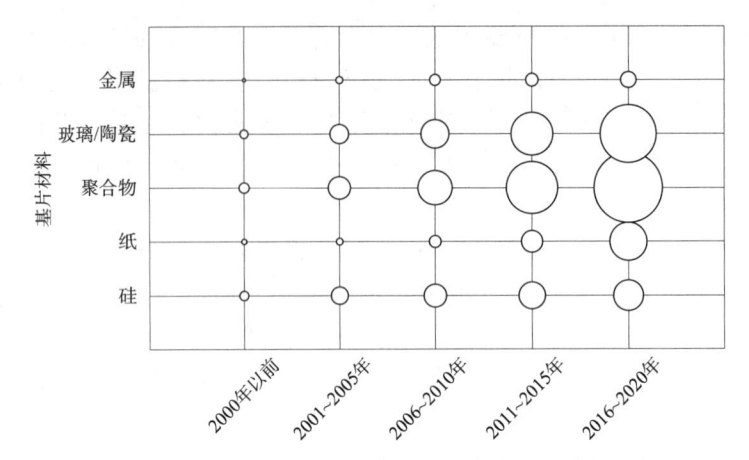

图4-7-2 微流控芯片基片材料中国专利申请量分布

注：气泡大小代表专利申请量多少。

4.7.1.2 基片材料全球专利申请的技术构成

图4-7-3是微流控芯片基片材料全球专利申请的构成。由图可以看出，聚合物基微流控芯片占比远高于其他其材料。虽然硅是最早被用于制作微流控芯片的材料，但是硅基微流控芯片的占比并不大，这与硅材料本身的缺点密切相关。纸基微流控芯片的占比仅为8%，大量关于纸基微流控芯片的新加工技术和应用以技术文献而非专利的形式呈现，从侧面说明了纸基微流控芯片的大规模产业化应用还不成熟。当前的纸基微流控芯片仅为微流控芯片的一个非主要分支，但纸基作为一种廉价、易加工的多孔亲水材料，在微流控芯片基片材料中有不

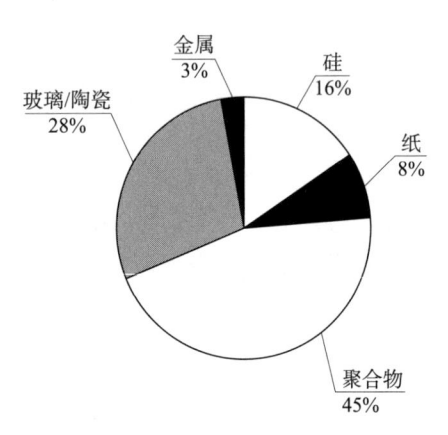

图4-7-3 微流控芯片基片材料全球专利申请的构成

可替代的地位。随着新的加工工艺的发展，以及检测精度的提高，纸基微流控芯片将会有更广阔的前景。

4.7.1.3 可穿戴式微流控芯片的材质

近几年，可穿戴式微流控芯片成为新型分析工具。其优点是可保形地附着在皮肤上，具有无创采样和高精度等优点。可穿戴式微流控芯片在医学临床和运动监测等领域具有较大的潜力，具有微量检测、小型化、快速、实时、多重分析、无线通信、操作简便等特点，克服传统设备昂贵、笨重、便携性差的缺点，能够用于实时、无创和动态测量。

关于可穿戴式微流控芯片材质，选择合适的软材质材料作为基材可改善微流体传感器的传感特性和耐磨性。由于固有的柔韧性、可拉伸性和出色的生物相容性，扩大了软材质材料的应用范围。常用于可穿戴式微流控芯片的材质主要有液态金属、柔性聚合物、织物等。液态金属兼具金属和液体性质，在微流控芯片中显示出独特的优势，

在室温下具有流动性，赋予它具有无限的可重塑性，常用的液态金属是镓基合金、铋基合金、汞基合金或钠钾合金等；柔性聚合物自身的柔韧性，使得其应用领域较广；织物具有芯吸性能、优异的柔韧性、可拉伸性和耐久性，且可以低成本从多种天然或人造材料中衍生出来，微加工方法简单，成本低廉，具有较大的潜力。例如，在US2013243655A1中，公开了以PDMS作基底，在微通道内填充液态金属，形成专用微通道的方法，用于可穿戴监控监测。在US2017128008A1中，以纺织品为基底，在其上设置通道结构，利用纺织品自身的柔韧性实现低成本的可穿戴式微流体传感器的制备。在US2018064377A1中，以弹性体聚合物材料形成薄而柔软、封闭的微流体系统，可直接从皮肤表面的毛孔处收集汗液，通过不同通道与存储器实现感测。在WO2019183480A1中，通过堆叠聚合物基底的多个薄层来形成微流体模块，每个薄层上设置功能性电极阵列用于流体致动和传感。

4.7.2 加工技术

4.7.2.1 加工技术的专利申请量趋势

关于微流控芯片，在所选用的基片材料上要构建出微米级通道和其他组件，对内壁光滑度要求极高，需要采用特定的微细加工技术，包括光刻、蜡印、热压/注塑/模塑和打印。其中，光刻是较为常见和成熟的微细加工技术，常用于硅基和玻璃/陶瓷基微流控芯片的制作；蜡印，常用于纸基微流控芯片的制作；热压/注塑/模塑是较新的微细加工技术，常用于聚合物基微流控芯片的制作；打印，是将形成流道的材料通过打印设备成型。随着3D打印技术的发展，采用3D打印技术制造微流控芯片越来越可行与方便，可以显著简化微流控芯片的加工过程，在打印材料的选择上也非常灵活。

图4-7-4为微流控芯片加工技术的全球专利申请量分布，图4-7-5为微流控加工技术的中国专利申请量分布。由图可知，由于各加工技术完全服务于基片材料，因此，各加工技术的专利申请量分布与上述基片材料的专利申请量分布密切相关。目前，光刻仍然是大众研究最为广泛的技术，这也从侧面说明，更为优异的加工技术仍然处于探索期。

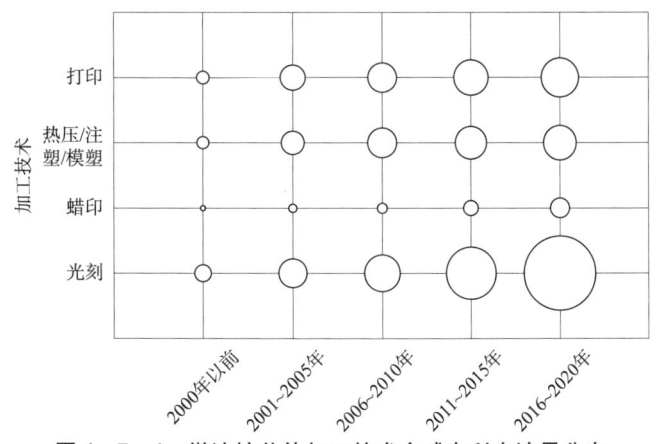

图4-7-4 微流控芯片加工技术全球专利申请量分布

注：气泡大小代表专利申请量多少。

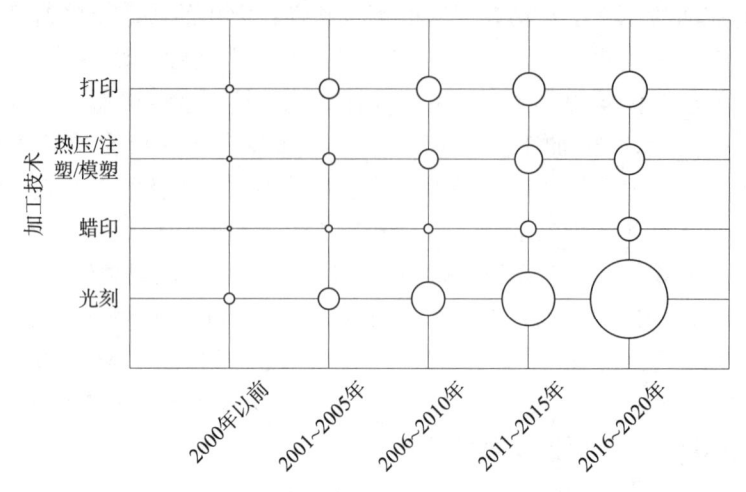

图4-7-5 微流控芯片加工技术中国专利申请量分布

注：气泡大小代表专利申请量多少。

4.7.2.2 加工技术全球专利申请的技术构成

图4-7-6所示的是微流控芯片加工技术全球专利申请的技术构成。可以看出，光刻占比远高于其他加工技术，是微流控芯片加工技术中最为成熟和最被广泛采纳的加工技术。值得注意的是，打印占比仅次于光刻，这与3D打印技术的发展密切相关。

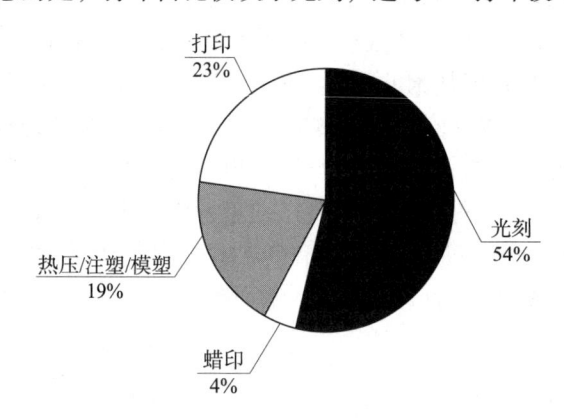

图4-7-6 微流控芯片加工技术全球专利申请的构成

4.7.2.3 基片材料与加工技术的演进路线

如图4-7-7所示，在硅板上通过刻蚀形成微通道，是最早被用于制作微流控芯片的材料及方法。不同的材料有相应的加工方法。总体而言，2000年以前，常见的基片材料为硅、玻璃以及聚合物，相应的加工技术为光刻、刻蚀和注塑等；2001~2010年，常见的基片材料为水凝胶、混合聚合物以及纸；2011~2020年，发展方向为新型聚合物以及纳米结构的纸，相应的加工方法也不同于传统方式。

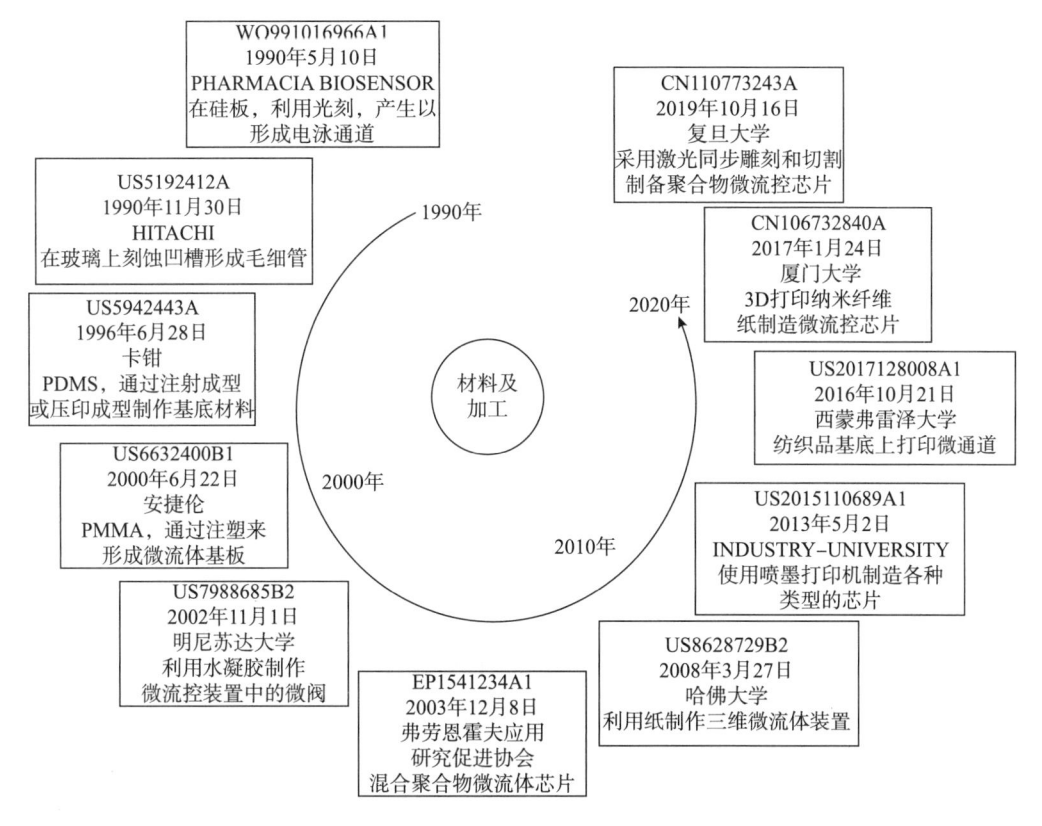

图 4-7-7 微流控芯片基片材料及加工技术的技术演进

4.7.3 功 能

4.7.3.1 各功能的中国专利申请量趋势

图 4-7-8 展示了微流控芯片技术中国专利申请所实现的各功能模块的数量。其中，进样是指将待测样品输入微流控芯片中；预处理是指对样品进行初步处理以适于后续流程的需要，如细胞的裂解、全血的过滤等；混合是将待测样品或其部分成分与试剂混合；反应包括了免疫反应、PCR 程序、互补链配对等，是微流控芯片的核心功能；分选则是将所需成分从混合物中分离出来，包括细胞的分选、磁珠的分选等；培养专指对细胞的培养操作；后处理包括反应完成后的回收、排气、废液处理以及清洗步骤。

可以看到，大部分的微流控芯片都涉及了进样、混合、反应、分选，后处理也相对较多地涉及，而预处理和培养趋势相对较少。从趋势上看，进样、预处理、混合、反应、分选、培养的增长趋势与专利申请量的增长趋势是基本吻合的；而后处理在 2011~2020 年略微下降的专利申请量趋势说明了后处理在当前微流控芯片中的重要程度下降，或是由于微流控芯片发展方向的变化，出现更多"用后即弃"型的微流控芯片，重视多次使用的带有后处理功能的微流控芯片的数量被稀释了。

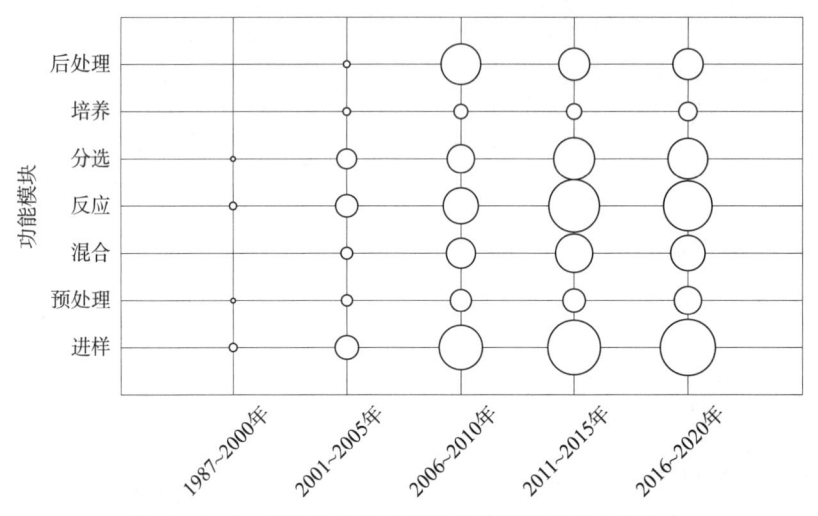

图 4-7-8　微流控芯片中国专利申请涉及的功能分布

注：气泡大小代表专利申请量多少。

4.7.3.2　分选

虽然微流控芯片存在诸多优点，但是在分选时仍有很多难点。大部分细胞在物理特性上十分接近，例如红细胞与白细胞的密度接近，这使通过单一特性分选细胞具有很大难度；同时，又如循环肿瘤等细胞在人体内的数量极其稀少，如何高效分选也成为另一个难点。目前，细胞或颗粒的分选微流控芯片分为被动分离式和主动分离式，根据原理和结构，各分选方法如表4-7-1所示。

表 4-7-1　微流控芯片的细胞分选方式

分类	方法	分离机制	优点	缺点
主动分离式	荧光激活细胞分类术分选法	识别目标细胞经特异荧光染色后所产生的散射光和激发荧光信号以实现分离	灵敏性高，精准度高，应用广泛，可用于多种细胞的分选	设备昂贵，微通道易阻塞，样品易污染，分离的连续性无法保证，细胞存活率不高
	磁操控分选法	通过抗原抗体反应与相应的免疫磁珠结合（免疫磁分选技术）或利用梯度磁力分离磁性极弱的微粒（高梯度磁分选技术）	速度快、效率高、重复性好；操作简单、无需昂贵的仪器设备；分离过程无毒、无污染；被分离细胞的存活率高	目的细胞上独特抗原的特异性抗体的筛选是该技术的重点与难点，是制约该技术推广使用的瓶颈

续表

分类	方法	分离机制	优点	缺点
主动分离式	双向电泳分选法	利用细胞介电特性、电导率和形状不同，在电场中分离	可对细胞直接进行无接触的选择性操控、定位与分选，无须特异性细胞标记或修饰，外围设备简单，操作简便	生物细胞在电场中存活率较低，且该方法特异性较差，对于介电特性、电导率、形状等性质相似的细胞无法实现精确分离
主动分离式	光学镊子分选法	利用光独特的光学极化效应实现细胞分离	灵敏度极高，即使细胞间相互作用后产生的极其微小形变也可改变光的状态，进而通过光信号实现细胞分选	细胞分离的效率与流式细胞荧光分选技术（FACS）等相比仍较低
主动分离式	超声波分选法	利用超声波辐射力对不同直径、密度的细胞进行分选	分选效率较高，无须复杂的大型设备	对设备材质的要求较高，价格昂贵，对操作人员的专业素质要求也较为苛刻，不利于推广使用
被动分离式	机械操控分选法	根据目的细胞的物理形态，调整功能单元的孔径大小实现分选	检测时间短、实验过程简单、结构紧凑、重现性好	仅基于尺寸进行简单的过滤分选，选择性差，大小形状相似的细胞无法精确分选，限制了其在细胞分析微流体上的应用
被动分离式	流体动力分选法	在流体动力作用下细胞由小至大依次被滤出微通道，最终实现不同直径细胞的分离	操作简便，无须复杂的实验设备，较易推广普及，对于特异性要求不高的细胞分选较为适合	流体动力分选是单纯基于流体性质而实现的，分支孔径堵塞现象时有发生，有待进一步改进
被动分离式	捏流分选法	基于细胞大小的差异，将各种细胞以流体聚焦的形式在微流控装置中分散开来，从而得以分离筛选	对于稀释的细胞悬液分选效果较好，可以通过调整缓冲液流速简便高效地实现不同大小细胞的分选	最快仅可每分钟通过4000个细胞，若流速更高，会由于惯性的限制而影响分选效率

续表

分类	方法	分离机制	优点	缺点
被动分离式	亲和性分选法	通过在微通道内壁连接针对目的细胞表面独特抗原的特异性抗体或适配体而实现分选	特异性高，灵敏度高，能有效分选形状、大小、密度相似的不同种细胞	针对不同的目的细胞，筛选最适的特异性抗体并选择最适的缓冲液是该技术的重点与难点
	惯性微流分选法	在惯性升力的作用下利用聚焦流动原理实现大小、形状不同的细胞的分离	装置结构简单；微粒的聚焦流动快速、高通量，且对于细胞的损伤极小，细胞存活率亦较高	细胞间相互作用会大大降低分选效率，该技术仅适用于稀释后的样品溶液，故必须进行样品的前处理

(1) 主动分离式

主动分离式是在微流体上结合其他物理场以控制驱动粒子产生偏移为主来达到分选目的，即常说的借助外力进行分析。

1）荧光激活细胞分类术分选法

荧光激活细胞分类术分选法（Fluorescence – activated cell sorting）的原理是通过压力驱动和鞘液夹流等技术实现样品聚焦，使经特异性荧光染色的目标细胞所制成的单细胞悬液呈单粒子排列进入检测区域，检测器按照其产生的散射光和激发荧光信号的不同进行识别与记录，进而据其特性施以外力操控实现细胞分选。CN109920482A 公开了一种分析单细胞内含物的方法，制备装载单微球的 96 或 384 孔板直接用于荧光激活流式单细胞的分选，搭建了直接、快速的单细胞与单微球一对一配对平台。其结构如图 4-7-9 所示。

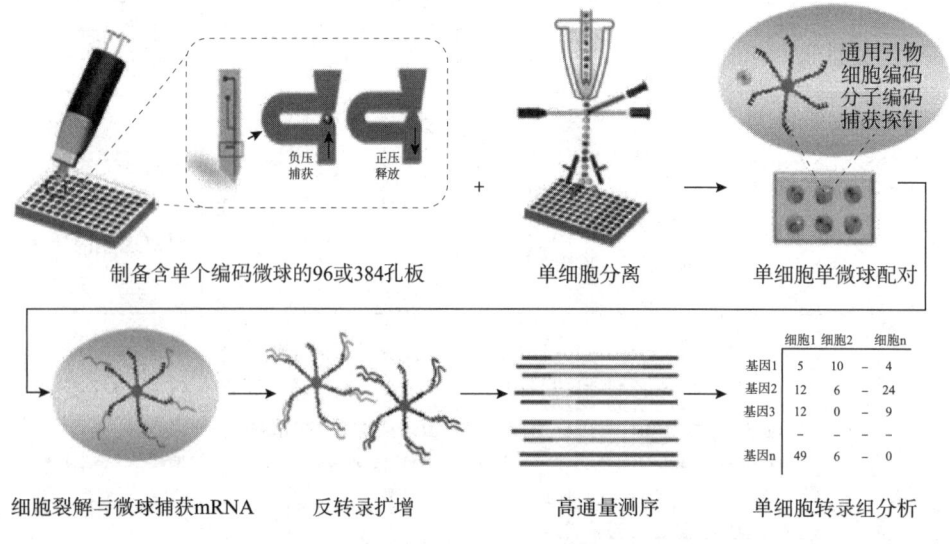

图 4-7-9 微流控芯片中单细胞的分选

2）磁操控分选法

在微流控芯片上运用磁操控分选法进行细胞分选筛选简便易行，易于作为前处理部分集成再用于细胞分析的微流控芯片上。磁操控分选法的高特异性与高效性使其在细胞分选方面具有相当大的优势。免疫磁分选技术和高梯度磁分选技术是目前微流控芯片技术磁操控细胞分选应用的主要方法。

WO2018195451A1公开了一种从全血样品中的血细胞分离肿瘤细胞的方法，包括：将样品中裂解红细胞以形成包含细胞混合物的第一流体，将第一流体引入微流体通道的装置中，将包含磁性流体的第二流体引入微流体通道中，使第一流体与第二流体混合，将混合流体暴露于一个或多个磁体产生的磁场中，磁场产生垂直于流体通道中的第三流体的流动的磁化方向，从而实现分离。其结构如图4-7-10所示。

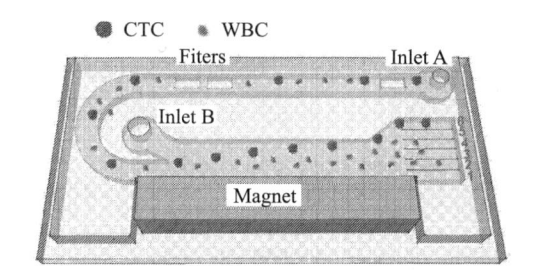

图4-7-10 微流控芯片中从全血样品中的血细胞分离肿瘤细胞

3）双向电泳分选法

双向电泳（Dielectrophoresis，DEP），又称"介电电泳"，是微流控芯片上较常采用的细胞分选法。该方法利用芯片上的交流电场将样品溶液中的目的细胞分离，可利用细胞大小不同，同时完成对细胞的浓缩、操控和分选，是一种高效率且高选择性的方法。

US10429345B2公开了一种电泳装置及其制造方法，用于分离胞外囊泡。该方法包括第一流动通道，样品和缓冲液通过该第一流动通道流动，在第一流道两侧设置电极，通过调节电极的施加电压实现分离。其结构如图4-7-11所示。

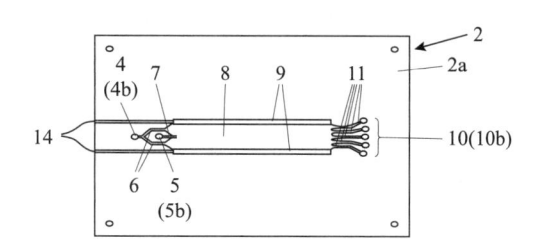

图4-7-11 微流控芯片中分离胞外囊泡的电泳装置

4）光学镊子分选法

光学镊子分选法主要根据目的细胞的大小和折射指数，在光干涉测量模式下，激光聚集可形成光阱，微小物体受光压而被束缚在光阱处，移动光束使微小物体随光阱移动，借此可对目的细胞进行捕获与分选。

US2018023111A1 公开了一种生物物体特性测定仪，包括：微流体系统，对单个细胞通过超声波或电或磁射频场施加刺激，该刺激产生光镊或光阱的激光束，通过测量对生物对象进行表征，并对其进行分离。其结构如图 4-7-12 所示。

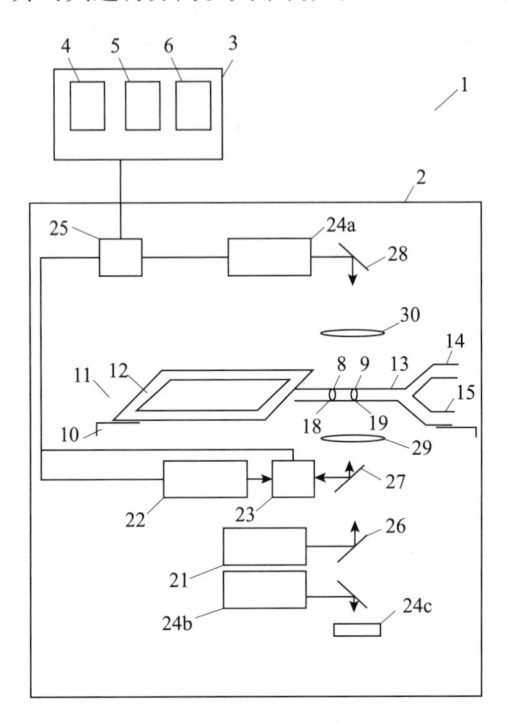

图 4-7-12 微流控芯片中的光镊分选

5）超声波分选法

超声波分选技术是利用超声波辐射力所具有的空化效应、机械效应、热效应，以及超声空化过程中气泡的剧烈变化所产生的附加湍动效应、界面效应、聚能效应等，通过提高传质系数增大介质分子的运动速度，增强介质的穿透力以强化分离过程。

US2014216992A1 公开了一种微流控超声颗粒分离器，包括：分离通道，用于输送含有大颗粒和小颗粒的样品流体；声换能器产生超声驻波，该超声驻波产生具有至少一个最小压力振幅节点的压力场，声学延伸结构位于分离通道附近，用于将声学节点偏离地定位在声学区域中，并将大颗粒聚集在回收流体流中。其结构如图 4-7-13 所示。

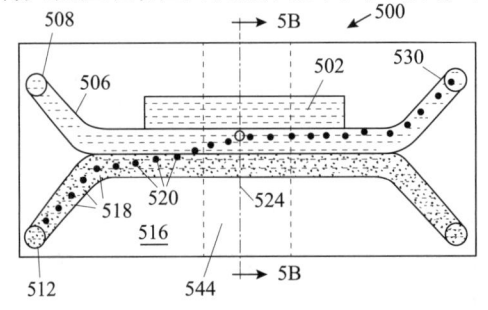

图 4-7-13 微流控芯片中的超声分选

（2）被动分离式

被动分离式通常是指在微流道中设置障碍或者设计流道，通过几何结构或者流体的流动使不同的颗粒出现不同运动模式从而实现分选功能。例如，通过在垂直于微通道的方向布置微筛，使小于筛选口径的细胞通过，从而分选出所需尺寸的细胞；又如，在流道中布置圆柱阵列来驱使不同的颗粒发生轨迹偏移，从而实现分选功能。

1）机械操控分选法

机械操控分选法是目前在微流控芯片上使用最多、最简单的一种方法。该方法通常是在微流控芯片结构中引入特殊的微结构功能单元，根据目的细胞的物理形态，通过调整功能单元的孔径大小等限制某些细胞通过，从而实现对靶细胞的分选。

CN210252321U 公开了一种用于微流控芯片预设层的阵列结构。阵列结构由微结构单元按水平方向和垂直方向线性排列铺展形成；微结构单元是由前、后、上、下、左、右六个表面组成的一个六面体；前表面为凹面，后表面为凸面；第一表面与上表面之间呈现一定倾斜角；阵列结构的列之间有脊状分隔，该脊状分隔的宽度不超过微结构单元的宽度，阵列结构的行间距大于微结构单元的长度。微结构单元前表面的倾斜角度使液体能够利用毛细现象进行输运，前表面的弧形边缘能够利用液体阻滞效应有效阻碍液体的反向流动，从而解决了微流控芯片用于药物分析检测时的液体定向分配问题，提高微流控芯片药物反应的效率。其结构如图 4-7-14 所示。

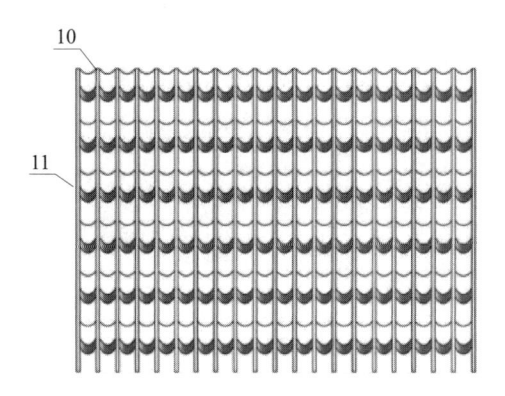

图 4-7-14 微流控芯片中的机械分选

2）流体动力分选法

流体动力分选法是另一种基于细胞大小进行被动式细胞分选的方法。流体动力细胞分选法是将细胞悬液抽吸到一个侧面有多个分支出口的微通道中，靠近悬液入口处（上游）的分支出口孔径较小，可只将通道中的液体排出，使细胞在主通道侧壁上呈直线排列。细胞大小的差异使较小的细胞形成的直线距主通道侧壁更近，因此在下游的分支出口孔径逐渐变大时，细胞由小至大依次被滤出，最终实现不同直径细胞的分离。

CN107629958A 公开了一种三维石墨烯界面的微流控芯片及其制备方法。该微流控芯片通过设计不同尺寸的微柱捕获凹槽，利用流体动力学，实现对单细胞及双细胞的捕获，通过三维石墨烯微柱电极实时定量采集单个或两个细胞的微运动（如细胞吸附、细胞迁移、细胞增殖）时的阻抗电信号，为癌症病理和单细胞检测提供新的思路和方

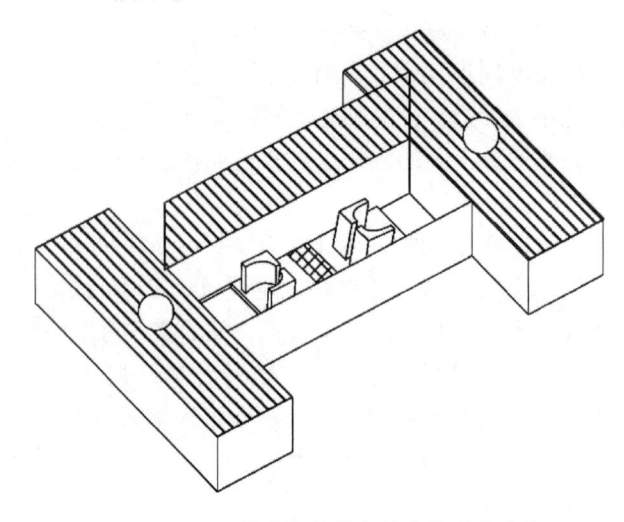

法。其结构如图 4-7-15 所示。

图 4-7-15　微流控芯片中的流体动力分选

3) 捏流分选法

捏流分选法是基于细胞大小的差异，将各种细胞以流体聚焦的形式在微流控装置中分散开来，从而分离筛选的一种特殊的流体动力细胞分选法。

US2019358634A1 公开了一种用于微粒在微通道中聚焦的系统和方法。该微流体系统包括一个或多个衬底和形成在所述一个或多个衬底中的聚焦通道，该聚焦通道跨越从入口到出口的长度，用于接收悬浮在流体中的颗粒流。其结构如图 4-7-16 所示。

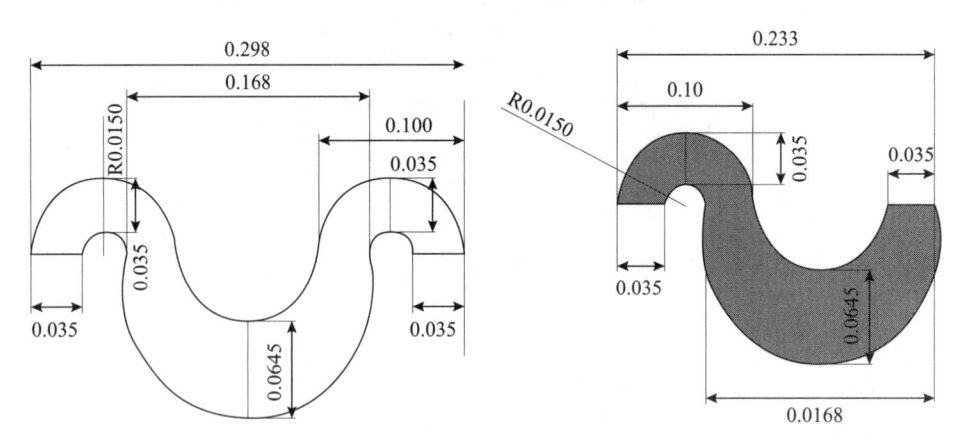

图 4-7-16　微流控芯片中的捏流分选

4) 亲和性分选法

微流控芯片上的亲和性分选法是通过在微通道内壁连接针对目的细胞表面独特抗原的特异性抗体或适配体而实现细胞分离的方法，与免疫磁分选技术有相似性，但无须借助外力。当混合细胞悬液流经微通道时，目的细胞表面的独特抗原可与微通道内壁的抗体或适配体结合而被滞留，悬液中其他成分则被滤除。更换缓冲液则可以洗脱目的细胞，从而实现分选。

US10344258B2公开了一种分选装置及分选方法。其分选装置包括：载体衬底；输入单元，设置在所述载体衬底上，用于将生物样品输入所述分选装置中；多孔材料，设置在载体基底上并邻近输入单元，其中多孔材料包含对目标生物分析物具有特异性的抗原分子；驱动模块，在所述多孔材料中产生至少一个驱动力，以基于对所述抗原的亲和力和所述驱动力来分选所述生物样品；输出单元，设置在载体衬底上并邻近多孔材料，用于收集经分选的目标生物分析物。其结构如图4-7-17所示。

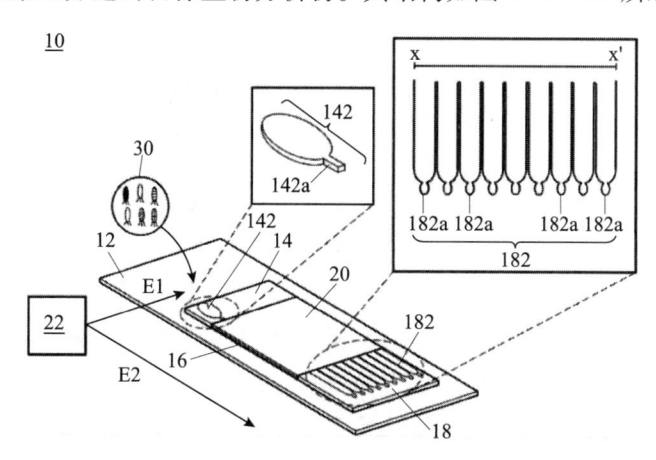

图4-7-17 微流控芯片中的亲和性分选

5）惯性微流分选法

将惯性力与微流控芯片结合形成惯性微流技术，完成细胞的操控与分选。流体在直线型微通道内呈层流流动时，悬浮其中的细胞在剪切力梯度诱导产生升力的作用下，会向靠近通道壁的方向移动。当细胞距离微通道壁足够近时，由通道壁诱导产生的升力会将细胞推离通道壁。这两种反向力叠加的合力称为"惯性升力"。在惯性升力的作用下，细胞会在微通道横截面上产生相对位移，当细胞移动到所受惯性升力为零的平衡位置时，就会在该位置达到相对稳定的状态。细胞所受惯性升力与细胞自身的大小形状有关，大小形状相似的同类细胞会聚焦在横截面中同一稳定位点，形成聚焦流动，流向下游，从而实现不同种类细胞的分类。

CN109967150A公开了一种用于操控微纳米颗粒的惯性微流控芯片。惯性微流控芯片包括：上层基片和下层基片；上层基片上有进液孔、上半入口蓄液池、上半惯性流道、上半出口蓄液池和出液孔，进液孔和出液孔均与外界相连通；下层基片上设有下半入口蓄液池、下半惯性流道和下半出口蓄液池；上半入口蓄液池与下半入口蓄液池叠加装配形成入口蓄液池，上半惯性流道与下半惯性流道叠加装配形成惯性流道，上半出口蓄液池及下半出口蓄液池叠加装配形成出口蓄液池；进液孔依次与入口蓄液池、惯性流道、出口蓄液池、出液孔相连通；惯性流道的流道宽度大于流道高度；惯性流道空间结构为阶梯型横截面的弯流道。其结构如图4-7-18所示。

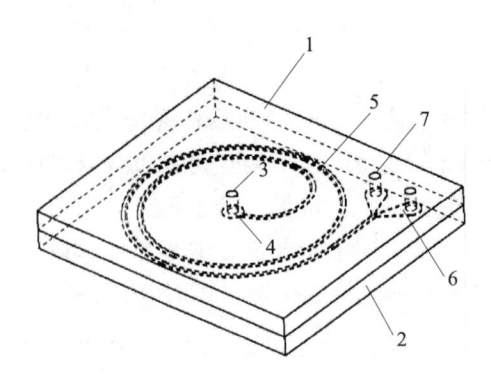

图4-7-18 微流控芯片中的惯性微流分选

4.7.4 流道结构

微流控芯片的技术特征，从结构上，分为驱动力和控制、流道内部处理、流道分布结构、流道附件设计；从功能上，分为进样、预处理、混合、反应、分选、培养、后处理模块；从功效上，包括节约成本、提高精度、防堵塞、防回流、减少假阴/假阳、密封、提高集成程度、延长使用寿命、提高混合效率、减少试剂用量、高通量检测、降低检出限、快速检测、制备特定结构粒子、样品/试剂的定量、减少气泡产生、保护样品、防污染、减小尺寸等。

从总体上看，微流控芯片专利申请涉及的流道结构主要有驱动和控制中的磁场驱动、电场驱动（包括电渗和电泳）、毛细作用驱动、离心驱动和压力泵；流道内部处理，主要是流道内阻碍物、流道壁设样品/试剂，流道的表面处理主要包括表面涂层；流道的分布结构是被描述得最多的微流控芯片结构，其中最为常见的结构则是并行结构，弯曲模式结构、T/Y形结构、串行结构次之；流道的附件中，试剂存储器件、废液处理器件、环境条件控制器件、传感器、密封件、定量腔的专利申请量依次下降。

在微流控芯片结构所实现的功能中，进样、分选、混合以及反应是最主要的4个功能，而预处理、后处理、培养等功能也在部分专利申请中有所涉及。

在微流控的技术功效方面，提高精度、快速检测、节约成本、提高集成程度以及高通量检测是主要功效。

一部分结构与功能、功效的对应关系比较固定，如密封件用于密封、定量腔用于定量、消泡器用于减少气泡；而一部分，如并行结构，主要用于反应时的高通量检测，但有时也用于分选时提高处理速度；还有一部分，如压力泵、T/Y形结构，在多个功能和功效上均有体现，且专利申请量接近。

4.7.4.1 驱动力与控制

操作微流控芯片中流体流动的技术通常分为主动或被动。主动微流体操作基于外部电源或致动器，如磁场驱动、电渗驱动、压力驱动、离心驱动等。这也是现阶段涉及驱动及控制的专利申请中最为常见的操作方式。

图4-7-19（见文前彩页插图第2页）展示了微流控芯片技术专利申请中流体驱

动和控制结构与功能、技术功效的关系。从结构上看，磁场驱动、电场、压力泵、毛细作用和离心驱动力是最为重要的驱动力。从功能上看，进样是专利技术在驱动结构中改进的重点，分选、反应和混合功能次之。从功效上看，提高精度、快速检测以及节约成本是改进驱动结构的追求的主要功效。

主要的驱动方式，包括电场驱动、压力泵、毛细作用驱动和离心驱动力，用于进样的占比较为接近。与进样功能有关的驱动结构最多，功效也多围绕这个功能进行大量的技术改进，但却没有出现有统治力的驱动方式，这体现了进样功能是微流控芯片专利技术改进的重点和难点。与进样最相关的功效是提高精度，其次是节约成本和快速检测。

在实现分选功能时，电场驱动和磁场驱动占比较大。改变待分析对象的电荷、加入磁性颗粒以便于外加电场、磁场的作用，是在实验室中广泛采用的分选方式。在少量样品的分析中，这两种方式由于精确、快速、便宜，具有明显的优越性。

在实现反应功能时，各种驱动力占比接近。这可能是由于微流控技术的反应方式多样，多种驱动力乃至混合驱动力的应用都能解决一部分的应用需求。对于反应功能，除提高精度、快速检测、节约成本之外，提高集成程度也是一个重要的目标功效。

各种驱动力用于混合功能的占比也很接近，实现的功效则包括快速检测、提高精度以及提高混合效率。

可以看出，成熟的常规驱动方式仍然是主流选择，这与现阶段微流控技术的目标主要是提高精度、快速检测和节约成本密切相关。

（1）压力驱动

微流体的压力驱动方式和宏观流体的原理类似，通过进口和出口的压力差实现流体的驱动。一种是通过外加的蠕动泵、气压泵或者注射泵等驱动流体在管道中流动，外加泵压力驱动设备简单，在芯片上无须设置活动的机械部件，加工的工艺要求低，对驱动的流体类别没有特定要求。并且，流体的流速容易控制，能完成较复杂的微流控操作。但是，由于压力驱动需要外界泵的配合，蠕动泵驱动流体在低流速下容易产生较为明显的脉动，泵的数量限制也很难实现高通量的分析；泵的体积也相对较大，难以实现微流控芯片的高度集成和小型化。另一种是采用微机械技术制作的微泵来提供压力实现微流体的流动。由于微泵体积小，可以和微流控芯片高度集成，随着MEMS工艺的进步，加工微泵更加容易，因此采用微泵驱动的微流控芯片已经成为压力驱动更佳的选择。

（2）电场驱动

电场驱动是利用电场驱动流体在微型管道中运动。电场驱动方式在电泳和生物芯片中得到广泛使用，是目前最成功的微流体驱动和控制方式之一。通过调控电场可以实现微流体进样量的调节，还可以实现细胞的分选。

（3）离心驱动

离心驱动流体的方式在20世纪90年代就已见诸报道，但是用于微流体的驱动和控制相对较晚，通常是利用圆盘制作微型管道芯片，流体被装载在靠近圆盘中心的供液腔体中，由马达带动圆盘转动，在离心力的作用下流体沿着微管道网络向远离圆心的方向运动。

（4）磁场驱动

磁场驱动主要原理是利用外加的磁场，对微流道内的磁流体进行控制。采用磁场驱动的微流控芯片结构较为简单，加工难度低，不会出现压力驱动中如蠕动泵的脉冲流动，并且容易调节流体流动的方向。但是，采用该方式控制的流体必须是磁流体，并且需要外加的磁场装置。利用磁场驱动可以实现微流体中细胞的分选。另外，通过控制阵列磁场可以实现目标分子的控制，可以提高生化分析或化学分析的灵敏度，并减少分析时间。

（5）被动驱动

被动或无源微流体操作是利用流体自身特性或被动机制，在没有任何外部器件的情况下实现测试样品的移动。被动微流体操作技术中，亲疏水驱动、毛细作用驱动、重力驱动是主要趋势。无源微流控设备是未来的发展方向。其原因在于以下几点：①易于制造。无源微流控设备的制造非常简单，因为它避免了复杂的制造过程，从而避免了复杂的结构。②不需要外部电源。无源微流体工作不涉及任何外部电源。③低成本。无源微流控设备的造价低廉。这是因为其制造过程较简单，并且不涉及任何助剂。④紧凑和便携式。无源微流控设备非常紧凑和便携式，几乎可以在任何地方使用。

亲疏水实质上是表面张力，通常表面张力被定义为由于水分子的内聚性质而使其能够抵抗外力的液体表面的性质。液体分子之间的这种内聚力产生称为"表面张力"的现象。在微流体中，可以通过选择合适的表面和液体组合来生成所需的固液表面张力梯度，从而实现强大的被动流动。采用亲疏水驱动无须外部辅助设备就可以实现微流控芯片的小型化和高集成度。毛细作用驱动定义为液体与周围的固体表面之间的分子间作用力使液体在狭窄的空间内流动而无须借助外部设备。同时，基于毛细原理，在微流控领域还发展出纸芯片技术，通过在纸基材料上加工制备微型通道和腔体实现微流体的流动，由于纸成本低廉、容易获得、方便集成，因此也成为微流控芯片的发展方向。重力驱动定义为流体的流动由地球的重力驱动或辅助，这取决于流体的黏度和入口距离地面的高度。重力作为流体驱动力的方法，在常规的流动分析系统中早有应用。在芯片上采用重力驱动的优点是，不需要附加驱动力源和驱动装置，因此成本低廉、使用方便，可显著增加微流控系统的集成度。但是，被动或无源微流控设备也存在缺点，即该系统无法保持恒定的流速，因此，需要开发能够实现恒定流速控制的无源微流控设备。

4.7.4.2 流道内部处理

流道内部处理包括在流道内表面处理和内部结构。

微观和宏观上的流体现象存在明显的差异。到了微米尺度，随着比表面积的增加，宏观上作用明显的重力的影响力减弱，表面张力和黏性起到更强的作用。因此，流道内表面性质的改变会影响表面与液体之间的相互作用，进一步影响微观尺度下的流体行为。流道的表面性质的改变可包括通过化学反应、表面涂层、等离子体处理等方法改变，如亲疏水性。流体在亲水区域中的接触角较低，并且毛细管压对微通道中的流体传输产生积极影响；流体在疏水区域中的接触角较大，并且毛细管压对流体输送具有负面影响。在具有疏水性表面壁的微通道中，需要大于毛细管压的驱动压力才能在微通道中传输流体。微通道表面的亲水性和微通道的结构对流体的流动有很大的影响。当微通道表面为亲水性时，流体可通过毛细管力在微通道中传输，表面的疏水性则成为流体传输的屏障。微通道的选择性亲水图案化处理，可以定义流体路径。疏水区域充当微阀，通/断开关由流体压力控制。另外，各向异性的亲水结构为流体在不同方向上的流动提供了不同的能量屏障，使流体输送具有方向特异性。因此，控制微通道内表面的理化特性，可以实现对流体的流动方向、流动路径和流动速度的有效控制。流道内表面处理的相关专利如表4-7-2所示。

表4-7-2 微流控芯片流道内表面处理的相关专利

公开号/申请日	名称	结构-功能	类别	被引次数/次
US6326083B1 1999年3月8日	包含生物聚合物抗性部分的微流体器件的表面涂层	在微流控装置中的涂层提供稳定和可再现的电渗流，对于带正电荷和带负电荷的涂层，可以基于涂层的选择来选择电渗流的方向	表面涂层	157
WO2007003720A1 2005年7月1日	低润湿滞后疏水表面涂层，沉积该涂层的方法，微量组分及其用途	通过化学气相沉积将疏水性表面涂层设置于基片的自由表面，结合阵列的电极，以介电润湿驱动液滴	表面涂层	77
US2004206399A1 2003年4月21日	微流体装置和方法	通过表面涂层或化学改性的方法使流道表面具有亲水性或疏水性	表面涂层 表面化学改性	41
JP2008082961A 2006年9月28日	微流体装置	微通道或微室的表面，等离子体处理、电晕放电处理或表面涂层处理，用于提供流体动力	等离子体处理表面涂层	40
WO02052045A1 2000年12月26日	通过聚合制备的活性和生物相容的平台的表面涂层薄膜	将涂层施加于流道表面，用于识别生物分子	表面涂层	32
US20150132742A1 2012年6月1日	由疏水纸形成的微流体装置	微流控纸芯片流道表面经共价修饰以增加其疏水性	表面化学改性	30

续表

公开号/申请日	名称	结构-功能	类别	被引次数/次
CN103182334A 2013年3月14日	一种电化学微流控传感芯片的制备方法及其应用	将预先设计好管道的PDMS芯片和涂有玻璃的印刷电极一起进行真空等离子体处理	等离子体处理	28
US2007178682A1 2007年4月10日	无损伤雕刻涂层沉积	使用离子沉积溅射在半导体特征表面上施加雕刻材料层,以抵抗通过冲击沉积层的离子而产生的侵蚀和污染	等离子体处理	21
CN103954751A 2014年4月29日	纸基微流控免疫传感器芯片和现场及时检测免疫分析平台	对通道内反应区进行表面改性处理,使之与抗体进行化学交联,将抗体固定于纸基表面,显著提高了检测的灵敏度	表面化学改性	16
US7431889B2 2005年7月29日	微流体装置的内壁	通过表面涂层使得流道具有亲水性的内表面,便于试剂的储存	表面涂层	13
US2010297745A1 2009年5月19日	使微流体装置的内表面功能化的流通方法	流道经氧等离子体处理,以控制流道表面的亲水性,并进一步控制流体流速	等离子体处理	9

微流控芯片通过其流道网络对少量流体进行处理,这些网络由直径通常在数十至数百微米的微小通道组成。由于具有更大的比表面积和更短的流路,微流控系统所需试剂少,响应速度快。流道内的结构可用于实现包括流体混合、被测物分选等在内的多种功能。对于通常的微流控流道,由于微尺度通道中的流体雷诺数较低,因此流体显示并排的层流,流体混合以流体界面中的扩散为主。以扩散为主的混合很慢,但有效的流体混合对于提高微流控系统的通量和实现检测功能至关重要。通过流道内表面的结构来改变微通道表面的特性,可以实现流体的快速混合。微通道中的特定结构可以引起湍流,从而提高微通道中流体的混合效率。流体分离在需要将不同的相分离以进一步分析或处理时进行。微通道/孔可为不同的流体提供不同的屏障,从而能够通过通道/孔的设置流体驱动力的调节实现流体分离。流道内部结构的相关专利参见表4-7-3。

表 4-7-3　微流控芯片流道内部结构的相关专利

公开号/申请日	名称	结构-功能	类别	被引次数/次
US2007172903A1 2007 年 3 月 21 日	用于细胞分离的微流体装置及其用途	用于分选的流道内障碍物阵列，障碍物表面经化学结合有助于偶联细胞的部分	流道内部结构	161
CN107219360A 2017 年 7 月 3 日	单通道化学发光微流控芯片及其检测方法	设置于流道中的隔板，用于隔离不同区域，并生成湍流，促进混合	流道内部结构	17
CN106215985A 2016 年 7 月 26 日	一种用于流体快速混合及检测的微流控芯片	流道包括一侧的直角尖角结构，用于生成涡流，增强混合效果	流道内部结构	8
CN103941022A 2014 年 3 月 7 日	一种微流控三维流动延时控制单元	齿形凸台延时结构	流道内部结构	6
CN105675859A 2016 年 1 月 20 日	一种迷宫式微流体延时流动操控单元	迷宫式延时结构	流道内部结构	3
CN106796164A 2015 年 8 月 7 日	细胞的血小板靶向微流体分离	流道内壁的用于去除血小板的微柱阵列	流道内部结构	2

由于微通道具有高比表面积，通道表面与流体之间的界面力在流体流动行为中起着主要作用，可以通过微通道的内部结构设计与表面处理来调节表面，包括对微通道表面进行表面改性或是在内壁上构建微/纳米结构。通过改变通道表面亲水性或改变微通道尺寸来引起毛细管压力的变化，以进行流体传输。基于内部结构的功能性微通道在流体控制中被广泛地应用，例如泵送、阀门、混合和分离等。

在微通道表面上形成复杂结构是相当困难的，这可能会限制微流控设备内部结构的利用。然而，随着材料科学的飞速发展，以及先进的微/纳米加工和印刷技术，例如激光加工、3D 打印等的日益普及，化学和物理结构将以简单、有效的方式集成到通用的微流控芯片中。

目前，大多数功能性微通道都具有微尺度流体控制能力，并在实际的微流控芯片中充当一个控制单元。在实际的微流控芯片中，流体行为可能需要在不同位置进行精确控制，以实现微流控芯片中的独特功能。因此，这些单元在单个芯片上的有机集成对于实现芯片实验室的功能至关重要。

图 4-7-20（见文前彩页插图第 3 页）展示了微流控芯片中流道内部处理方式与功能、技术功效的关系。可以看出，流道内部处理的主要方式包括流道中设阻碍物、流道壁设置样品/试剂、流道内微阵列、表面涂层及收敛-发散结构等。与流道内部处

理关联紧密的功能主要是分选、反应、进样和混合。流道内部处理要实现的功效主要为提高精度、快速检测、节约成本和高通量检测。

其中，用于反应的流道壁设置样品/试剂、用于分选的流道内微阵列都是主流的功能实现方式。微流控芯片技术的一大优势就是可对样品处理在时间、空间上进行精细调控。这不仅依赖于对样品、试剂的驱动控制，对其位置和初始状态也提出了要求。表面涂层通常与流道的亲疏水性能改变有关，因而在分选和反应功能的实现中占有一席之地，常用于提高精度、加速和节约成本。流道中设阻碍物有助于对流体的层流/湍流产生影响，并对流体携带的颗粒物质存在明显的阻碍作用，常用于分选、混合，有利于提高精度。

收敛－发散结构的功能较为多样，在进样、混合、分选、反应中的占比接近，这种结构的具体性能与其细节参数有关。

分选、进样功能改进在提高精度、快速检测方面的功效也是非常明显的。反应功能对各功效的影响较为平均。混合功能则主要与提高集成程度、提高精度、提高混合效率、快速检测有关。

总的来看，流道内结构－功能存在一定的范式，且功能实现与功效也存在一定的对应关系。

4.7.4.3 流道分布结构

图4-7-21（见文前彩色插图第4页）展示了微流控芯片中流道分布结构与功能、技术功效的关系。

从结构上看，流道分布结构以并行、T/Y形、弯曲模式为主；从功能上看，主要相关功能为反应、分选、进样、混合；从功效上看，提高精度、快速检测、高通量检测、节约成本、提高集成程度为主要目标。

其中，并行结构主要用于反应和分选，实现高通量功效。可以说，并行结构就是为了提高通量设计的。T/Y形结构主要用于混合、分选和进样，在液滴微流控和带有颗粒物的微流控检测中，是必不可少的；在处理不同相的应用场景中，T/Y形结构具有不可替代的作用。T/Y形结构的功效较为多样，对包括提高精度、提高集成程度、快速检测、节约成本、高通量检测均有一定贡献。弯曲模式主要用于分选、反应和混合功能，其主要应用于流道角度和长度的改变，功能和功效都比较分散。

进样、分选和反应功能的改进可以有效提高微流控芯片的检测精度、速度，降低成本。

在流道分布结构中，并行结构、T/Y形结构以及弯曲模式占主导地位，其中并行结构为最重要的改进方向。

综上可以看出，分选、进样、反应阶段的流道改进可以同时实现高速、高通量、高精度、高集成度、低成本5个方面的提升，而并行、T/Y形、弯曲模式为分选、进样、反应采用的主要流道形式。

4.7.4.4 流道附件设计

图4-7-22（见文前彩色插图第5页）展示了微流控芯片中流道附件设计与功能、

技术功效的关系。附件结构以试剂存储器件、环境条件控制器件、过滤器、传感器为主；功能则涵盖了反应、分选、进样、混合、预处理和后处理；功效包括提高精度、快速检测、节约成本、提高集成程度、高通量检测等。

流道附件的结构与其功能相关度高，从一些流道附件的结构本身即可得知其功能，如用于过滤血液、进行前处理的过滤器，用于废液后处理的废液处理器件，用于控制反应条件的环境条件控制器件等。提高精度、集成度，加快检测速度，提高通量则是微流控芯片永恒的追求。由于功能与结构的高度对应，对附件的改进主要集中在对其自身结构、细节的调整。

通过上述从流体的驱动力与控制、流道内部处理、流道分布结构以及流道附件设计这4个结构维度，进行了结构－功能－功效三维分析。从中可以看出，这三者之间存在较强的关联，因此，能够有目的地改进结构实现对应的功能和功效，从而对微流控芯片设计具有一定的指引作用。当然，结构－功能－功效三维分析是本报告的创新，上述分析还属于初步尝试和探索。

4.7.5 检测对象

微流控芯片主要用于传染性或感染性、心脏标志物、肿瘤标志物、糖尿病、血气、电解质、妊娠、排卵、生化分析等检测，技术已趋于成熟。

4.7.5.1 各检测对象的全球与中国专利申请量对比

图4-7-23比较了全球与中国专利申请中涉及微流控检测对象的专利申请量。由图可知，中国在各检测对象的专利申请量分布均与全球保持一致，且占据了全球专利申请量相当大的比例。这一方面得益于中国企业和高校的专利保护认知水平的提高，另一方面源于中国人口较多，各种疾病的检测量需求较大，潜在市场较大，申请人较多。另外，生化分析与肿瘤标志物的检测在全球与中国的占比高于其他对象，是因为在当前形势下癌症的患病率增大，以及POCT检测的微型化与便携式使这两个领域使用较广，其中，主要代表企业有雅培、碧迪及罗氏等。

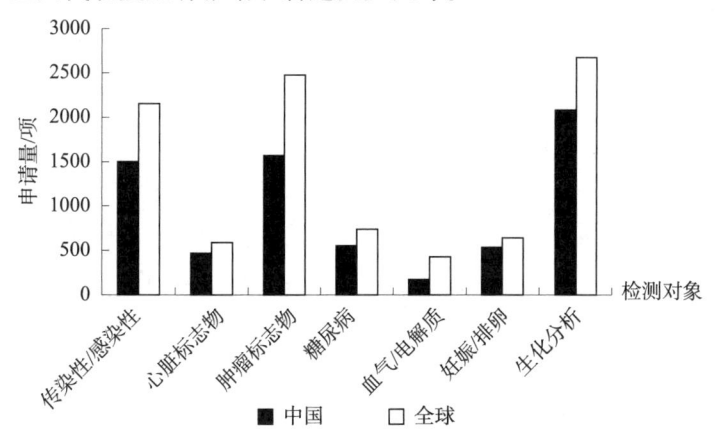

图4-7-23 微流控检测对象全球与中国专利申请量对比

4.7.5.2 各检测方法的全球与中国专利申请量趋势

图 4-7-24 为 1989~2020 年中国在微流控检测对象的专利申请量趋势，图 4-7-25 为 1989~2020 年全球在微流控检测对象的专利申请量趋势。由图中可知，随着专利意识的提升，检测对象的专利申请量均呈现快速增长趋势，2016~2020 年各检测对象的专利申请量达到最大。

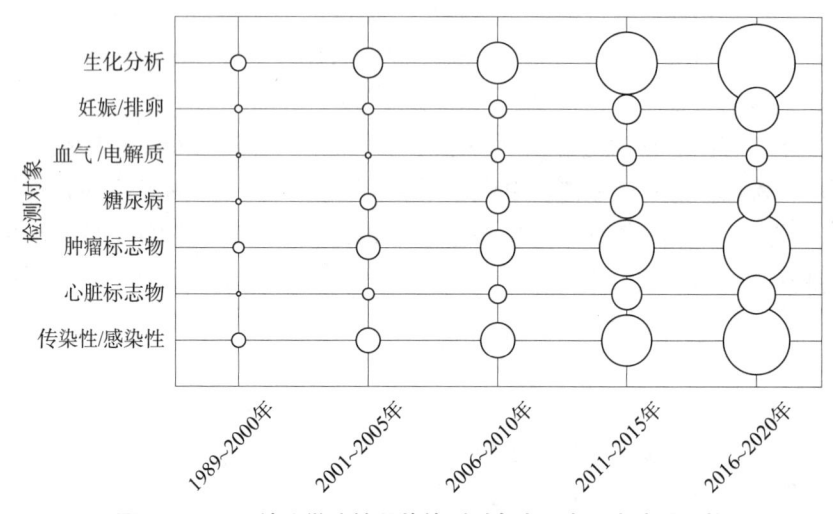

图 4-7-24 涉及微流控芯片检测对象中国专利申请量趋势
注：气泡大小代表专利申请量多少。

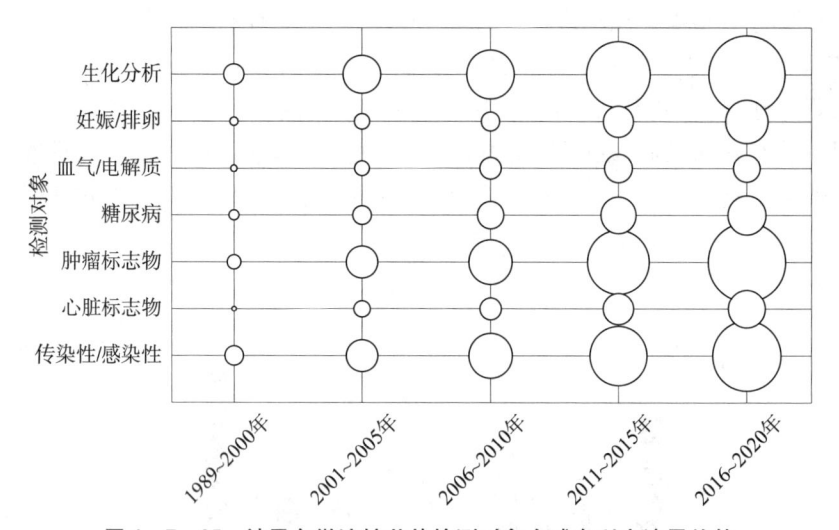

图 4-7-25 涉及各微流控芯片检测对象全球专利申请量趋势
注：气泡大小代表专利申请量多少。

4.7.6 检测方法

由于微流控芯片的反应、分离等通常都发生在微米量级尺寸的微结构中，同传统意义上的检测方法有较大差异，使微流控芯片对实验室检测方法有较高的要求，主要体现在灵敏度高、响应速度快、体积小等方面。目前常用的检测方法包括荧光成像法、红外/紫外吸收光度法、化学发光法、电化学法、质谱检测法、高效液相色谱法、毛细管电泳法及其他检测方法（如等离子体发生光谱、热透镜等）。

荧光成像法：激光器发射的激光经滤波后被分色镜反射，再由一显微镜物镜聚焦到芯片微通道中，以激发检测物质产生荧光，荧光由同一物镜所收集，透过二色分光镜后由发射光滤光片滤去杂色光，最后进入光电倍增管或电感耦合器件中检测。

红外/紫外吸收光度法：当红外/紫外光穿过被测物溶液时，物质对光的吸收程度随光的波长不同而变化，通过测定物质在不同波长处的吸光度，根据吸光度大小与被测物含量关系建立定量关系；结构通常包括辐射源、单色器、吸收池、光电转换器等。

化学发光法：包括单通道化学发光检测和多通道化学发光检测，根据微流控芯片通道的不同而不同，根据发光强度不同确定待测物含量的一种痕量分析方法。基态分子吸收化学反应中释放的能量跃迁至激发态，处于激发态的分子以光辐射的形式返回基态，从而产生发光现象。

电化学法：通过电极将溶液中待测物的化学信号转变成电信号以实现对待测组分检测的一种分析测试方法，主要优势在于灵敏度高、选择性好、体积小、装置简单、成本低廉、兼容性好，适合微型化和集成化。根据电化学检测原理，微流控芯片电化学检测方法可以分为安培法、电导法和电势法3种。

质谱检测法：使试样中各组分在离子源中发生电离，生成不同荷质比的带正电电荷的离子，经电场加速作用后，形成离子束，进入质量分析器，并在质量分析器中，再利用电场和磁场使离子发生相反的速度色散，将它们分别聚焦从而确定其质量。其优势在于能够提供试样组分中生物大分子的基本机构和定量信息，对涉及蛋白质组学的研究具有难以替代的作用。

高效液相色谱法：色谱法的一个重要分支，以液体为流动相，采用高压输液系统，将具有不同极性的单一溶剂或不同比例的混合溶剂、缓冲液等流动相泵入装有固定相的色谱柱，在柱内各成分被分离后，进入检测器进行检测，从而实现对试样的分析。

毛细管电泳法：以毛细管为分离通道，以高压直流电场为驱动力的新型液相分离技术。依据样品中各组分之间淌度和分配行为上的差异而实现分离的电泳分离分析方法，具有分析速度快、分离效率高、试验成本低、消耗少、操作简便等特点。

除常用检测方法，还有等离子体发射光谱检测方法、热透镜检测方法、生物传感器检测等方法。

4.7.6.1 各检测方法的全球与中国专利申请量对比

图4-7-26展示的是微流控检测方法的中国与全球专利申请量对比情况。首先，荧光成像法占比远远高于其他方法，其缘由是荧光检测技术相对成熟，技术趋于稳定，检测精度高，成本相对低廉。另外，中国专利申请相对于全球数据占比较大，各种检测方法均有所涉及，申请量较大。

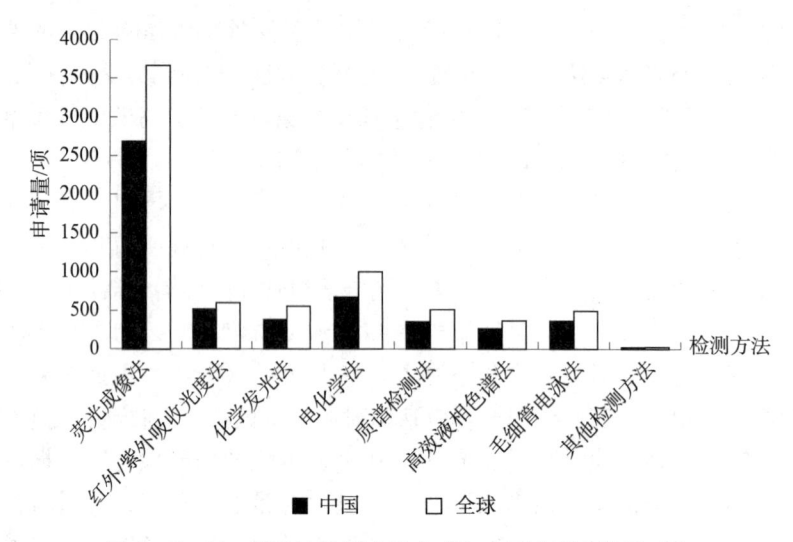

图 4-7-26 微流控检测方法全球与中国专利申请量对比

4.7.6.2 各检测方法的中国专利申请量分布

图 4-7-27 为微流控芯片检测方法的中国专利申请量趋势。1989~2000 年，各技术分支的专利申请处于起步阶段，专利申请量较少。随着经济的发展，以及中国专利制度的不断完善，知识产权的保护意识提升，越来越多的高校、企业对知识产权愈加重视，各技术分支申请人数量均快速增长，2015~2020 年，专利申请量达到最大值，荧光成像法的专利申请量尤其大。

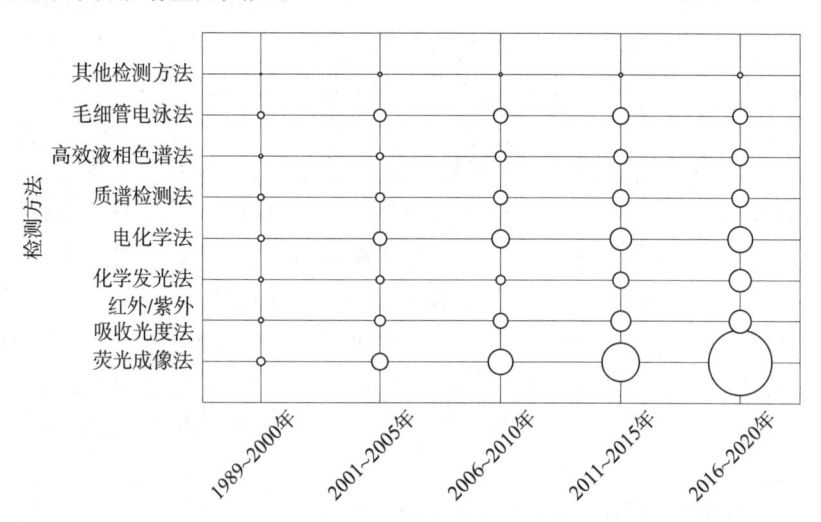

图 4-7-27 微流控芯片检测方法中国专利申请量分布

注：气泡大小代表专利申请量多少。

4.7.6.3 各检测方法的重点申请人排名以及专利申请量分布

图 4-7-28 展示了全球重点申请人专利申请中涉及微流控芯片检测方法的分布情况。从图中可知，美国加州大学和哈佛大学在各检测方法技术分支上均有所涉及，且

专利申请量相对较大。反观中国，除大连化物所在荧光成像法、质谱检测法、高效液相色谱法、毛细管电泳法4种检测方法中均有所涉及外，其余的申请人，如清华大学、东南大学涉及的检测方法相对单一。作为中国目前在POCT领域技术贡献以及市场份额相对较多的上市公司万孚生物仅涉及化学发光方面的检测，这可能与企业的主要研发方向有关。

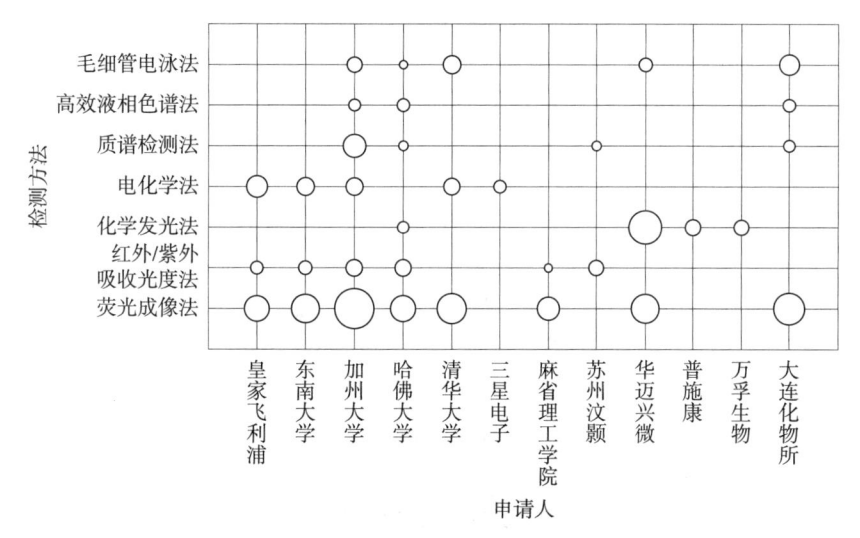

图4-7-28 微流控芯片检测方法全球重点申请人的专利申请量分布

注：气泡大小代表专利申请量多少。

4.7.7 液滴微流控芯片

液滴微流控是近年来微流控芯片领域的一个新的分支，是在封闭微通道网络中生成和操纵液滴的技术。液滴微流控属于高通量液滴技术，有别于基于电润湿原理在平面上对单个液滴进行操控的数字微流控芯片。简单地说，微通道中的液滴以两种互不相溶的液体（比如水和油）分别作为分散相和连续相，前者以微小体积单元（10^{-9}~10^{-12}L）的液滴形式分散于后者之中。液滴是近年微流控芯片技术中一种新的流体运动形式，每一个液滴可以被视为独立的微反应器，用于研究微尺寸上的反应及其过程。

液滴作为微反应器，有如下优点：①液滴体积小，减少试剂消耗，能节省大量试剂，尤其是来源少、价格昂贵的试剂；②由于样品无扩散，样品溶液被不相溶的油包围，样品分子保留在水溶液中，可保持样品浓度的稳定；③液滴内部分子无法向外扩散，水分子的蒸发也因油相的包围而受到抑制，反应环境非常稳定；④每个液滴都被不相溶的油相包裹，液滴与通道壁不直接接触，相邻液滴也被油相分隔，所有的液滴都随油相一起运动，避免了相邻液滴间的物质交换，杜绝了样品间的交叉污染；⑤液滴体积小，比表面积小，反应时间较短，混合迅速，具有更高的传质、传热效率。

4.7.7.1 液滴形成机理

以互不相溶的一种液体作为连续相，另一种液体作为分散相，借助芯片的通道结构和外力操纵,连续相将分散相剪切成均匀的微小体积单元,并分散于连续相中,形成液滴。根据连续相和分散相的不同,可将液滴分为油包水(W/O)型和水包油(O/W)型。在微流控芯片上可以通过控制两相流速,使生成的液滴大小均一、性质稳定、组成均匀。

液滴的生成方法主要是多相流法,流体通道结构设计使分散相流体在通道局部产生速度梯度,利用两相之间的剪切力、黏性力和界面张力的共同作用生成液滴。多相流法的优点是可以快速批量生成液滴,易对批量液滴进行整体操纵,并且实验装置结构简单,对芯片要求较低;缺点是对单个液滴的精准操纵困难。多相流法制备液滴主要有3种方式:T形通道(正交结构)法、流动聚焦法和共轴流法,其示意图如图4-7-29所示。

(a) T型通道(正交结构法)

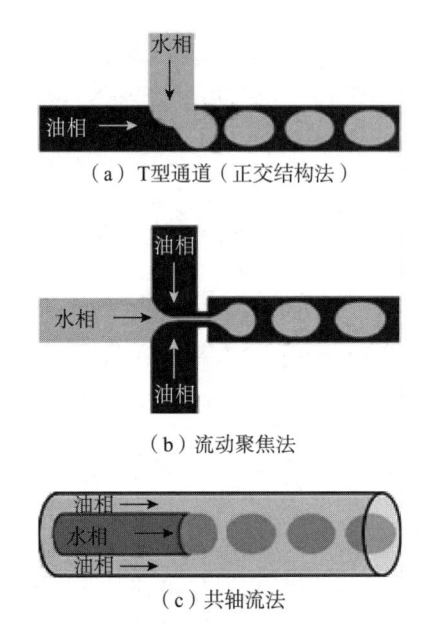

(b) 流动聚焦法

(c) 共轴流法

图4-7-29 多项流法制备液滴微流控芯片的3种形成方式

(1) T形通道(正交结构)法液滴的形成

T形微通道装置以剪切流为生成机理。在T形通道中,分散相垂直地通入不相溶的连续相中,在两相的界面处分散相被连续相"剪切"生成液滴。

一些研究者相继研究了T形微通道内液滴或者液滴的生成,研究表明,如果两相的驱动压力接近,生成液滴的尺寸与两相流速比、两相流量等因素有关;如果两相驱动压力差别很大,不能生成液滴,两相流型为层流。液滴生成过程采用"两步法"模型:液滴头部生长阶段和颈部受挤压断裂脱离阶段。分散相头部进入两相接触区域,并在主管道中继续发展。随着生成中的液滴头部体积不断增大,部分主通道被堵塞,增大了液滴头部与壁面之间的阻力,阻挡了连续相流体,连续相只能在液滴头部与通道壁之间的薄层向前流动,反过来又增加了液滴头部受到的压力。同时,压力会驱动分散相头部继续向下游发展,最终分散相被挤压断裂,形成液滴。

(2) 流动聚焦法液滴的形成

流动聚焦法将不同通道中的连续相和分散相流体聚焦到一个通道中,中间为分散相,两侧为连续相,连续相会对分散相产生夹流聚焦的效果。分散相受到来自两侧连续相的对称剪切力的作用,破碎生成液滴。这种方式主要利用的是界面的毛细不稳定性。与T形通道(正交结构)法相比,使用聚焦流法生成液滴更容易控制,液滴生成相对稳定,并且生成液滴的体积范围更大。流动聚焦法生成液滴通道雷诺数很小,一般在 0.01~0.10,界面张力为主要作用力,黏性力作用大于惯性力。

(3) 共轴流法液滴的形成

共轴流法生成液滴是将毛细管一端拉伸成尖嘴形状,并放置到连续相通道轴线位置。毛细管内为分散相,毛细管外为连续相,两相液体平行流动,并在毛细管尖嘴出口处生成液滴。共轴流法生成液滴的主要原理是两相界面的开尔文 - 亥姆霍兹不稳定性(Kelvin - Helmholtz Instability)。当分散相和连续相在毛细管内外以不同的速度向前运动时,两相界面会由开尔文 - 亥姆霍兹不稳定性产生一定的波动。在某一速度范围内,两相界面张力可以保持界面稳定。超出该速度范围,波长较小的波不稳定性增加,最后形成液滴。

4.7.7.2 液滴的分裂

液滴主动分裂依赖于外加能量场作用,外部场每次只能控制一个或几个液滴,效率非常低。被动分裂则依靠特殊通道结构的作用,分裂效率高,机理和操作相对简单。液滴的被动分裂通常用T形和Y形结构来实现。当液滴运动到通道分叉口处,液滴可能分裂为两个子液滴,也可能不分裂而从一侧直通道流出。液滴能否分裂,取决于液滴受到连续相的剪切力和界面张力的竞争,这与液滴的初始大小、支通道的流量比、毛细数等有关。

4.7.7.3 液滴的混合

在生物、化学等分析过程中,需要用尽可能少的样品试剂消耗来实现尽可能快的反应,而不同反应物之间的迅速混合是实现该要求的关键。在微流控芯片中,由于低雷诺数条件下的层流效应,混合通常只依赖于分子扩散作用。但基于液滴的反应过程中各组分可以通过液滴运动过程中的混沌对流效应来实现快速混合,其中较为有效的方法是采用弯曲微通道打破在直通道中原本对称的流动状态。在通道的弯曲部分,通道曲率半径的变化,导致靠近内壁面和靠近外壁面的流速不再对称,其引起的流动剪切力也发生变化,使液滴内部的流动涡的大小发生变化,即曲率半径小的一侧漩涡尺寸变小,而曲率半径大的另一侧漩涡变大。对呈蛇形弯曲的管道而言,内外壁两侧的漩涡大小交替变化使液滴上下各半的液体实现交换并混合。

4.8 微流控芯片核酸检测

4.8.1 微流控芯片核酸检测的技术演进路线

图 4 - 8 - 1(见文前彩色插图第 6 页)展示了微流控芯片核酸检测技术的几个主要

分支——温度控制技术、液流控制技术、核酸扩增技术以及核酸分析技术的发展历程。其中，温度控制技术、核酸扩增技术以及核酸分析技术与其他核酸分析平台的发展历程基本一致。

核酸扩增[1]的核心技术在2006年前都已基本出现，1996~2006年是微流控芯片核酸扩增技术快速涌现的时期。当前核酸扩增微流控芯片的发展方向主要是更高的通量、更快的速度以及更低的成本，改进主要集中于集成程度的提高和更多功能模块的引入。

加热方式上，半导体加热/冷却成为主流温控方式，但气/液流温度控制、薄膜、光加热仍具有一席之地。

扩增方法上，目前以PCR为主，恒温扩增在很早就已经被应用于PCR，但没有得到广泛应用。环介导等温扩增检测（LAMP）虽然提出较早，但直到2010年左右才应用于微流控芯片，且无法取代PCR的重要地位。PCR的各种衍生方法也已充分应用于微流控领域。常规PCR、实时荧光定量PCR（qPCR）、逆转录聚合酶链反应（RT-PCR）到LAMP依次出现，这与核酸扩增技术在其他平台上的发展是相符的。

核酸分析技术目前以杂交、荧光检测为主，但也存在新的测序方式的引入。

除这些不同平台的通用技术之外，微流控芯片核酸检测中的液流控制技术经历了明显的迭代，如图4-8-2所示（见文前彩色插图第7页）。

早期（1990~1999年），微流控芯片技术以固定室为主，这是继承自PCR仪的设计思路。在微流控PCR芯片中，要处理的样本量很少。为了克服电变温器件变温速度较慢的难题，通过将不同阶段的PCR样品在温度不同的腔室之间转移，能够获得连续流PCR快速变温的效果。连续流PCR同样存在缺陷。不同PCR阶段的液流随时间的控制很复杂，而且由于固定温度反应，无法获得熔化曲线。将连续流PCR与PCR前处理步骤（如细胞裂解和DNA纯化）整合起来也很复杂。因此，连续流PCR通常只能针对已经纯化过的DNA样品。

连续流PCR有两种主要的实现方式，包括常规的串行连续流（蛇形通道或径向通道设计）和振荡连续流。常规的串行连续流在流道上固定了多个PCR循环的腔室，流体流动的方向固定，可实现非常快的扩增，其缺点是PCR循环数不可变。振荡连续流则在不同温度区域之间振荡PCR样品，可设置任意数量的PCR循环。

经历过一段时期的共同发展（2000~2010年），微流控芯片核酸扩增技术最终集中在数字PCR（dPCR）上（2010年后）。dPCR是基于微流控中的数字微流控技术，涉及两相流，分散相液体呈微液滴状态分散于连续相液体中。这种技术能够处理液滴中的超低量DNA，因此可进一步提高qPCR的检测限。在qPCR反应结束时，对荧光液滴进行计数，能够确定液滴中模板的绝对数量。dPCR也可结合其他PCR技术，以提高灵敏度。

从技术脉络上看，液流控制技术上存在由单腔固定室、连续流、液滴PCR到dPCR

---

[1] 一大类技术方法的总称，目前包括常规PCR、实时荧光PCR、等温核酸扩增技术等。此处核酸分析技术区别于扩增技术，是核酸经扩增后，信号读出技术的意思。

的演进。

液流控制技术历经了从单纯的时间域到空间域,再到时间域和空间域相结合的发展过程。基于数字微流控的液流控制方式的创新仍在继续,但主要的技术原理早在1997年就已出现,并在之后的20多年中不断完善。由于在控制的精度、通量上存在显著优势,目前数字微流控已经成为核酸扩增的主流液流控制方式。

从申请主体上看,早期申请主体以外国高校为主,少量先锋企业如卡钳等也在这个时期进行布局。2000年前后,申请主体开始转变为以企业为主,这个时期也产生了大量微流控的PCR新技术分支,如数字微流控;中国企业入场较晚,且以跟随研发为主,大部分公司仅进行微创新,在已经被开发多年的技术基础上进行现代化的改造(如南京岚煜仍在单腔固定室PCR基础上继续改进),但也有部分创新主体如清华大学和博奥生物掌握核心技术,在微流控核酸扩增技术深耕。

4.8.2 微流控芯片核酸检测主要产品与相关专利

微流控芯片核酸检测主要产品与相关专利情况参见表4-8-1。

表4-8-1 微流控核酸检测主要产品与相关专利

序号	公司及产品	技术要点	产品图片	相关专利
1	BioFire FilmArray	巢式多重PCR分析		US8409508B2 US8940526B2
2	IQuum CobasLiat	振荡连续流PCR反应		US2008003564A1 US2010218621A1 US2015105300A1
3	Atlas Genetics IOSystem	电化学检测		US9127308B2 US2016158746A1 US9662650B2
4	北京博晖创新生物技术股份有限公司微流控全自动核酸检测系统(HPV)	qPCR+反向斑点杂交		CN102319593A

续表

序号	公司及产品	技术要点	产品图片	相关专利
5	塞沛 GeneXpert 系统	多重 PCR + 快速 RT-PCR		US8133703B2 US8205764B2 WO2007148903A1
6	美艾利尔 Alerei 分子检测平台- 恒温 PCR	NEAR（Nicking Enzyme Amplification Reaction），使用特定捕获酶来驱动扩增反应，且在一个恒定的温度下进行核酸扩增		WO2015124779A1 WO2017075586A1
7	GenePOC Revogene	离心微流控 + 免核酸提取法		WO2012120463A1
8	QIAGEN QIAstat-Dx 系统	实时 PCR		US2015284771A1
9	Fluidigm Bio-Mark™ 基因分析系统	集成流体通路（Integrated Fluidic Circuit）+ 实时定量 PCR		WO2008141183A2 CN107250445A
10	QX100/QX200 型微滴式数字 PCR 系统	微滴式数字 PCR		EP3392349A1
11	RainDance Technologies RainDrop 数字 PCR	皮升级液滴技术		EP3392349A1 EP3309262B1 US9366632B2 EP2986762B1 EP3524693A1 WO2014172373A3 US2015099266A1

续表

序号	公司及产品	技术要点	产品图片	相关专利
12	Applied Biosystems QuantStudio3D 数字 PCR	纳升反应孔阵列进行数字 PCR 反应		US2014106364A1 US2013345097A1
13	Stilla Technologies Naica™ crystal 数字 PCR 系统	Sapphire 芯片自动获得 25000~30000 个均匀一致的微滴,且以单层平铺方式形成 2D 阵列		WO2019077114A1
14	GenMark ePlex 数字 PCR	电浸润（EWOD）技术		US2018245993A1
15	苏州锐讯生物科技有限公司 Rainsure - 液滴式数字 PCR 仪 DropX - 2000	将样本微滴化功能和 PCR 功能合二为一		CN108485909A CN108273576A CN110205242A CN110305941A
16	博奥生物 恒温扩增微流控芯片核酸分析仪 晶芯 RTisochip - A	微流控碟式芯片 + 恒温扩增检测		CN104946510A CN102886280A CN100535644C CN104630373A

4.9 微流控芯片检测与新型冠状病毒

自 2019 年年底，新型冠状病毒肺炎已引起全球几千万人感染，对新型冠状病毒的及时快速检测成为疫情控制最为迫切的需求，基于微流控技术的检测芯片及仪器在新型冠状病毒的检测中发挥了重要作用。南京岚煜、博奥生物、上海速芯生物科技有限公司（以下简称"上海速芯"）和天津中新科炬生物制药股份有限公司（以下简称"天津中新科炬"）等企业和清华大学、中山大学和厦门大学等高校加大了微流控芯片在新冠病毒领域的技术研发，在基于微流控技术的病毒检测试剂盒、检测方法及仪器方面取得了突破性进展。如图 4 - 9 - 1 所示，目前与新冠肺炎疫情有关的微流控专利相对较少，仅有数十件在中国申请公开，主要原因在于专利公开的滞后性，大量微流控芯片相关专利申请还无法获取。

2月

2020年2月
CN111351931A
南京岚煜
一种用于检测新型冠状病毒的免疫电极制备方法及采用该免疫电极的微流体芯片

2020年2月
CN111351941A
南京岚煜
一种基于微流控芯片的新冠病毒IgM检测试剂盒

2020年2月
CN111351940A
南京岚煜
一种基于微流控芯片的新冠病毒IgG检测试剂盒

2020年2月
CN111337662A
中山大学
基于微流控芯片的快速免疫检测

3月

2020年3月
CN210534159U
天津中新科炬
一种用于新型冠状病毒粪便检测的微流控免疫荧光试剂盒

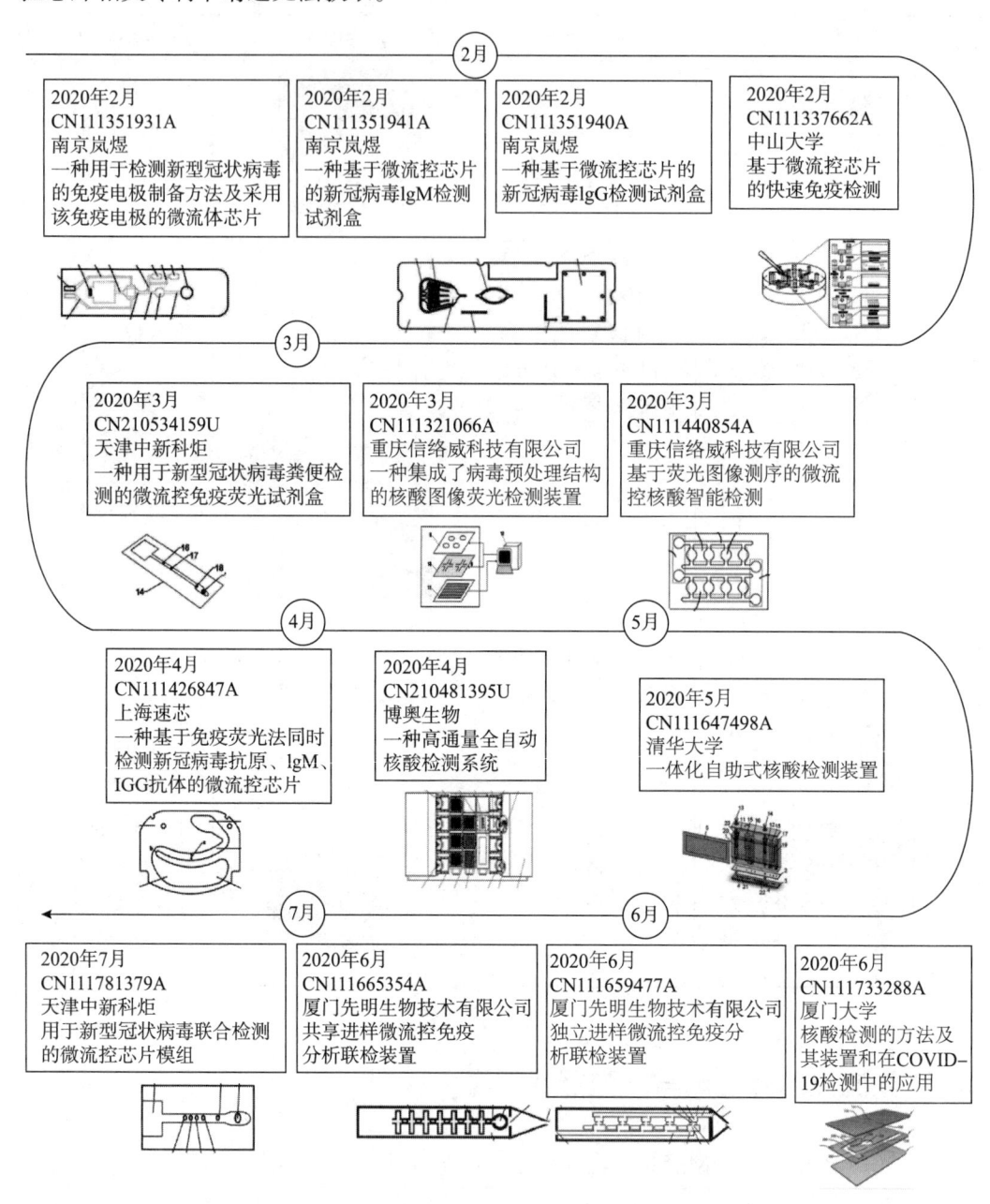

2020年3月
CN111321066A
重庆信络威科技有限公司
一种集成了病毒预处理结构的核酸图像荧光检测装置

2020年3月
CN111440854A
重庆信络威科技有限公司
基于荧光图像测序的微流控核酸智能检测

4月

2020年4月
CN111426847A
上海速芯
一种基于免疫荧光法同时检测新冠病毒抗原、IgM、IGG抗体的微流控芯片

2020年4月
CN210481395U
博奥生物
一种高通量全自动核酸检测系统

5月

2020年5月
CN111647498A
清华大学
一体化自助式核酸检测装置

7月

2020年7月
CN111781379A
天津中新科炬
用于新型冠状病毒联合检测的微流控芯片模组

6月

2020年6月
CN111665354A
厦门先明生物技术有限公司
共享进样微流控免疫分析联检装置

2020年6月
CN111659477A
厦门先明生物技术有限公司
独立进样微流控免疫分析联检装置

2020年6月
CN111733288A
厦门大学
核酸检测的方法及其装置和在COVID-19检测中的应用

图4-9-1 与新冠病毒检测相关的微流控芯片2020年专利申请

4.10 本章小结

微流控芯片技术起源于20世纪90年代，1990年，瑞士Ciba-Geigy首次提出微全分析系统，即我们现在熟知的微流控芯片。1996年以前为微流控芯片技术的起步阶段，

专利申请量很少。1996～2006年为微流控芯片技术专利申请量的第一次快速上升阶段，例如代表性企业卡钳在1999年提出了多层微流体系统，将样品制备、分析集成在同一个芯片上，减小了体积的同时提高了装置的集成化。2007～2009年为微流控芯片技术专利申请量的稳定期。2010年至今为微流控芯片技术专利申请量的第二次快速上升阶段，尤其是2012年大规模集成化微流控芯片制备成功，使多功能、高精度、高集成度的微流控芯片开始大量出现。

全球微流控芯片技术专利申请主要集中在美国、欧洲、中国、日本、韩国等国家/地区。其中美国起步最早，技术领先，是最大的技术来源国和市场，全球近一半的微流控芯片技术均来源于美国。中国起步相对较晚，从2002年开始专利申请量迅速增加，并在2014年首次超过美国，专利申请量位居世界首位。

全球排名前十的申请人中前六位均来自美国和欧洲，如加州大学、卡钳、哈佛大学、皇家飞利浦、罗氏、西门子。中国的高校和企业占据多数申请，以清华大学、大连化物所为代表，作为后起之秀的中国正在微流控芯片技术领域全力追赶，努力缩小和欧美之间的差距。

用于制作微流控芯片的材料在微流体技术中起重要作用。硅是最早被用于制作微流控芯片的材料，目前，聚合物基的微流控芯片占比远高于其他材料。纸作为一种廉价、易加工的多孔亲水材料，特别适于制作一次性的微流控芯片。软材质材料可改善微流体传感器的传感特性和耐磨性，如液态金属、柔性聚合物、织物等，具有出色的生物相容性，由其制成的可穿戴式微流控芯片在人体体征参数表征、监测方面发挥了重要作用，使微流控的应用领域更加广泛。

目前微流控芯片的加工技术主要包括光刻、蜡印、热压/注塑/模塑和打印。光刻技术是最为成熟和广泛应用的微流控芯片加工技术。新的加工技术仍然处于探索中。

由于微流控芯片的自身优势，将其用于传染性或感染性、心脏标志物、肿瘤标志物、糖尿病、血气、电解质、妊娠、排卵、生化分析等检测，技术已经趋于成熟，其中，生化分析与肿瘤标志物的检测占比较高；目前常用的检测方法包括荧光成像法、红外/紫外吸收光度法、化学发光法、电化学法、质谱检测法、高效液相色谱法、毛细管电泳法，其中，荧光成像法占比较高，检测精度高，成本相对低廉。总体上，中国专利申请相对于全球申请量，各种检测方法均有所涉及，具有较大占比。

从结构–功能–功效对应方面分析微流控芯片，发现微流控芯片的结构主要集中在驱动力和控制中的磁场驱动、电场驱动、毛细作用驱动、离心力和压力泵等，流道的分布结构主要为并行结构、弯曲模式结构、T/Y型结构，流道的表面处理主要是表面涂层，流道的附件中多见试剂存储器件、废液处理器件、环境条件控制器；功能集中在进样、分选、混合以及反应方面。技术功效集中在提高精度、快速检测、节约成本、提高集成程度以及高通量检测上。功能、结构、功效在具体的专利中存在一定的对应关系，可为芯片设计提供一定的指引。

技术演进路线方面，微流控芯片技术从1990年开始，在30多年的发展历程中，功能逐渐丰富，分支日渐繁杂。从最开始的简单传感功能发展到多结构、多通量。在过去 10 年中，微流控芯片技术深化了其在生物化学和转化医学方面的应用，如微型化生化分析、高通量筛选、即时诊断和新颖生物材料制备等。微流控技术还开拓了在诸如器官芯片、组织工程、体外三维细胞共培养、三维生物打印和微液滴单细胞分析等新兴领域的应用。借助于微流控的独特优势，研究人员进行了筛选化合物、个性化药物联合、细胞和癌症生物学、体外组织构建和细胞团异质性等方面的探索。

微流控核酸检测技术中的温度控制技术、扩增技术以及核酸分析技术与其他核酸分析平台的发展历程基本一致。核酸扩增的核心技术在 1996~2006 年快速涌现，2006 年左右，现在所使用的主流技术基本都已出现。微流控核酸检测中的液流控制技术经历了明显的迭代，从技术脉络来看，存在由单腔固定室、连续流、液滴 PCR 到 dPCR 的演进。目前数字微流控已经成为核酸扩增的主流液流控制方式。

总体而言，微流控芯片技术是个历久弥新的领域，基于 MEMS 加工技术的微流控芯片基础技术提出较早，部分先锋企业在 20 世纪 90 年代就已入场，但早期市场化艰难，大部分先锋企业没有能熬到微流控芯片技术专利申请的第二次爆发。经过多年发展，由于早期专利的专利权到期以及技术过时的问题，国际巨头的专利布局正在瓦解。当今的微流控芯片技术功能愈发细分，市场连年扩大，针对各个不同的应用情境已经出现了多样化的发展，市场亟待新材料、新加工技术乃至新架构的出现。在这种情况下，着眼于细分市场，针对用户痛点开发微流控芯片杀手级应用，也许就是下一代微流控芯片技术发展的契机。

在微流控芯片技术领域，中国虽发力较晚，但追赶势头明显，专利申请量位居世界首位，但在质量方面仍不尽如人意。在近些年的专利申请中，不乏早年微流控芯片技术的现代化改造或"微创新"。在产业上，中国目前的专利申请集中在下游，原材料、检测平台仪器等涉及较少；这样的专利布局并不合理。由于缺乏微流控检测平台技术，目前中国主要平台技术依赖于外国。

中国必须以质量取胜，提高企事业单位的研发能力，增强技术竞争力。目前企业与高校的合作，以博奥生物为代表，以产学研为导向，加强校企合作。在企业与高校研发中注重平台建设，形成独立自主的完整产业链布局。积极融合国家政策，为行业发展开拓新思路。

微流控技术目前在行业标准上存在较大空白，将专利与技术标准融合发展是未来方向之一。微流控技术主要掌握在外国申请人手中，一个主要原因在于中国申请人对专利布局的前瞻性意识不够，在专利申请时机上相对保守，往往投入研发资金数年后才进行规模化专利申请，难以获得保护范围大、应用前景广的高价值专利。因此，企业与高校应提高海外布局意识，立足中国市场，敏锐地进行全球专利布局，建立专利运用维护体系。

第 5 章 微阵列芯片

5.1 概　　况

生物体是一个复杂的系统，很多疾病的发生与多个基因相关，因而需要对多个基因乃至整个基因组进行检测和分析。生物芯片技术于 20 世纪 90 年代初开始逐渐发展壮大，融合了生物技术、测量技术、计算机技术、化学工程、纳米技术、有机化学以及半导体技术等在内的新兴技术，通常借助荧光检测和计算机软件进行数据的分析和比较，能够快速、高效、高通量、自动化地分析生物信息，符合分析生物体这一复杂系统的需要。同时，随着人口老龄化和人们对医疗服务的期望不断提高，智能、便携、易操作的 POCT 类型的医疗诊断产品倍受青睐；而生物芯片凭借其小型化、高度集成的特点，有望成为受欢迎的 POCT 终端产品。目前，生物芯片技术商业化应用的一个重要方面即是 IVD 相关的医疗器械，用于疾病检测或辅助诊断以制定个体化的治疗方案。可见，生物芯片技术是 POCT 中不可或缺的平台技术。

根据物理结构，生物芯片可分为微阵列（或点阵）芯片、微珠芯片、微流控芯片和芯片实验室等。各种芯片之间相互渗透、相互交叉和相互补充，例如，微阵列和微流控芯片之间通过相互补充、借鉴的关系共同带动微全分析系统的快速发展。微阵列芯片的发展要早于微流控芯片，技术发展较为成熟，在生物芯片的 POCT 应用中具有举足轻重的地位。根据功能和生物分子的类型，微阵列芯片可分为基因芯片（包括 DNA 和 RNA 芯片）、蛋白质芯片、细胞芯片和组织芯片等，其中，最广泛应用的类型是基因芯片，其特点在于检测通量大、效率高。目前，微阵列芯片制作技术成熟、适应性强，可根据检测的目的不同快速研发、生产相应的产品和投入应用。2020 年，蔓延全球的新冠病毒使得与病毒检测相关的产品需求迅速增加，用于新冠病毒检测的生物芯片在业内得到广泛关注，其中，微阵列芯片是研发热度较高的芯片类型之一，也是最早上市和投入使用的新冠病毒检测芯片。

因此，微阵列芯片被列为本报告的重点研究对象之一，在本章中进行详细分析。本报告所确定的微阵列芯片的范围为：以固相微板（如硅片、玻璃片、尼龙膜）将探针分子（核酸、多肽、抗原或抗体等）平行地在厘米尺度的芯片上构建成数百个、数千个或上万个的微阵列，或由此演变而来的以微珠作为探针分子载体的液相芯片，其在分子和细胞水平上利用探针分子与目标生物分子的相互作用来识别和捕获目标物，进一步利用图像技术检测和分析。

5.2 专利申请量趋势

5.2.1 全球专利申请量趋势

在专利库中对微阵列芯片相关专利进行检索和人工标引，获得全球专利申请共18000项，其中中国专利申请9056项，外国专利申请8944项。将上述专利按最早申请日进行统计，结果如图5-2-1所示。微阵列芯片专利申请首次出现在1991年，距今已有30年。全球专利申请经历了20世纪90年代中前期的缓慢增长、2000年左右的爆发式增长、随后10年左右的低速发展，以及始于2014年左右的第二次增长几个阶段。从专利授权量的角度来看，这一领域其并未像专利申请量呈现的趋势那样大起大落，2015年以前一直处于良性增长态势，而在此之后专利授权量有所降低。不过，近5年申请的专利还未完全审结，所以作出这一领域专利授权量在2015年之后出现下降的结论为时尚早。

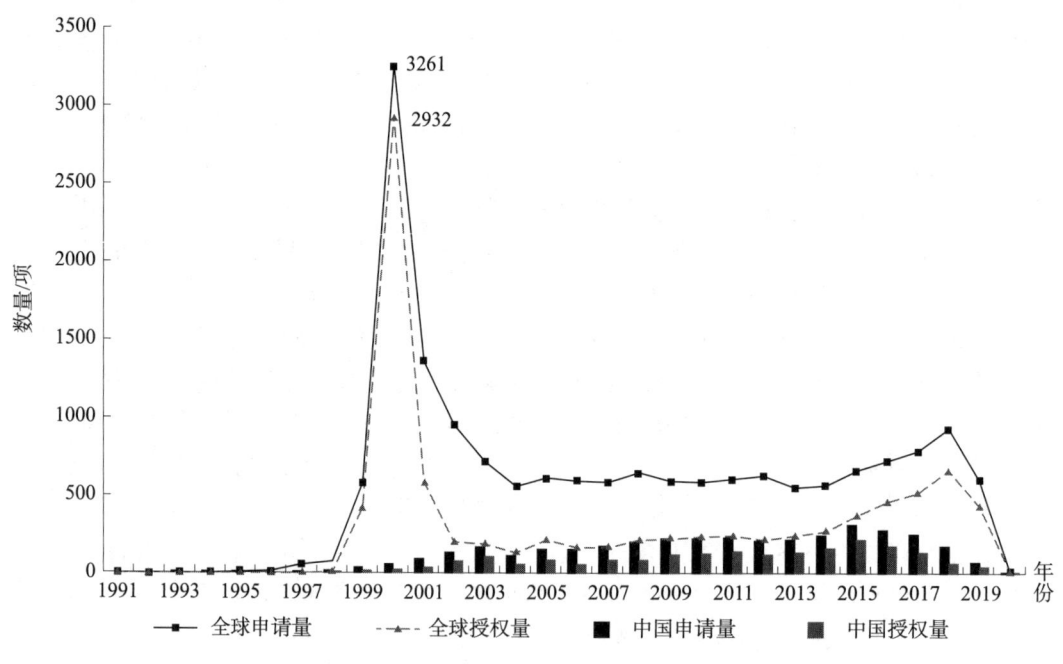

图 5-2-1 微阵列芯片全球及中国专利申请量和授权量趋势

如图5-2-2所示，排除联合基因集团系列申请后，在2000年左右，全球的微阵列芯片专利申请仍然经历了一次爆发式增长。微阵列芯片技术在全球的专利申请态势分为以下阶段：①起步阶段（1995~1998年），微阵列芯片经历了短暂的萌芽；②爆发期（1999~2002年），微阵列芯片专利申请在4年中经历了爆发式的增长；③降温期（2003~2004年），微阵列芯片热度逐渐褪去，专利申请量逐年下降；④平稳期（2005~2014年），微阵列芯片在全球专利申请量保持了平稳的态势；⑤第二次增长

(2015年至今)起微阵列芯片专利申请量又迎来了第二次增长期,虽然2019年之后的专利申请还未能完整公开,但我们仍能看出微阵列芯片专利申请量有第二次增长的趋势。结合微阵列芯片的全球申请趋势也能够发现,出现联合基因基团系列申请也并非偶然,正是微阵列芯片在全球范围内火热发展的结果。

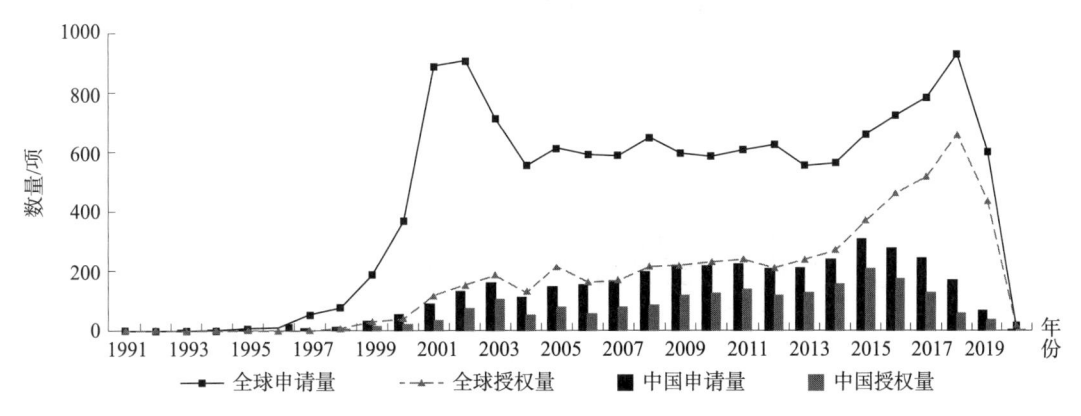

图5-2-2 微阵列芯片技术全球与中国专利申请量与授权量趋势(排除联合基因集团系列)

5.2.2 中国、美国、欧洲、日本、韩国的专利申请量趋势

图5-2-3分析了主要国家/地区的专利申请量趋势。美国、欧洲、日本微阵列芯片相关专利技术的申请趋势相似,在2000年前后快速增长,并于2001年或2002年达到顶峰后逐渐回落,2008年左右逐渐趋于平稳,近年来呈现一定程度的衰退趋势。呈现该态势的原因可能有:①微阵列芯片革新在20世纪90年代,在21世纪之前已经发展为较成熟的技术,21世纪以后主要在拓展其产业应用(中下游产业相关专利的价值相比基础专利相对较低,故上述发达国家/地区对这类专利申请的重视程度较低,申请热情不高),故专利申请量有所降低;②二代测序技术崛起,具有高通量获知序列信息的优势,故在一定程度上取代了微阵列芯片的地位。

与美国、欧洲、日本相似,中国微阵列芯片相关专利申请量也在2000年左右发生了一次爆发式增长。与之不同的是,中国专利申请量在这一领域不但没有发生衰退,反而于2014年后进入了第2次增长期,可能得益于如下几个方面:①"十三五"期间,中国高度重视科技创新,针对医疗器械(含生物芯片)和生物产业出台的一系列扶持性政策,如《"十三五"医疗器械科技创新专项规划》《"十三五"生物技术创新专项规划》《"十三五"生物产业发展规划》《"十三五"国家战略性新兴产业发展规划》等,在一定程度上起到了鼓励创新的作用,也激励了微阵列芯片的发展;②微阵列芯片虽然近年来技术革新不大,但是仍然属于较高技术难度的高新科技,所以在中国的热潮并未褪去,并且专利申请意识和热情不断提高,所以微阵列芯片的专利量近年来增长明显;③一些研究主体(如北京泱深等)基于基因高通量分析手段筛选出一系列生物标志物,并申请了大量专利且在权利要求中提到微阵列芯片产品,这批专利对中国专利近年来的数量持续增长贡献较大。

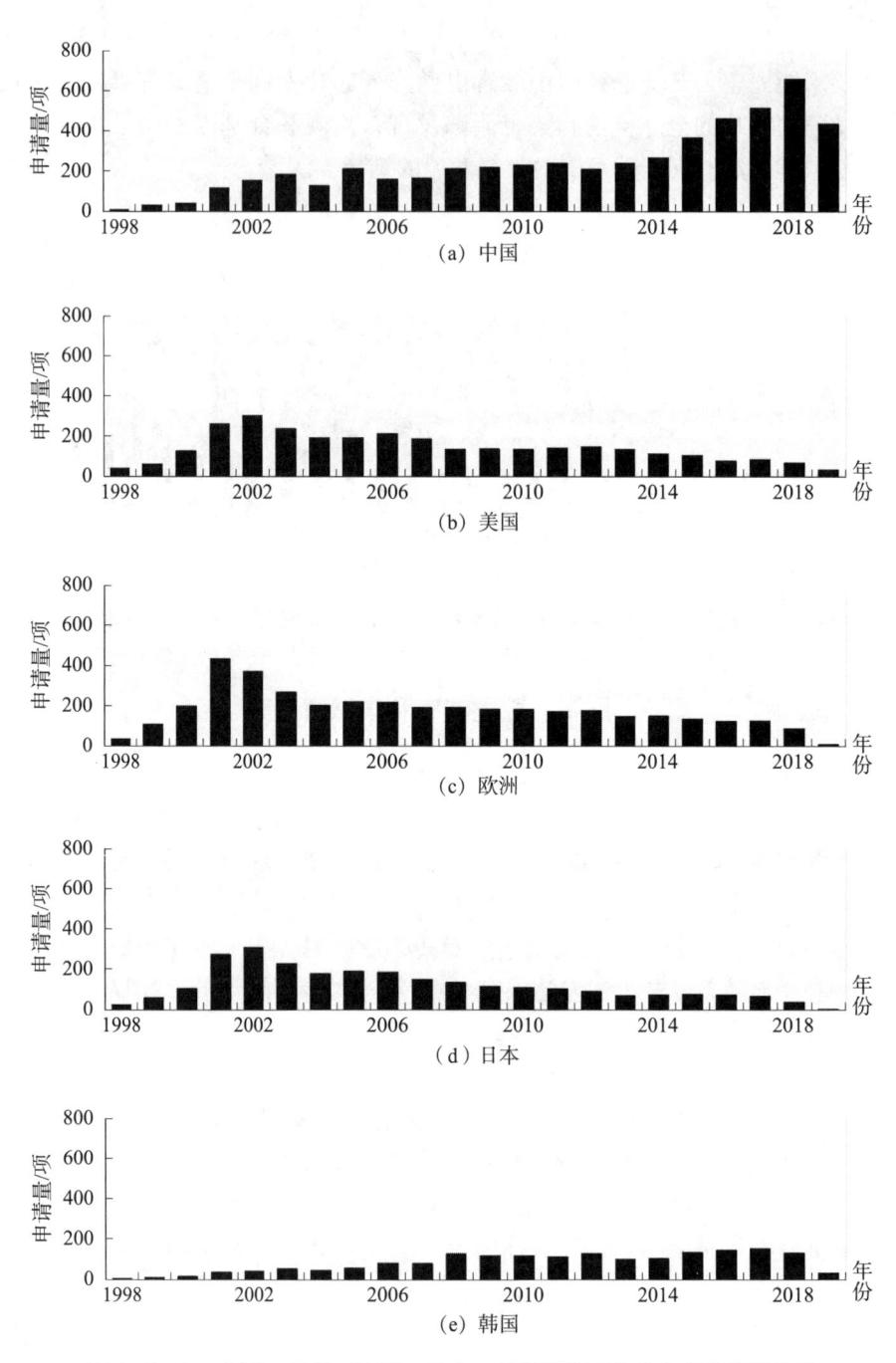

图 5-2-3 中国、美国、欧洲、日本、韩国微阵列芯片专利申请量趋势

韩国在 2001 年迎来了一个小的增长，2002 年后逐渐回落，2008 年起经历了二次增长并一直保持平稳。尽管韩国专利申请量相对来说不占优势，但韩国在微阵列芯片领域仍然保持较高热度，呈现稳中有增的态势，其原因可能有：①韩国的三星电子、韩国生物科技研究所、韩国科学技术研究所、延世大学均是微阵列芯片的主要申请人，

在该领域具有相当实力,且韩国重视微阵列芯片;②纵观韩国近年来的微阵列相关专利,与北京泱深系列申请具有一定相似之处,不少是基于生物标志物的与芯片技术本身关联不大的专利申请,所以其专利数量也和中国一样出现了增长。

整体上分析,美国的微阵列芯片技术起步最早,其次为欧洲。全球的微阵列芯片技术在 2000~2002 年经历了一次快速增长,可见该技术在 21 世纪初期红极一时;但之后逐渐降低回落,仅在中国和韩国经历了二次增长。该技术在韩国虽然经历了两次热潮,但相对于其他国家/地区的变化情况而言,整体上一直保持比较平稳的申请态势。

5.3 专利申请的技术迁移

5.3.1 全球专利申请的技术迁移

通过对专利申请的来源国家/地区和目标国家/地区进行分析,我们得到了微阵列芯片技术的全球技术迁移情况,见图 5-3-1。非常明显的是,美国在微阵列芯片上一家独大,成为头号技术输出国;而在目标市场方面,中国是微阵列芯片技术的最大目标市场,这与中国的人口众多和医疗需求巨大密不可分。

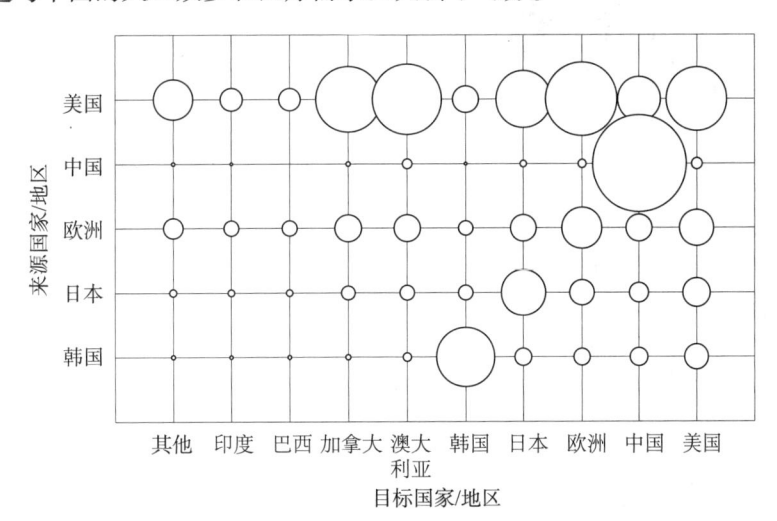

图 5-3-1 微阵列芯片全球专利申请的技术迁移情况

注:气泡大小代表专利申请量多少。

5.3.2 中国专利申请的技术来源国家/地区

微阵列芯片需要精密加工,涉及医学、生物、化学和工程等多个学科知识技能,是集成性的产品,对科研综合实力要求较高。如图 5-3-2 所示,进行技术来源国家/地区分析后发现,微阵列芯片中国专利申请主要来自美国,其次为欧洲(瑞士、德国、英国、荷兰、法国、瑞典等)、日本、韩国。美国在微阵列芯片的技术水平处于领先地位,并且西方国家在这一领域整体实力强劲,日本、韩国也在这一领域表现不凡,这与其科技和工业的发展程度不无关系。中国在微阵列芯片领域的技术水平仍有待增强。

5.3.3 中国专利申请的区域分布

如图5-3-3所示,对微阵列芯片领域中国专利申请人的区域分布情况进行分析发现,北京、上海、广东、天津、江苏五地的专利申请量处在领先地位,属于中国微阵列芯片研究的第一梯队,占大半壁江山。上述地区同时也是中国经济发展水平较高的省份,侧面反映出微阵列芯片研究对资金投入要求较高,研究主体集中在北上广和东部沿海地区。不过,在西部地区也有一颗耀眼之星——四川,可能得益于四川对医疗产业的重视和战略布局,以及坐拥IVD产业的众多大型或高新企事业单位,如迈克生物、博奥晶芯、四川大学华西医院等。

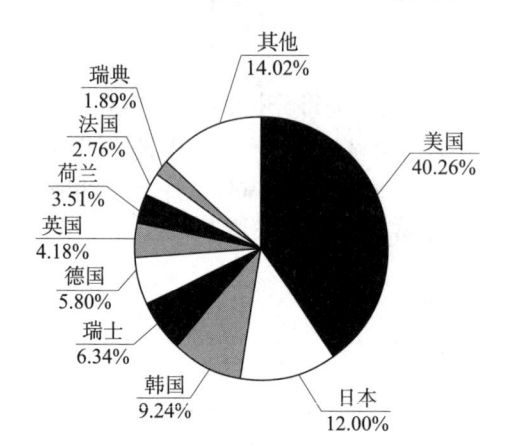

图5-3-2 微阵列芯片中国专利申请的技术来源国家/地区

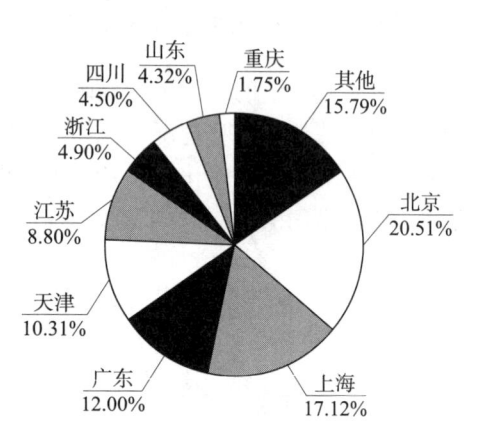

图5-3-3 微阵列芯片中国专利申请的区域分布

5.4 重点申请人

5.4.1 全球重点申请人

通过全球重点申请人分析来呈现微阵列芯片领域的申请人情况,如图5-4-1所示。可以看出,微阵列芯片技术确实属于融合度高的技术领域,主要申请人既涵盖了信息技术类企业(如三星电子等),也涵盖了生物医药类企业(如罗氏等)。

随着技术热度的变化,与技术生命周期图反映的趋势相似,部分申请人早期(2000年左右)在微阵列芯片上投入了很大的研发力量,但在2008年之后逐渐放弃这一领域,例如因赛特、纽约PE等。而部分申请人则持续稳定地在微阵列芯片领域中投入并一直存活了下来,成为优势企业,例如罗氏、加州大学等。也有部分申请人在2015年后强势加入微阵列芯片领域,进行了大量专利布局,如北京泱深、天津湖滨盘古、四川大学华西医院等。

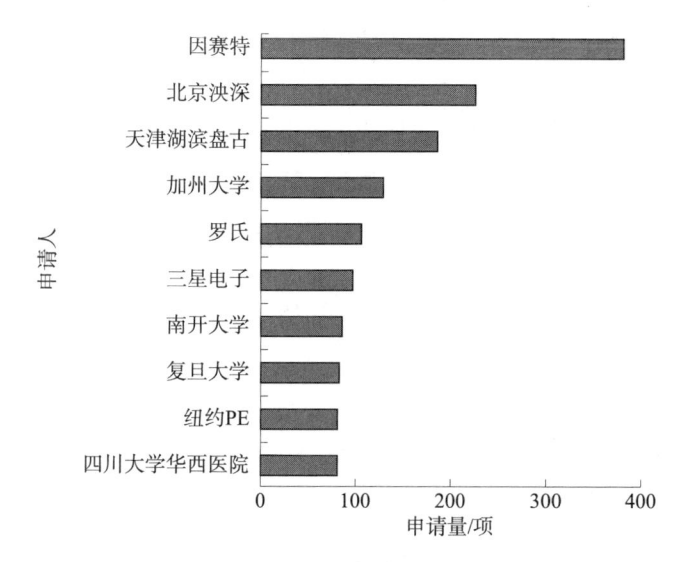

图 5-4-1 微阵列芯片全球重点申请人排名

5.4.2 中国重点申请人

图 5-4-2、图 5-4-3 中分别统计了中国微阵列芯片相关专利的重点申请人。在中国专利申请中，北京泱深的专利申请量位居首位。北京泱深的专利申请实际上与联合基因系列存在一定相似性，主要是基于高通量筛选得到的存在突变或差异表达的基因/蛋白，以其作为疾病诊断/治疗的标志物，请求保护相应的检测产品，其中包括生物芯片的类型，但发明点并不在于芯片本身；专利申请量排名第二的天津湖滨盘古，以及排名靠前的医院或偏医学研究类的研究主体（如四川大学华西医院、上海人类基

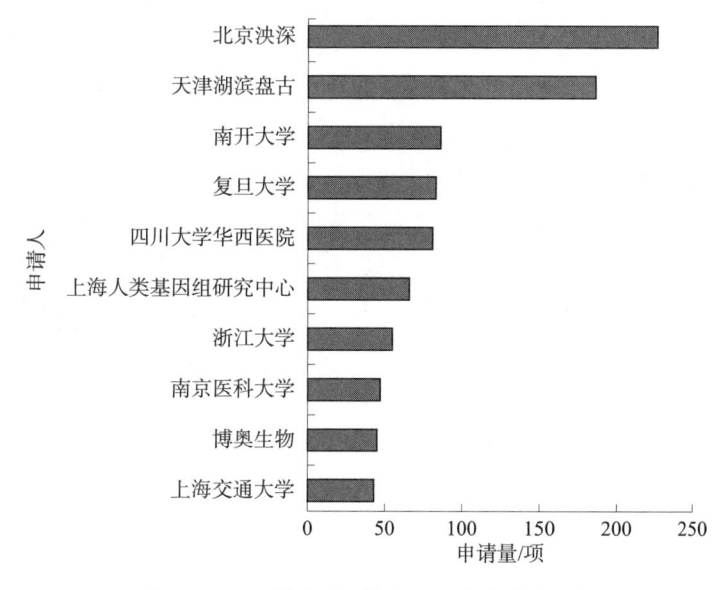

图 5-4-2 微阵列芯片中国重点申请人排名

因组研究中心、南京医科大学、成都华西精准医学产业技术研究院有限公司等)。这些研究主体的情况也与北京泱深类似,研究内容主要涉及对芯片的"拿来主义式"应用,以及基于生物标志物的芯片概念性产品,因而并不属于芯片的主流产业。

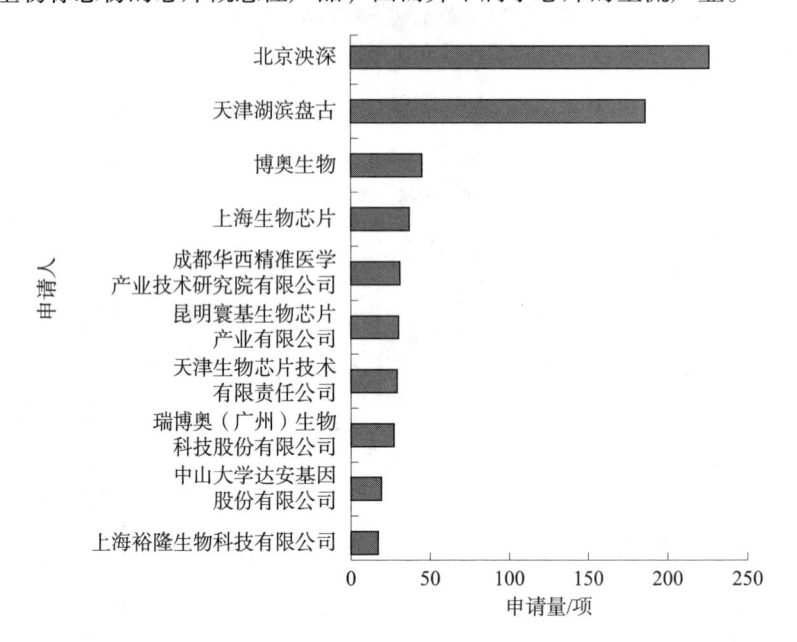

图 5-4-3 微阵列芯片中国企业类重点申请人排名

博奥生物、上海生物芯片、昆明寰基生物芯片开发有限公司申请的相关专利则主要是基于微阵列芯片的具体芯片产品,侧重点在于用于靶标特异性检测的探针分子的开发,借助已有的芯片平台,将其加工成商品化的、具有特定检测用途的产品。博奥生物(2000年成立)、上海生物芯片(2001年成立)是中国集众多科研院所之力,在微阵列芯片领域最早成立的两家公司。非典期间,这两家公司在行业内率先开始布局微阵列芯片检测专利,经过20年的发展,在芯片检测领域已经有较好的专利布局基础。因而尽管其表面上专利申请量并不占明显优势,但实际上属于中国微阵列芯片产业真正的中流砥柱,更加值得关注。

在综合性大专院校(如南开大学、复旦大学、浙江大学、上海交通大学)申请的相关专利中,一部分是微阵列芯片的具体芯片产品,另一部分则与北京泱深类似,属于基于筛选出的生物标志物的微阵列芯片概念性产品。

图 5-4-4 还统计了中国微阵列芯片相关专利申请主体的类型。在中国申请人中,企业申请人的贡献占将近一半。大专院校和

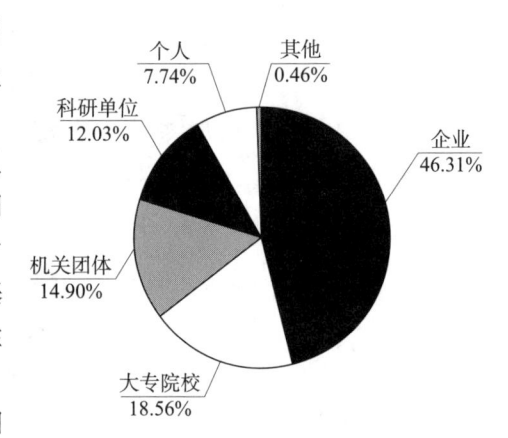

图 5-4-4 微阵列芯片中国申请人类型分布情况

科研单位也具有较大贡献,其开发的芯片基础技术以及针对特定病原体/疾病标志物的芯片产品,能为微阵列芯片的技术升级和产业转化提供源源不断的内驱动力。机关团体(主要为医院)的专利申请量也不可小觑。结合对专利申请量排名前列的申请人的分析可知,其中大量专利申请为基于芯片技术的应用,属于产业链的下游,不过这也反映出微阵列芯片已经具有较高的产业化程度。

5.5 微阵列芯片的技术发展生命周期

5.5.1 全球技术发展生命周期

如图5-5-1所示,微阵列芯片技术的发展经历了起步、爆发、降温、平稳、第二次增长五个时期。①起步阶段(1995~1999年),微阵列芯片经历了短暂的萌芽期;②爆发期(2000~2002年),微阵列芯片在3年中经历了爆发式的增长,申请人与专利申请量都迅猛增长,技术热度不言而喻,这也体现出微阵列芯片技术应用场景的广阔;③降温期(2003~2006年),微阵列芯片热度逐渐褪去,专利申请量逐年下降,申请人的数量也稍有降低;④平稳期(2007~2014年),微阵列芯片在全球专利申请量保持了平稳的态势,但申请人的数量经历了反复的波动,显示了领域平稳时期的"洗牌"现象,直至这一时期末尾基本完成洗牌,申请人数量较巅峰时期减少了一半;⑤第二次增长期:从2015年起微阵列芯片又迎来了第二次增长期,这一时期的申请人数量并无明显波动,但专利申请量有明显抬头的趋势。虽然2019年之后的专利申请还未能完整公开,但仍能看出微阵列芯片有第二次增长的趋势。尽管该领域的技术热度有所降低,但是,微阵列芯片适合做成高通量、自动化、可供终端直接使用的IVD产品,故在即时检测中具有自身的独特价值和优势,仍然是一项重要的技术分支。

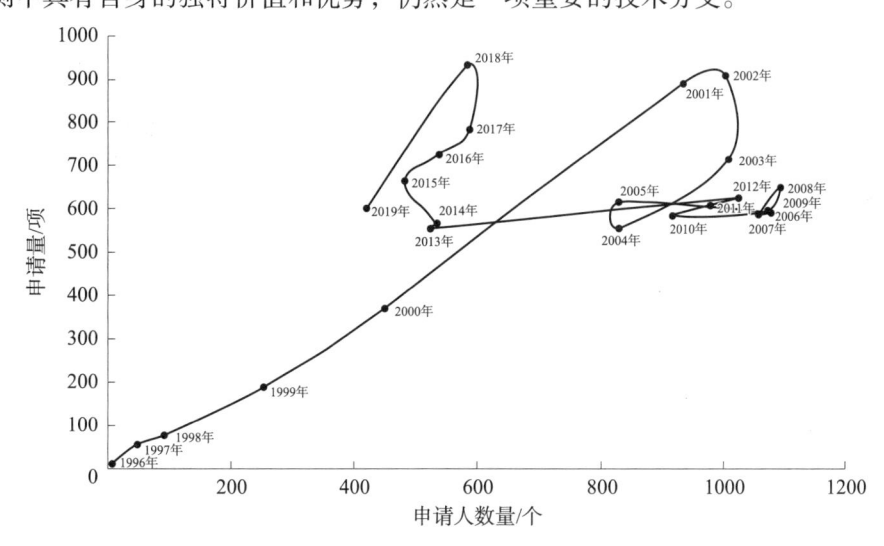

图5-5-1 微阵列芯片全球技术发展生命周期

5.5.2 中国技术发展生命周期

就中国微阵列芯片领域而言，如图5-5-2所示，1998~2003年，申请人数量持续快速增长，反映出这6年间有大量新的研究主体进入。但此后直至2014年，逐年专利申请量无明显增长，申请人数量总体略有增长，但其间出现过下降和反复现象，这意味着在存在新入局者的同时，也存在老申请人的退出，因此这是一个存在竞争和挑战的激荡时期。2015~2017年，再次出现申请人数量的大幅增长，并伴随年专利申请量稳定增长。这与微阵列芯片发展进入"第二次增长"的情势基本相同。

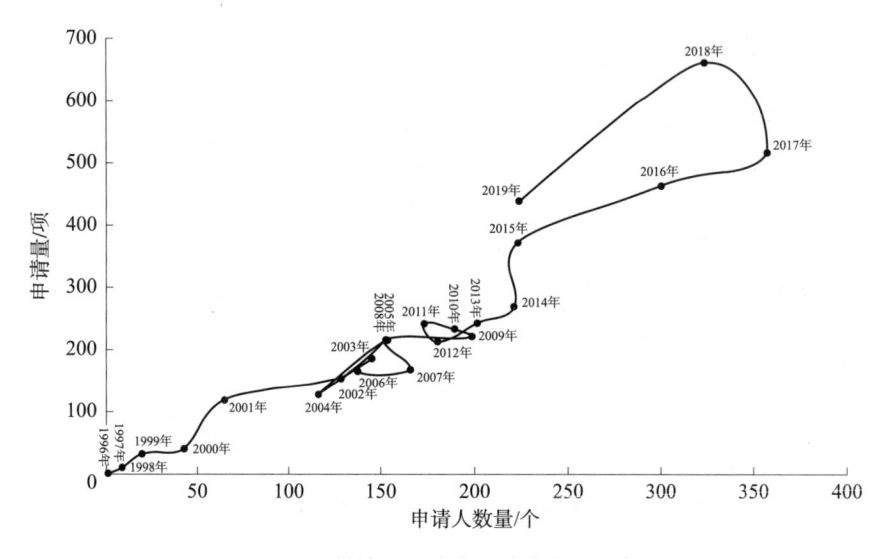

图5-5-2 微阵列芯片中国技术发展生命周期

5.6 产业链分布

尽管同样涉及微阵列芯片和疾病检测目的，但不同专利申请的技术侧重点不同（参见图5-6-1），一些侧重于微阵列芯片技术本身的改进，一些则侧重于芯片技术的疾病检测应用，后者又可分为针对特定检测对象的具体芯片产品（侧重于探针分子或扩增引物的开发）以及概念性产品（发明点在于挖掘出可用作疾病标志物的基因，只是略提及可基于所述标志物制备相应的检测芯片）。此外，还有一部分与微阵列芯片技术相关的专利，其提供芯片前后端的辅助技术，如核酸提取、芯片检测等，有助于提高基于微阵列芯片疾病检测技术的便利性。

为了探析全球和中国专利在微阵列芯片产业链上的分布和侧重点（芯片检测技术本身与芯片应用），本报告分析了全球专利申请和中国专利申请的领域分布情况。根据主分类号，本报告对检索到的专利进行了初步统计，结合进一步阅读分析，将技术主题分为5个主要的类别：基因检测方法、基因检测试剂、蛋白检测（主要是试剂）、芯片技术（芯片的制备、点样、信号分析等）、多重诊断试剂与诊治联用。进一步结合标

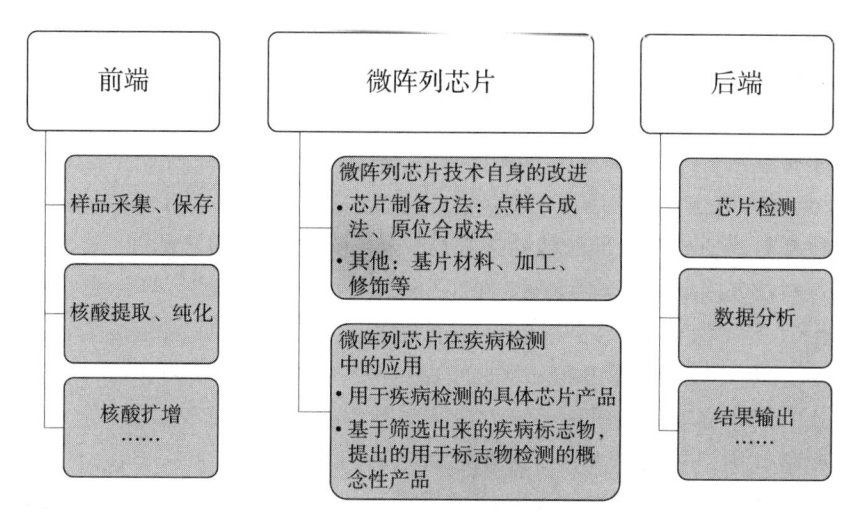

图 5-6-1 微阵列芯片产业链结构

引结果，对检出的专利申请进行产业链分布的分析。由图 5-6-2 可以明显看出，微阵列芯片相关专利中，不论是专利申请还是授权专利，均呈现出基础专利相对较少（芯片技术本身），而应用专利（基因检测方法、基因检测试剂、蛋白检测以及多重诊断试剂与诊治联用）较多的特征。这也说明在微阵列芯片领域，芯片的制备方法已经非常成熟，但中国对该技术的掌握仍然有限；主要的研发方向是诊断试剂的改进和新诊断用途的探索，通过更换检测试剂能够快速制作出不同应用的芯片。对于疾病检测应用而言，门槛相对较低。

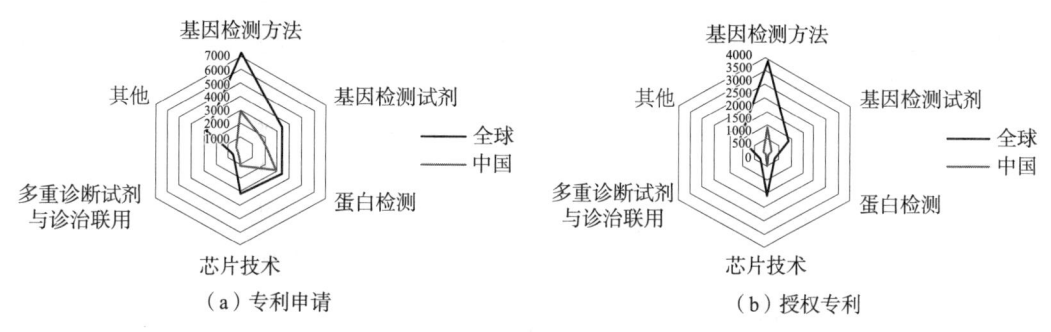

（a）专利申请　　　　（b）授权专利

图 5-6-2 微阵列芯片全球与中国专利申请的应用领域分布

注：图中数字代表专利申请量或授权量，单位为项。

5.7 关键技术

5.7.1 芯片制作

微阵列芯片技术要求把生物分子（如寡核苷酸、多肽等）固定在固体界面上，有两种方式：一种方式是将合成好的生物分子通过"点样"连接到固体界面上（点样合成法），另一种方式则是通过原位合成实现（原位合成法）。相对而言，点样合成法具有可利用已有的文库探针、探针长度任意选择、灵活性大、成本低等优点，故国内外大部分芯片公司采用点样合成法。原位合成法的门槛相对较高，核心技术掌握在少量研发主体手中。

5.7.1.1 点样合成法

根据点样方式，点样合成法包括接触点样法和非接触喷印法两种。

接触点样法是将硬质点样针头浸入样品中，蘸取少量样品，当针头与固相表面接触时，由于针头、液体以及玻片之间的表面能发生变化，样品会黏着于玻片表面。1995年，斯坦福大学Patrick Brown课题组在《科学》杂志上发表文章，公开了一种接触式压印法，利用高速精密机械手让移液头与基片接触而将cDNA探针定点压印到基片上，并率先将其用于基因表达分析（WO9535505A1）。

非接触喷印法是将样品直接喷射到玻片上。因赛特所采用的化学喷射法即一种非接触喷印法（WO0013796A1），其将预先合成好的寡核苷酸或其他探针分子定点喷射到基片上的指定地点来制作生物芯片。相比较而言，接触点样法的优点是样品点直径小、密度高、样品种类多、点样位置精度高等，缺点是定量准确性及重复性不好；非接触喷印法具有点样速度快、喷样量准确等优点，但存在样品点直径大、密度低等缺点。

除了前述的斯坦福大学、因赛特，采用点样合成法的研究主体还有加州理工学院、Cartesian、Telechem、BioDot、PerkinElmer、GE、Genetix以及中国的博奥生物等。实际上，除了在生物芯片领域的巨擘（例如昂飞），大多数中小型公司普遍采用点样合成技术制作微阵列芯片。

5.7.1.2 原位合成法

所谓原位合成法，是指在半导体硅片或玻璃片上，以原位聚合的方法合成探针序列（如寡核苷酸序列或多肽序列）。相比点样合成法，原位合成法的技术难度较大，且受到专利保护，故使用此种方法制作芯片的公司相对较少。下文将介绍采用原位合成法的代表性研究主体及其主要贡献。

美国昂飞是生物芯片领域的开创者，建立于1992年，在生物芯片领域享有盛誉。如图5-7-1所示，1989年，Stephen Fodor博士开创了一种利用光刻技术在固相支持物表面上选择性地进行图案化光化学反应合成多肽的方法，并申请了专利（WO9015070A1、WO9210092A1），其在多个国家/地区获得授权，后依托该技术成立了昂飞。昂飞开创的一项重要技术为光导原位合成法（Optical Lithography，又称Photolithography），为光学光刻法与光化学合成法相结合所衍生的一种在芯片上定点合成生物分子的方法。原位合成法在问世时，相比点样合成法制备芯片表现出精确性高的优点。不过，其光栅制备费时、昂贵，导致芯片价格偏高且制作周期较长；此外，DNA固相原位合成在平板上的产率远低于在树脂中的产率，几个循环后出错率明显增大，因此原位合成法最初只能实现不超过25个寡核苷酸的长度。不过，昂飞此后不断改进技术，使得原位合成寡核苷酸的长度和密度不断提高（US2003232361A1、WO2004001506A2）。

除了芯片上原位合成外，昂飞还积极开拓与该方法配套使用的支撑技术，例如，用了对基片进行功能化修饰的材料和方法以使其适用于高密度的固相合成（WO0021967A1）、用于标记核酸的衍生物和方法（US2001044531A1、US2003232979A1、US2004253460A1、WO2004001506A2）、检测微阵列芯片的配套设备和方法（WO2004008188A2）、计算机辅助的芯片制备工程技术（US5593839A）等。

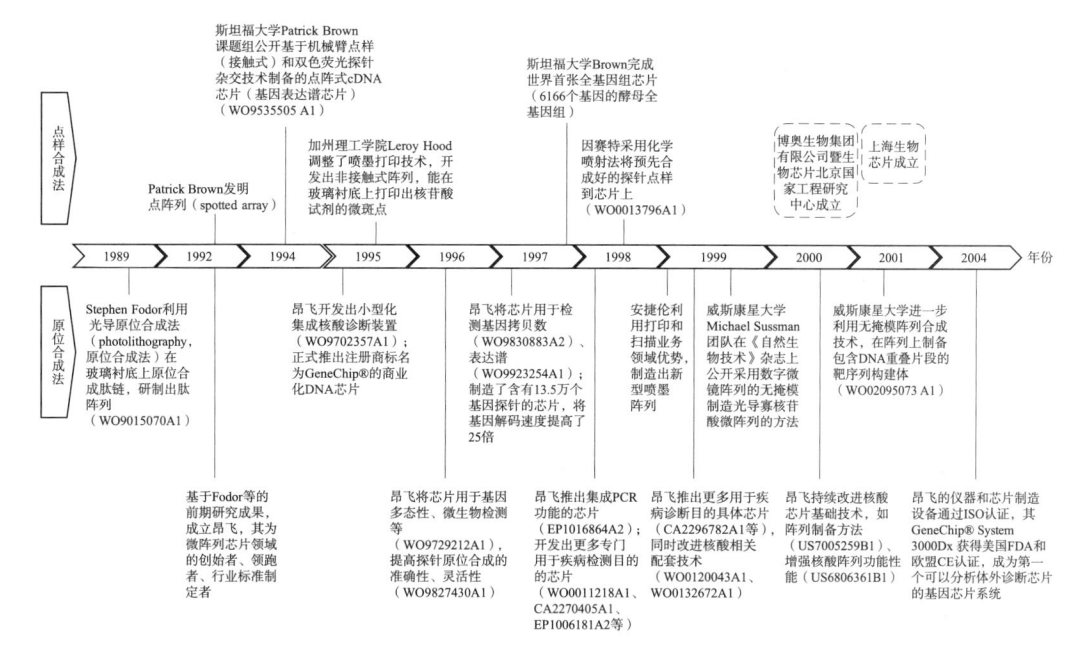

图 5-7-1 微阵列芯片制作技术的演进路线

其他代表性研究主体还包括：

美国安捷伦：安捷伦早期与昂飞合作，为昂飞制造生物芯片外围扫描配套设备。1999 年，安捷伦开始自主开发生物分析系统及产品，与昂飞由供应商关系变成了直接竞争对手。安捷伦自主开发的生物芯片产品利用母公司惠普在打印技术领域的优势，制造出新一代生物芯片产品。其主要采用非接触式喷印原位合成法及其配套技术（EP1464387A2、EP1203945A1、EP1186671A2），使得芯片的设计和制备更加灵活，合成探针的长度可以达到 60 个碱基。

美国 NimbleGen：针对昂飞开发的光导合成法在制备芯片时需要大量的光刻掩模因而成本昂贵、制备时耗时较长的缺陷，威斯康星大学麦迪逊分校的 Michael Sussman 课题组于 1999 年开创了一种采用数字微镜阵列的无掩模制造光导寡核苷酸微阵列的方法，利用无掩模阵列合成器（MAS）在计算机上生成的虚拟掩模来代替传统的 chrome 掩模，并将其中继到数字微镜阵列上，进而利用数字微镜装置在基片的特定区域上选择性地脱除保护基。2001 年，该课题组进一步利用无掩模阵列合成技术，在阵列上制备包含 DNA 重叠片段的靶序列构建体（WO02095073A1）。相比于昂飞创立的光导合成法，该原位合成技术的优点是减少了芯片制备的时间和成本。随后，以美国威斯康星为基地创建了 NimbleGen，将该技术用于用于基因组分析的高密度芯片的商业化生产。

NimbleGen 也曾与昂飞等合作，从其处获得核酸芯片技术的专利许可。2007 年，该公司被罗氏收购。

华盛顿大学：华盛顿大学通过使用四只分别装有 A、T、G、C 四种核苷的压电喷头在基片上按需喷射、并行合成而得到寡核苷酸探针（US6131580A）。

经过 10 年左右的酝酿，微阵列芯片领域在 1999 年迎来了技术创新高潮：除了领域的创始者昂飞之外，安捷伦、威斯康星大学、因赛特等研究主体都在芯片制备技术方面提出了自己的创新性解决方案，使芯片制备技术日趋多样化和成熟，这也带动了微阵列芯片领域的蓬勃发展并催生了 2000 年微阵列芯片专利申请量的激增（参见图 5-2-1）。就芯片制备技术本身而言，中国研究主体在这方面鲜有创新或改进的报道。不过，博奥生物、上海生物芯片两家公司较早地进入了这一领域，并一直存续和发展。

除了芯片上探针的合成方法外，研究者们还从基片角度进行改进，以更加方便、高效地在基片上点样或原位合成探针分子：一方面是基片材料的选择，如硅片、玻片、陶瓷等；另一方面是基片表面的修饰，使其包含活性基团，如羧基、氨基、羟基、硫醇或类似基团，通过这些基团来实现与寡核苷酸、多肽等生物分子或其活性基团的连接，使之更好地固定到基片上。由此也可以看出，微阵列芯片技术涉及材料、化工、电子、机械等多个方面，属于跨学科的前沿交叉领域，故微阵列芯片技术在即时检测中的应用也得益于多种基础技术的进步。

5.7.2 核酸扩增芯片

微阵列芯片对微量靶基因检测敏感性较差，往往要求提前对待测靶标进行扩增以获得足够检测的目标分子，故微阵列芯片检测通常需要与目标分子的预扩增方法（如 PCR 等）联合应用，待目标分子通过扩增达到可检测的浓度后，再将其加载到微阵列芯片上基于杂交原理进行目标分子的检测。与之相应，现有微阵列芯片的使用主要包含核酸扩增和标记、微阵列芯片杂交、清洗和扫描几个步骤。各步骤需要配备专门设备几个步骤。例如用于核酸扩增和标记的 PCR 仪、用于核酸杂交的芯片杂交仪、用于清洗的芯片洗干仪、用于芯片扫描的微阵列芯片扫描仪。因此，现有的传统核酸芯片产品通常以在基片上固定检测探针为主要特征，所测样本需要提前经核酸扩增放大，以便于在芯片上基于寡核苷酸双链杂交原理实现靶标的捕获和后续检测；这类芯片功能较为单一，整个使用流程操作烦琐，涉及设备较多，成本较高。此外，基于传统核酸芯片的检测方法还存在如下缺点：由于序列差异，在扩增时和掺入荧光标记的信号分子时，可能存在序列依赖的定向偏差；PCR 产物与芯片上探针的杂交步骤耗时较长，且不同分子所需杂交条件不一致，误差较大；由于杂交位于固相表面，所以有一定程度的空间阻碍作用。

针对上述缺点，研究者们开发出整合核酸扩增功能的微阵列芯片，可以直接在芯片上进行扩增和检测，从而简化了操作步骤。所述微阵列芯片上的核酸扩增，利用了现已开发出的多种用于核酸扩增的方法，包括依赖于温度变化 PCR，以及不依赖温度变化的恒温（等温）扩增技术。所述恒温扩增方法包括：核酸序列依赖性扩增法

(NASBA)、链置换恒温扩增术（SDA）、滚环扩增法（RCA）、重组酶聚合酶扩增（RPA）、环介导恒温扩增法（LAMP）、依赖解旋酶 DNA 恒温扩增（HDA）等。上述核酸扩增方法各有所长，相对而言，PCR 的使用更加广泛，相关技术和配套产品更加完善，但依赖精良仪器设备以实现精确温控；恒温扩增技术不依赖温度变化过程，摆脱了对精良仪器设备的依赖，可以快速、高通量地实现对靶标的检测。上述扩增技术在具有核酸扩增功能的微阵列芯片（以下简称"扩增芯片"）中或多或少地有所使用，不过，反应物及扩增产物互相干扰会导致扩增效率和特异性的下降，故并非所有扩增方法都适用于在涉及高度多元性核酸检测（如微阵列芯片）中的应用。根据核酸扩增技术的出现时间、开创者、依赖的酶、其在微阵列芯片中的应用等情况，采用微阵列芯片的核酸扩增技术发展史如图 5-7-2 所示。

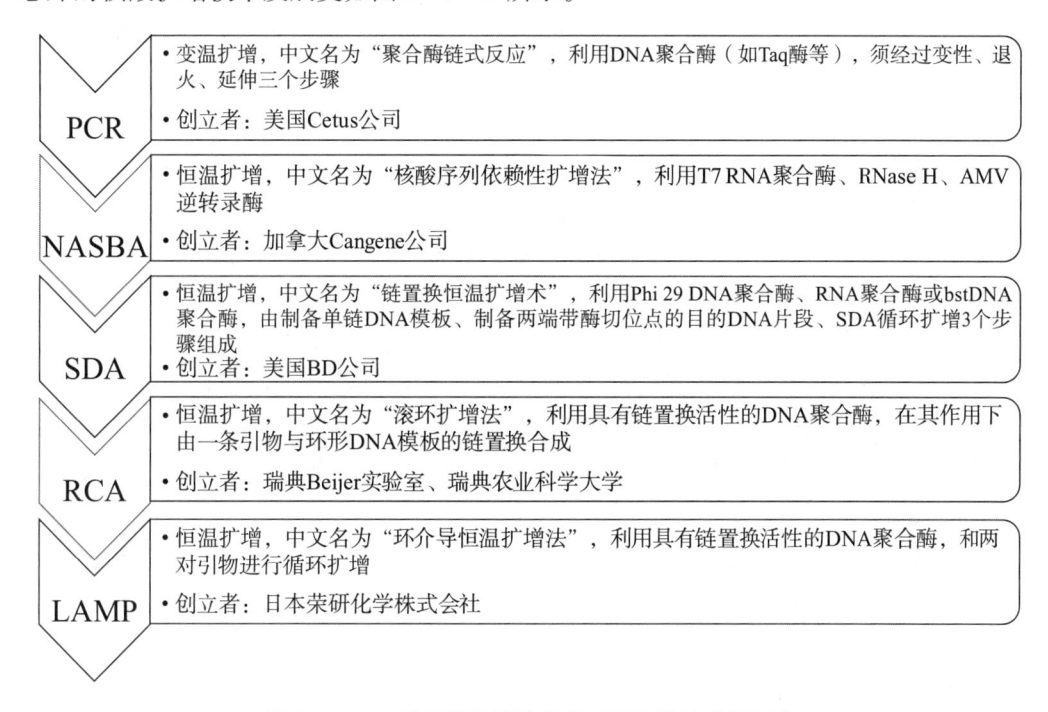

PCR
- 变温扩增，中文名为"聚合酶链式反应"，利用DNA聚合酶（如Taq酶等），须经过变性、退火、延伸三个步骤
- 创立者：美国Cetus公司

NASBA
- 恒温扩增，中文名为"核酸序列依赖性扩增法"，利用T7 RNA聚合酶、RNase H、AMV逆转录酶
- 创立者：加拿大Cangene公司

SDA
- 恒温扩增，中文名为"链置换恒温扩增术"，利用Phi 29 DNA聚合酶、RNA聚合酶或bstDNA聚合酶，由制备单链DNA模板、制备两端带酶切位点的目的DNA片段、SDA循环扩增3个步骤组成
- 创立者：美国BD公司

RCA
- 恒温扩增，中文名为"滚环扩增法"，利用具有链置换活性的DNA聚合酶，在其作用下由一条引物与环形DNA模板的链置换合成
- 创立者：瑞典Beijer实验室、瑞典农业科学大学

LAMP
- 恒温扩增，中文名为"环介导恒温扩增法"，利用具有链置换活性的DNA聚合酶，和两对引物进行循环扩增
- 创立者：日本荣研化学株式会社

图 5-7-2 采用微阵列芯片的核酸扩增技术发展史

整合了核酸扩增功能的微阵列芯片，功能更加多样化，操作上也更为简便，更加切合即时检测的要求。因此，下文将对主要核酸扩增方法和代表性专利进行重点介绍。

5.7.2.1 PCR 扩增技术

PCR 是分子生物学实验中最广泛使用的核酸扩增方法，属于变温扩增，须经过变性、退火、延伸 3 个步骤。将 PCR 技术用于微阵列芯片中，主要是通过将 PCR 所需组分加载到以阵列形式排布的微孔中实现的。以微芯片为反应平台进行 PCR 扩增，即芯片 PCR，能够提高表面体积比，从而极大提高 PCR 过程中的热循环效率、扩增效率并且缩短 PCR 时间；同时，芯片 PCR 又能实现微量 PCR（利用微量样本的 PCR 扩增），从而节约样本、提高通量。以下为 PCR 芯片相关专利技术的介绍。

（1）反应池式扩增芯片

1）定量化

1999年，美国霍华德·休斯医学研究所的Bert Vogelstein等在《美国科学院院报》（PNAS）上发表了一篇文章，首次提出了dPCR的概念。其将一个样本分成几十到几万份，并分配到不同的反应单元，每个单元包含一个或多个拷贝的目标分子（DNA模板），在每个反应单元中分别对目标分子进行PCR扩增，扩增结束后对各个反应单元的荧光信号进行统计学分析。与传统PCR相比，dPCR也包括PCR扩增和荧光定量分析两个环节，但其又存在以下不同：在PCR扩增阶段，dPCR将样品稀释到单分子水平，并平均分配到几万个反应腔室里反应——一方面相当于变相对靶基因进行富集，另一方面通过大幅度稀释显著降低了PCR抑制剂浓度以利于反应进行；在荧光定量环节，不同于qPCR对每个循环进行实时荧光测定，dPCR仅在扩增结束后对每个反应单元的荧光信号进行采集，最后根据泊松分布原理及阳性微滴的个数与比例得出靶分子的起始拷贝数或浓度。基于以上特点，dPCR能够实现核酸分子的绝对定量，尤其适用于对灵敏度要求非常高的核酸痕量分析研究，以及对复杂样品（如组织、体液、排泄物等样品）中核酸的准确定量。当用于疾病检测目的时，dPCR技术适用于疾病标志物稀有突变的检测、微量样本的检测、等位基因失衡的评价、致病微生物载量的准确检测等，非常适用于疾病的早期诊断。

根据dPCR技术的反应特点可知，需要用到包含若干腔室的反应平台，以在各个腔室中同时进行单分子水平起始模板的扩增反应，而微阵列芯片的高通量、阵列式特性及微加工工艺、检测环节配套技术的自动化程度，使其适合用作dPCR反应的平台。通过芯片设计，可将纳升级液体封闭在高通量的微池或微量通道中进行后续的PCR扩增及对扩增后结果的荧光显微镜直接判读。按芯片设计方式，微阵列芯片式PCR又可以分为阵列微池式芯片、滑片式芯片和集成微泵阀芯片。其中，阵列微池式芯片上刻蚀有微池阵列，包含引物在内的反应液由进样孔直接导入各反应微池中以进行反应；滑片式芯片和集成微泵阀式芯片均涉及流体设计，属于微阵列与微流控两种技术的结合，且以微流控为核心，故在本章中不作重点介绍。

美国生命技术公司（后被赛默飞收购）开发了一种基于阵列微池式芯片的dPCR产品（WO2012135667A1），后推出了命名为OpenArray的商品化dPCR系统。此外，生命技术公司还积极发展配套技术，例如，提供一种基于阵列的精确分配、控制小体积样本的设备和方法用于dPCR等检测方法，进行疾病的检测/预后（WO2013063230A1）。

相比于通用型dPCR扩增技术的开发，一些研究主体则专注于运用dPCR芯片技术开发针对具体病原体的检测方法或产品。例如，上海五色石医学研究有限公司（以下简称"上海五色石"）将dPCR检测芯片用于乙型肝炎病毒（HBV）的定量检测，有效避免了采用单色荧光多重PCR反应所带来的荧光信号强度与HBV的DNA量间的异化，同时也提高了检测的灵敏度（CN104450963A、CN104388598A）。深圳天烁生物科技有限公司（以下简称"深圳天烁"）开发了一种卵巢癌检测试剂盒，包括Digital PCR 20K芯片以及PCR引物组、探针和相关试剂（CN108796084A），利用了dPCR芯片的不受扩增效率影响、无须依赖内参标准即可准确定量等优点。

2）小型化

印度比格科技私人有限公司（以下简称"印度比格"）开发了一种手持微 PCR 装置（CN101868721A），实现了电学和结构功能的集成。该工艺通过 LTCC 制造工艺中的逐层制造序列方便地制造了具有集成电学元件的三维结构，相比于硅工艺更为廉价，且能更加方便和便宜地实现机械和电学元件的集成。该专利同时提出，今后设计的即用型 PCR 将具有装置阵列，该装置阵列具有极快热响应、与相邻 PCR 芯片高度隔离的特点，从而能够使用不同的热协议以最小的串扰来有效独立地运行多个反应。因此，该小型化、便携、低成本的手持微 PCR 装置有望用于即时检测。

3）多重化

上海交通大学开发了一种基于微阵列芯片的通用多重 PCR 实现方法（CN101851652A）。该方法实际上是将微阵列芯片上的微孔作为"反应池"，首先使用微阵列芯片点样系统将若干对引物分别点至微阵列芯片的若干个亲水性微孔中，其次将 PCR 组分溶液以提拉方式或引流方式加入亲水性微孔中，再次将微阵列芯片放置于原位 PCR 仪上或放入充有矿物油的离心管中进行热循环扩增，最后将微阵列芯片置于离心管中或直接离心收集 PCR 产物作为模板进行二次扩增。

SABIO 开发了一种用于检测生物标志物和用于临床的阵列（WO2013138727A1）。其可以设计成多孔板的形式，阵列上的每一个指定位点对应一种生物靶标，上面预先分配了干燥的 PCR 引物，因而可以对靶标进行高通量、多元化的检测。

(2) 固定引物或探针式扩增芯片

1）固定探针式

传统的实时 PCR 方法一般在溶液中进行，在多重 PCR 时，要求针对不同靶核酸提供不同的非重叠荧光染料，因而在平行检测多个核酸的多重性方面受到可选荧光染料的限制。为实现靶核酸的多重检测，一种替代做法是将整个检测流程划分为溶液中进行的多重 PCR 和微阵列上的靶核酸检测这两个步骤，再将二者相结合。但是，这种做法增加了操作步骤，且还有妨碍恰当信号定位的背景信号干扰问题。

针对上述问题，皇家飞利浦推出了一种使用双链核酸特异性染料在固体表面上的实时多重 PCR 检测方法（CN102224257A）。其使用一种在表面上固定有大量核酸捕获探针的基片，核酸捕获探针在基片上呈阵列式分布，空间彼此分离，能够与靶核酸互补并对其进行捕获；向所述基片中加入一种或多种靶核酸的样品以及 PCR 扩增所需的其他试剂和染料进行热循环反应，然后将变性的靶核酸与核酸捕获探针进行杂交，任选地伴随延伸步骤，进而通过测定杂交伴随的染料信号来检测杂交，从而直接在基片上实现对靶核酸的扩增和检出。

2）固定引物式

Bryn Mawr PA 提供了一种使用多阵列固相扩增 DNA 模板（SPADT）的方法（US6221635B1），包括进行扩增反应。其中 5′和 3′引物不可逆结合在固相载体上，而所述 DNA 被吸收从而可逆地结合在固相载体上，在扩增条件下孵育，并确定特异性核酸是否被扩增。当所述特异性核酸被扩增时，所述特异性核酸存在于所述样品中；当所述特异性核酸未被扩增时，所述特异性核酸不存在于所述样品中。该方法可用于检测包含 DNA 的样品中是否存在特异性核酸。

Intelligent Bio Systems 公开了一种扩增核酸的方法和装置（WO2009105213A1）。其可在不使用乳液的情况下产生产物，如，通过固相 PCR 在表面上产生多组放大产物，每组位于所述表面上的不同位置以便产生阵列；固相 PCR 所基于的固体可以是芯片的表面，或者微球或微珠的表面，将两条引物固定在界面上，而其他引物处于溶液中；反应后的产物可用于测序分析等。

5.7.2.2 恒温扩增技术

恒温扩增技术克服了传统 PCR 需要依靠仪器反复升降温度来获取单链模板的缺点，在不具有 PCR 条件的场景下，具有替代 PCR 方法实现核酸扩增的优势。

（1）NASBA

NASBA 技术属于较早出现的一种核酸恒温扩增技术，是由 2 个引物介导、连续均一的特异性体外恒温扩增核酸序列的酶促反应，主要用于 RNA 检测。

BD 提供了一种电子方式介导的基于 NASBA 的核酸扩增方法（CA2365996A1）。其中，使用的靶核酸和 NASBA 引物被电子寻址到微芯片上的捕获位点，该引物可以是液态的或固定于所述微芯片的捕获位点上，通过电子方式诱导该靶核酸与所述引物的杂交。此外，该微芯片也可用于 SDA 反应，将引物固定在微芯片上，所述引物可以是具有 Y 型分支的独特引物，或者无分支的引物。

博奥生物也提供了一种采用 NASBA 扩增的微阵列芯片（CN106987519A）。其在固相支持物上完成包括核酸扩增标记、微阵列芯片杂交、芯片扫描检测等在内的全部过程，整个过程不需要人工操作，极大简化了微阵列芯片操作和设备需求并且降低了成本。在微阵列芯片上，加入待检测样品和核酸恒温扩增反应液，恒温加热一定时间进行恒温扩增反应，然后将芯片置于微阵列芯片扫描仪中进行荧光扫描。

（2）SDA

SDA 是一种酶促 DNA 体外恒温扩增方法，主要基于限制酶打开缺口和无外切酶活性的 DNA 聚合酶聚合替代的原理。其利用具有链置换活性的 DNA 聚合酶，在恒定温度下用非热变性的方法解开 DNA 双链，在延伸新链的同时将下游旧链剥离，整个过程由制备单链 DNA 模板、制备两端带酶切位点的目的 DNA 片段、SDA 循环扩增 3 个步骤组成。SDA 的优点体现为快速、高效、特异且无需专用设备和仪器，目标基因能在 15 分钟内扩增 $10^9 \sim 10^{10}$ 倍。

江阴天瑞生物科技有限公司（以下简称"江阴天瑞"）提供了一种基于芯片上 SDA 扩增的核酸检测方法（CN102888457A）。其将分子信标 5' 端固定到固相支持物表面形成分子信标微阵列芯片，再将淬灭探针及样品 DNA/RNA 与芯片进行杂交、洗涤，然后将链置换恒温扩增反应液、引物加到微阵列芯片上，恒温扩增目的基因，对扩增结果进行荧光数值分析，根据荧光值确定样品 DNA 是否为目标 DNA 及其含量。该发明的关键在于巧妙设计的分子信标，满足长度合适、呈发卡结构、能与靶标分子杂交、荧光基团和淬灭基团的距离合适且会因结合靶标而改变等多项条件。根据不同的检测靶标，如人类免疫缺陷病毒（HIV）、丙型肝炎病毒（HCV）等，需开发与之相适应的特异性分子信标。

(3) RCA

RCA是以环状DNA为模板，在DNA或RNA聚合酶作用下，以一段短的DNA或RNA引物恒温扩增出长单链DNA或RNA的技术。相比于最广泛使用的核酸扩增方法即PCR，RCA具有以下几个优势：①RCA对实验条件要求较低，利用等温性phi29 DNA聚合酶在恒定的温度（30℃或室温）即可催化完成DNA聚合反应，无须复杂仪器；②RCA具有高灵敏度，只在特定的引物和模板启动下才会进行反应，延伸出数百倍以上引物长度的DNA；③RCA具有高特异性，可以区分单一位点的突变，克服了其他扩增方法中反应物和扩增产物相互反应和干扰的现象，此外，多元性分析的特点也使其能同时分析检测许许多多的靶分子；④RCA可在界面上操作，产生的扩增产物连接在固相支持物（如玻片）表面的DNA引物上，适用于微阵列芯片平台上进行信号扩增和高通量分析。因此，相比于其他恒温扩增方法，RCA在微阵列芯片领域中较受青睐。以下对涉及RCA的微阵列芯片相关专利技术进行介绍。

波士顿大学提供了一种高密度核酸阵列和在固体表面上合成寡核苷酸的方法（US6284497B1）。其使用固定在固体表面上的稳定核酸引物序列，以及圆形核酸序列模板，通过RCA增加样品中或寡核苷酸阵列上的寡核苷酸浓度。相比于后面所介绍的几件专利而言，该专利申请所披露的技术较为简单和基础。

昂飞公开了在已知序列和位置的寡核苷酸阵列表面固相克隆扩增杂交靶分子的方法（US2011269631A1），将探针固定在固体支持物上，用于扩增靶序列和对其进行分析。具体为，探针与靶环（Target Circle）结合后，以其作为模板进行延伸，经延伸后的探针具有多个拷贝的通用引发位点（Universal Priming Site），所述位点能够与通用引物杂交进而对其进行延伸至少一个碱基，实现该碱基的鉴定。该方法较为独特的一点是，通过利用寡核苷酸和连接酶，实现了模板的闭环。该方法可用于基因分型、测序或拷贝数分析。

Diatech PTY也提供基于界面的RCA扩增方法（WO0185988A1）。其优势在于可检测特定序列的核苷酸分子，通过以下方法实现：同样是将引物以点阵形式固定在界面上，不过，其特点在于采用了一种Padlock探针（挂锁探针），当环境中存在靶序列时，Padlock探针与靶序列杂交，进而在连接酶的作用下修补为一个完整的圆环，与固定引物结合后可作为模板介导延伸反应，从而放大信号。根据该检测原理，开发与待测靶标对应的特异性挂锁探针，即可实现单核苷酸变异的鉴定、基因分型、基因表达产物的分析等。应用此原理，已经成功实现与Wilson病相关ATP7B基因内病理变异的检测。

昂飞的US2011269631A1与Diatech PTY的WO0185988A1都采用了连接酶以实现闭环，但不同点在于，前者中靶序列是直接作为扩增模板，而后者借助靶序列实现Padlock探针闭环并以所述探针作为扩增模板。即在这两件专利中，靶序列充当的角色不同。

总的来说，作为一种通用核酸扩增模式，RCA 与微阵列芯片的结合具有灵活和方便的特点，且采用 RCA 在微阵列上进行扩增以检测核酸的灵敏性较好，故适合芯片上扩增的 RCA 技术有望成为未来生物芯片发展和普及使用不可缺少的检测手段。

（4）LAMP

日本的 Notomi 等人于 2000 年开发了 LAMP 技术，其特点是针对靶基因的 6 个区域设计 4 条特异引物，并利用一种链置换 DNA 聚合酶（Bst DNA Polymerase）在等温条件保温几十分钟，即可高效、快速、高特异地完成靶核酸序列的扩增反应。该技术不需要模板具有热变性以及长时间温度循环、烦琐的电泳、紫外观察等过程，操作简单、快速且特异性强。近年来，外国已经将该技术广泛应用于病原体检测。

以下几件采用 LAMP 法的微阵列芯片技术均同时纳入了微流控的理念：

浙江大学提供了一种用于数字核酸扩增的高密度阵列芯片装置（CN102277294A）。其包含若干并行且独立的反应小室，利用负压使扩增反应液进入反应小室中，进行基于 LAMP 的恒温扩增反应或荧光定量 PCR 反应。与 384 孔板上进行的 dPCR 相比，该装置利用芯片微型化的特点，使试剂、样品的消耗量减少，实验成本降低，且利用负压进样具有方便、快速、防止污染等优点，无需微阀或其他控制设备。

复旦大学提供了一种用于检测细菌的阵列式多重电化学恒温扩增芯片及其制备方法（CN103645229A）。所述阵列式芯片同时整合了微流控芯片的功能和电化学检测方法，以激光刻蚀的 ITO 玻璃电极基底和 PDMS 为材料，采用微加工技术制备而成，结构上包括 8 个圆形的相互隔离的扩增池，可用于独立进行扩增反应。此外，复旦大学还提供了一种多通道环介导核酸恒温扩增定量检测器（CN103045469A），用于与 LAMP 芯片配套使用。这属于与微阵列芯片相关的周边技术。

上海交通大学苏北研究院提供了一种基于圆盘状毛细管微阵列的多重核酸检测方法（CN109797204A）。所述方法利用 PDMS 基座制作、毛细管组装、亲疏水处理等方式加工出微阵列，内含亲水性圆盘状微管道。阵列的外表面采用化学方法进行超疏水性修饰，可将若干组核酸扩增引物分别加入不同毛细管中并干燥固定，然后利用圆盘状毛细管微阵列的中心圆孔通过虹吸方式将核酸扩增反应组分一次性引入各微管道中，放入温控装置中进行 LAMP 扩增反应，通过观察毛细管通道内的荧光信号实现检测。该方法可在一次反应中快速方便地实现对多个核酸靶标的检测，并且该毛细管微阵列还可进一步扩展以实现更多通量的检测，因而具有高检测通量和检测效率的优点，且降低了检测成本和减少了样品耗费。

综上所述，如图 5-7-3（见文前彩色插图第 8 页）所示，整合了核酸扩增功能的微阵列芯片，适用的扩增方法有 PCR、NASBA、RCA、SDA、LAMP 等，可在芯片上直接进行扩增和检测，从而免去了分步操作带来的烦琐程序和实验偏差。不过，不论是 PCR 法，还是恒温扩增法如 RCA 等，除了可在芯片上进行，固然也可以在芯片外单独完成。因此，在微阵列芯片的制造中，可以根据预期的使用场景、人员和设备情况，因地制宜地提供相适应的芯片功能和形式。

5.7.3 液相芯片

5.7.3.1 概述

相比于传统的固相芯片技术，另一类具有突出特点的芯片技术是液相芯片技术。液相芯片（Liquid Chip）也称悬浮式生物芯片、悬浮芯片（Suspension Array），是20世纪90年代中期发展起来的被誉为后基因组时代的芯片技术，与传统固定点样的阵列芯片的不同主要在于，通过聚合物微球上的不同编码信号代替传统芯片的位置信息来判定阳性信号的对应信息。具体来说，传统的微阵列芯片通过将不同的检测试剂固定在不同位置，判定结果时通过不同的位置映射对应的检测试剂（通过位置寻址）。而液相芯片中不同聚合物微球即不同的检测试剂，每种微球上的编码信号不同，例如荧光的颜色不同，判定结果时通过不同的信号映射对应的检测试剂（通过编码进行寻址）。液相芯片有机地整和了编码微球、激光技术、应用流体学、高速数字信号处理和计算机运算等多种技术，为临床诊断中的多重指标分析及批量标本检测提供了自动化的检测手段，可从少量样本中快速得到大量的辅助诊断信息，其自动化、高通量特性也切合即时检测的要求。

关于液相芯片技术是否属于微阵列芯片的一种，业界存在不同的观点。通常来说，微阵列芯片的标志性特点是将试剂固定在特定的位置上形成阵列状，液相芯片中的微球虽然没有固定的位置，但检测的思路与微阵列芯片仍然有共通之处，二者的试剂原料也可以部分通用，仅点样方式存在差别。并且，液相芯片具有高通量、自动化、制作方便易于定制的特点，这方面的特性相比于传统微阵列芯片更加切合即时检测的需要，因此，我们对该技术进行重点分析。

液相芯片的主要特点是高通量、高灵敏、强特异性、样本量少、快速、重复性好、动力学范围广，芯片设计灵活、便于定制。具体而言，液相芯片的动力学结合速率更快，分离洗涤步骤更方便，在目标分子的选择和探针分子的固定方法方面更加灵活，检测结果质量可重复性更好、灵敏度更高，能同时满足高通量（一定时间内分析样本的数量）和高密度（单一样本分析中能分析的变量个数）两个要求，更易制备，成本更低。整体而言，固相芯片的主要优势是能提供超高密度的分析，液相芯片能提供更优质的检测结果。

液相芯片的关键技术在于微球的编码。通常微球是通过包裹不同含量、不同波长的有机荧光染料来实现编码的，近年来具有独特光学性能的功能性纳米材料也被用于微球的编码，进一步提高了液相芯片的分析密度。

图5-7-4为几种不同的功能性纳米材料微球，具体为：（1）量子点编码，包括（a）最常用的基于颜色和浓度的量子点编码；（b）基于量子点颜色浓度和微球尺寸的三维编码方式）。（2）表面增强拉曼散射光谱编码微球，基于聚炔烃的超级多元编码，包括（a）具有不同特征拉曼峰的20种聚炔烃的化学结构式；（b）聚炔烃的拉曼光谱图；（c）用聚炔烃作为编码元素的聚合物微球；（d）10种拉曼峰和3种强度得到的一系列光谱编码图谱）。（3）光子晶体微球，包括（a）由不同尺寸二氧化硅球组成的蛋

白石光晶体微球的反射光谱；(b) 蛋白石光子晶体编码微球的 SEM 图片；(c) 7 种反蛋白石光子晶体微球在水中的数码图片；(d) 反蛋白石光子晶体微球的 SEM 图片。

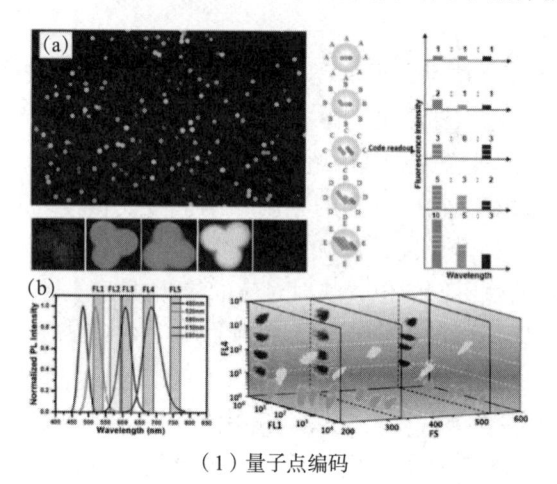

（1）量子点编码

（2）表面增强拉曼散射光谱编码微球

（3）光子晶体微球

图 5-7-4　几种不同的功能性纳米材料微球

5.7.3.2　应用场景

相比于传统微阵列芯片，液相芯片在用于即时检测目的时灵活性更高，具有自身的独特优势。举例来说，假如病人出现了肺部感染的症状，常见的病原体有多种，传统微阵列芯片可以将针对多种病原体的引物探针固定在基底上制成微阵列芯片，如果此时出现了新的病原体（如新冠病毒），只能重新制作芯片，但芯片的点样需要专业的仪器和特定的环境，原有的芯片不太可能直接增加检测对象；同样的情况下，液相芯片由于点样的要求低，不需要专业仪器，只需要购买针对新病原体的检测试剂（微球），与之前的常见病原体检测试剂混合后即可使用，更加灵活多变，易于定制。

实际上，POCT 是液相芯片重要的应用场景。Laksanaspoin 等设计了用于传染病 POCT 诊断的智能手机配件（电子狗），能在人手指取血液样本后 15 分钟内获得诊断结果。Chan 等开发出基于量子点编码技术智能手机和 RPA 扩增技术的无线多元检测平台。无论是 RPA 扩增还是基于微球的免疫实验均在小型化的微流控设备中进行，最终基于编码微球的液相芯片信号被智能手机读取分析，该系统具有多元检测能力，以及快速（全过程小于 1h）、高灵敏度（1000 个病毒基因分子/mL）的特点。

在专利库中检索液相芯片的相关专利，可发现早期的专利更侧重于微粒的合成技术，而近期的专利则更侧重于液相芯片的应用。随着液相芯片技术的成熟，越来越多的研究主体开始应用液相芯片进行 POCT 检测。通过标引和整理，得到了液相微阵列芯片在 POCT 中的应用分布。

如图 5-7-5 所示，病原体检测是目前液相芯片在 POCT 中最主要的应用方向，仅其中的病毒和细菌的检测就占据了所有应用领域的一半以上。这样的现象一方面是由于病毒与细菌本身是主要的病原菌，另一方面也是因为病毒和细菌在检测上的便捷性。癌症的诊断是液相芯片在 POCT 中的第二大应用方向，和癌症的高发性以及癌症标志物的不断开发有关。将液相芯片用于用药指导，可以帮助医生快速筛查适用的药物，有利于推进治疗的进程。而在辅助生殖中，主要涉及卵子质量的判定和遗传性疾病（地中海贫血）的筛查。从这些应用也可以看出，液相芯片的应用方向多为诊断中比较热门的方向，对市场占有率低的应用领域却很少涉及。这与液相芯片便于定制的特性不甚相符，说明液相芯片的市场占有率仍不高，普及程度较低。这可能是由于检测设备

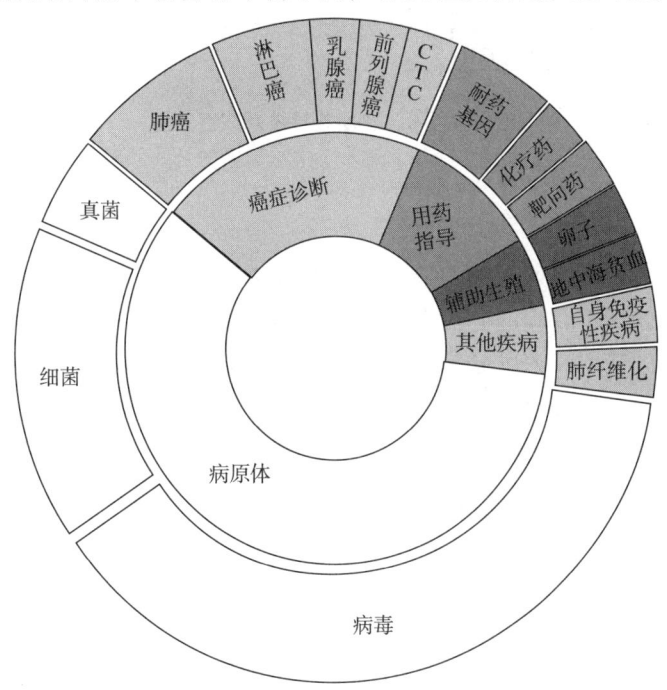

图 5-7-5　液相芯片相关专利在疾病检测中的应用

与普通微阵列芯片的差异（能够分辨不同颜色的荧光），购买新的检测设备开销较大，阻碍了液相芯片的市场普及。

5.7.3.3 液相芯片的技术演进路线

液相芯片技术发展脉络如图 5-7-6 所示。液相芯片技术难度不高，主要的研发方向分为微球编码技术和荧光检测技术两方面，主要技术在 20 世纪末期已经趋于成熟，21 世纪并无太多基础专利出现，研发力量主要集中在应用领域的开拓上。并且，液相芯片技术的研发主体中出现了摩托罗拉、柯达这样的跨领域公司，也说明了将液相芯片技术应用于荧光检测，对荧光检测技术存在较高要求。

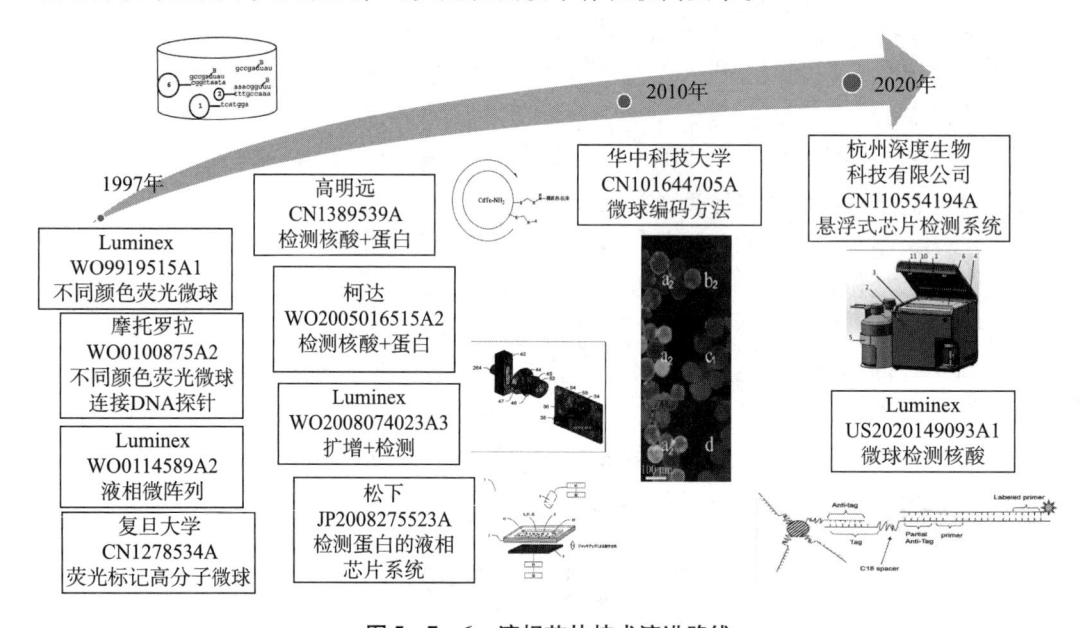

图 5-7-6 液相芯片技术演进路线

5.7.4 辅助技术

如前所述，由于微阵列芯片的检测中，往往需要先对待测靶标进行扩增从而获得足够的目标分子以用于后续的芯片杂交反应，且在杂交后需要进行信号扫描分析，因此，微阵列芯片的辅助技术可分为前端技术和后端技术，前端技术包括样品处理（如核酸的提取、纯化）、核酸扩增等，后端技术包括芯片检测和数据分析等。相关技术虽然与芯片技术本身不存在直接关系，但是，操作上的简化和自动化有利于微阵列芯片用于即时检测目的。下文中，将对利于微阵列芯片实现即时检测用途的相关辅助性技术进行介绍，具体参见图 5-7-7。

5.7.4.1 简便的核酸提取

微阵列芯片对微量靶基因检测的敏感性相对较差，故应用于靶标检测时，通常需要先对待测靶标进行核酸扩增以获得足够检测的目标分子，而在扩增之前往往需要进行核酸提取。这一般由专业技术人员在实验室条件下进行。在基于核酸的疾病或病原

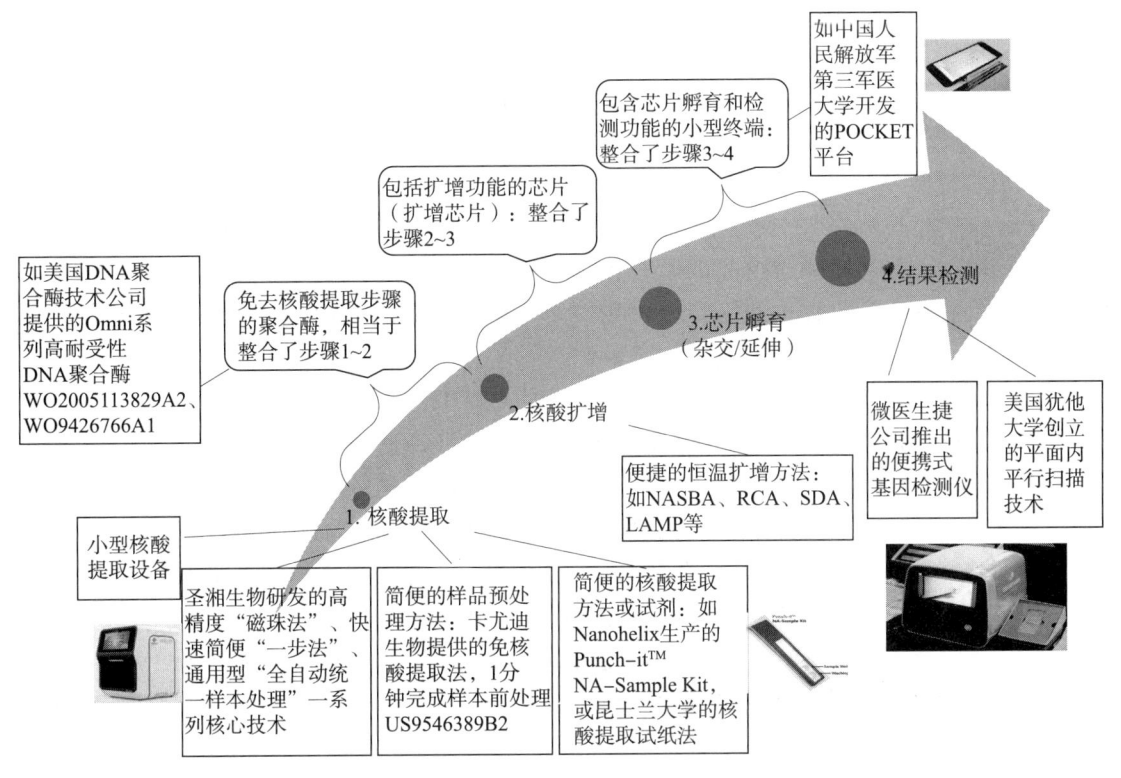

图 5-7-7　微阵列芯片相关技术进步共同促进即时检测

体检测中，核酸提取作为上游操作，其简便程度可以缩短检测时间，减少检测对技术人员的依赖性。另外，核酸提取中的偏差也对最终的实验数据存在一定程度的影响。因此，简便、自动化的核酸提取方法或产品，将使依赖核酸扩增反应的疾病检测产品在使用时更加方便，降低对专业技术人员或大型核酸提取设备的依赖，因而更加切合即时检测的要求。

韩国 Nanohelix 提供了一种简便、快速提取核酸的技术（WO2012157831A1）。其采用高速纸层析法从生物样品中分离核酸，利用二氧化硅膜来吸收被分离的核酸，并从所述二氧化硅膜上分离污垢物，采用缓冲液洗脱并用于后续的核酸扩增。基于该技术，Nanohelix 还推出了一种 POCT 核酸现场提取试剂盒（Punch-it™ NA-Sample Kit）。不同于传统的核酸提取纯化产品，其所有的反应均在反应棒中进行，可用于各种不同类型样本（如细菌、病毒、动物组织、血液等）的核酸提取，且整个过程只需5~10分钟，中途无须过柱离心等烦琐步骤，也无须特殊的仪器设备；所得的核酸无须纯化，可直接用于 PCR、qPCR、RT-PCR 等不同的分子诊断和检测实验。该技术解决了核酸提取工艺复杂的问题，适合现场或大规模核酸模板提取，以用于下游的分子扩增检测。

除了上述核酸提取技术，Nanohelix 还提供了一种可用于直接扩增血液样品中靶核酸的组合物（KR20140062197A），其中包含的成分可用于克服血液成分对聚合酶的抑制作用，因而在扩增前无须进行核酸纯化步骤。

2017 年，澳大利亚昆士兰大学的 Yiping Zou 等在《PLoS Biology》上发表了一篇关于快速核酸提取方法的文章，基于纤维素的纸可用于捕获和纯化核酸，建立了一种无须设备的核酸提取试纸法，可以在不到 30 秒的时间内从困难的生物样本（例如血液和成年树的叶子）中获取植物、动物和微生物的 DNA 和 RNA 以直接用于扩增反应，并且成本非常低（每个样品的成本可低至 0.06 美元）。

以上新型核酸提取技术，降低了核酸提取过程的烦琐程度，克服了对专业仪器设备的依赖性，采用简单的耗材即可在短时间内完成核酸提取，对于基于核酸扩增的即时检测具有重要意义，也使需要以核酸扩增为前序步骤的 DNA 芯片更加贴近终端使用者。

此外，卡尤迪生物科技（北京）有限公司（以下简称"卡尤迪生物"）提供了一种靶核糖核酸扩增、检测方法和装置（US9546389B2），适用于 POCT 目的，可免于经历 RNA 提取。尽管该专利技术是以整套方法或系统的形式提供的，但其所提供的关键技术在涉及核酸检测的其他情形中也同样适用。圣湘生物研发的高精度"磁珠法"、快速简便"一步法"、通用型"全自动统一样本处理"一系列核心技术（CN105543089A、CN107287092、CN304223346S 等），也有助于临床样本预处理的简化。在基于微阵列芯片的疾病检测中，可以借鉴上述样本处理方法，以在即时检测应用方面取得更大突破。

5.7.4.2 无须核酸提取的聚合酶

常规的 PCR 扩增中所用的聚合酶要求提前对样品中的核酸进行提取、纯化，以免影响酶的性能。美国 DNA 聚合酶技术公司（DNA Polymerase Technology, Inc.）基于 Taq 聚合酶突变体，开发出新型 Omni 系列高耐受性 DNA 聚合酶（如 Omni Taq、Omni Klentaq® 等）。其对全血、血清、血浆等样品中的抑制因子具有极高的耐受性，因而摆脱了对核酸提取、纯化的依赖，可直接对样品进行 PCR 检测而无须 DNA 分离，配合 PCR 增强剂鸡尾酒（PCR EnhancerCocktail，PEC）使用的效果更佳。因此，在依赖核酸扩增的疾病检测中选择该聚合酶进行扩增有利于简化操作和节省时间。该技术在全球多个国家/地区申请了专利（WO2005113829A2、WO9426766A1），并且部分专利申请已经获得授权（如 US7462475B2 等）。

5.7.4.3 小型芯片孵育、检测终端

商品化的微阵列芯片上固定了检测探针，用户在使用过程中，使芯片微阵列上的探针分子与待测样品溶液里的目标分子相互作用或杂交，目标分子自身带有可供检测的标记信号，或者加入经标记的信标分子与目标分子作用。因此，需要下游的信号检测、分析技术使目标分子的信号能够被检测、放大和读出，实现定性或定量检测被捕获的目标分子的目的，进而将检测结果用于疾病的诊断/预后等。

荧光扫描法是核酸芯片最常用的检测方法，通过芯片阵列的点阵所发出的荧光强度来测定试样里荧光物质的含量。由于荧光强度与荧光物的表面覆盖度成正比，故该方法可以定量地检测薄膜表面荧光物质的含量，是检测生物芯片最直观和方便的方法。其发展趋势为：①荧光标记方面，采用多色荧光标记，有利于在一个微阵列中进行多重分析，提高基因表达和突变检测结果的准确性，排除芯片与芯片间的人为因素。

②扫描成像方面，从 CCD 成像扫描仪发展到激光共焦扫描仪。CCD 结构简单，一次成像，不需要二维移动平台，经济实惠，但分辨率低、视场较小。激光共焦扫描成像检测是目前的主流技术，采用激光作光源，光电倍增管检测，能使影像聚集且更好地滤去不要的光，对荧光的检测快速且定量准确，是芯片检测技术的一次革命。然而，激光共焦扫描成像依赖于大型、贵重仪器，不太适用于即时检测。

不过，美国犹他大学 Reuven Duer 等报道了一种助力微阵列芯片用于即时检测的平面内平行扫描技术，即 IPPS。相比于传统的微阵列检测技术，IPPS 的优点是所需分析时间更短、仪器成本和复杂度更低，因而该平台有望用于即时检测场景中。

2018 年 9 月，中国微医生捷（福建）医疗科技有限公司（以下简称"微医生捷"）在 2018 亚洲医疗健康领导峰会上发布了首款便携式基因检测仪。其体积仅为 25 厘米 × 25 厘米 × 26 厘米，结合自主研发的新一代高密度 DNA 芯片，可协助基层医疗机构开展健康评估、药物代谢、小儿发热病原检测等。

令人振奋的是，2020 年 4 月，中国人民解放军第三军医大学的研究者们报道了一款超便携、通用且廉价的即时 DNA 检测系统，为一种称为"POCKET"的 POCT 平台，质量小于 100 克，长度小于 25 厘米。该套件包括一个集成芯片（i 芯片）和一个可折叠盒（f 盒）。i 芯片将样品制备与以前未确定的三重信号扩增功能集成在一起。f 盒使用智能手机作为加热器、信号检测器和结果读数器。该产品用于检测时，具有灵敏性（<10^3 拷贝/mL）、特异性（单碱基识别）和快捷性（<2 小时）。基于以上特性，该 POCKET 平台有望用于即时检测中，且非常适合基于基因芯片的检测。

总的来说，微阵列芯片适用于疾病检测，不过一般需要辅以前后端的相关辅助技术。可以看出，芯片技术自身的拓展（如扩增芯片的发展），以及周边辅助技术的进步（包括核酸提取、扩增方法的简化，芯片检测设备的小型化等）相互融合，共同搭建起微阵列芯片与即时检测的桥梁，使其在即时检测方面不仅占据一席之地，还具有增长的潜力。

5.7.5 在疾病检测中的应用

5.7.5.1 检测对象

生物体的生老病死与作为遗传物质的核酸息息相关，而核酸可分为 DNA 和 RNA 两大类，RNA 由 DNA 转录得到，蛋白质由 RNA 中的信使核糖核酸（mRNA）翻译得到。因此，从检测对象的角度来看，微阵列芯片用于疾病检测时，主要用于核酸、蛋白这两类对象；此外还有细胞、组织、小分子等，但相对较少，且与即时检测距离较远，故不作重点分析，具体参见图 5-7-8。

用于检测核酸的芯片（基因芯片）是生物芯片中最基础、研究开发最早、最为成熟和目前应用最广泛的产品。对 DNA 的检测主要侧重于突变（单碱基多态性、插入/缺失突变、拷贝数等）、表观遗传变化（如甲基化状态）等方面；所检测的 DNA 的种类，既包括已知基因，也包括尚未完全明晰功能的 DNA 片段，在其与疾病存在关联性的情况下，可作为诊断标志物使用。过去，RNA 研究的主要方向多关注于编码蛋白的 mRNA 及其在细胞过程中的功能。随着研究的不断深入，多种不同类型、不同来源的

图 5-7-8　微阵列芯片的检测事件和检测对象分布

注：字体大小代表专利数量多少。

RNA 陆续被发现和研究，例如非编码 RNA 大类下的微 RNA（microRNA/miRNA）、干扰小（siRNA）、R 键非编码 RNA（lncRNA）/基因间区长链非编码 RNA（LincRNA）、基因间区长链非编码 RNA（circRNA）、核仁小 RNA（snoRNA）等，无细胞 RNA（cell-free RNA，cfRNA）等。其在生命过程中的重要作用不断被揭示，因而也逐渐被发掘为疾病检测的标志物，成为微阵列芯片用于疾病检测时的常见检测对象。对 RNA 的芯片检测主要侧重于鉴定 RNA 表达水平，基于其与疾病发生/进展的关联性进行疾病的诊断/预后。

对蛋白的检测，主要涉及作为疾病标志物的蛋白、抗原、抗体的定性（存在与否）或定量（表达水平）的检测，可基于蛋白芯片，利用抗原-抗体免疫反应进行检测。

5.7.5.2　疾病种类

IVD 产品用于疾病检测时，主要的应用方向包括疾病的诊断和/或预后、用药指导等。微阵列芯片作为 IVD 产品的一种形式，用于 POCT 时也涉及上述检测目的。

如图 5-7-9 所示，基因芯片用于检测的疾病种类主要有：感染性疾病、遗传性疾病、癌症、免疫性疾病、心血管疾病等。

图 5-7-9　微阵列芯片疾病检测分布

注：字体大小代表相关专利数量多少。

5.7.5.3 微阵列检测与新型冠状病毒

2020年初，新冠肺炎疫情使得对该病毒快速、准确检测的需求攀升。在各研究机构的努力下，用于该病毒检测的PCR试剂盒产品很快被研发出来，并通过国家药品监督管理局审批上市。但现实情况是，PCR试剂的使用往往依赖医院检验科的工作人员，以及较为昂贵的PCR仪器，因此，当时大量医学检验的人力、物力驰援一线，但是虽有试剂盒但无法及时开展检测。在此情况下，党中央、国务院也积极鼓励用于新冠病毒即时检测的开发。

新冠肺炎疫情爆发以来，微阵列芯片领域的研发力量也积极"战疫"，在短时间内研发出各式各样的新冠检测用微阵列芯片。截至检索日，已经公开的专利申请情况参见图5-7-10。生物芯片具有可以同时检测多个可疑靶标的优点，故针对新冠疑似病人，可一次采样后进行多种病原体的检测，减少病人痛苦，提高检测效率。此外，可以基于各种靶标特异性的核酸或蛋白制备形式多样、满足多种细分市场需求的多样化芯片产品，例如，便于一线或终端直接使用的快速检测的产品，或便于精确定量的产品等。因此，微阵列芯片在服务于即时检测时，仍具有自身的独特价值和优势。

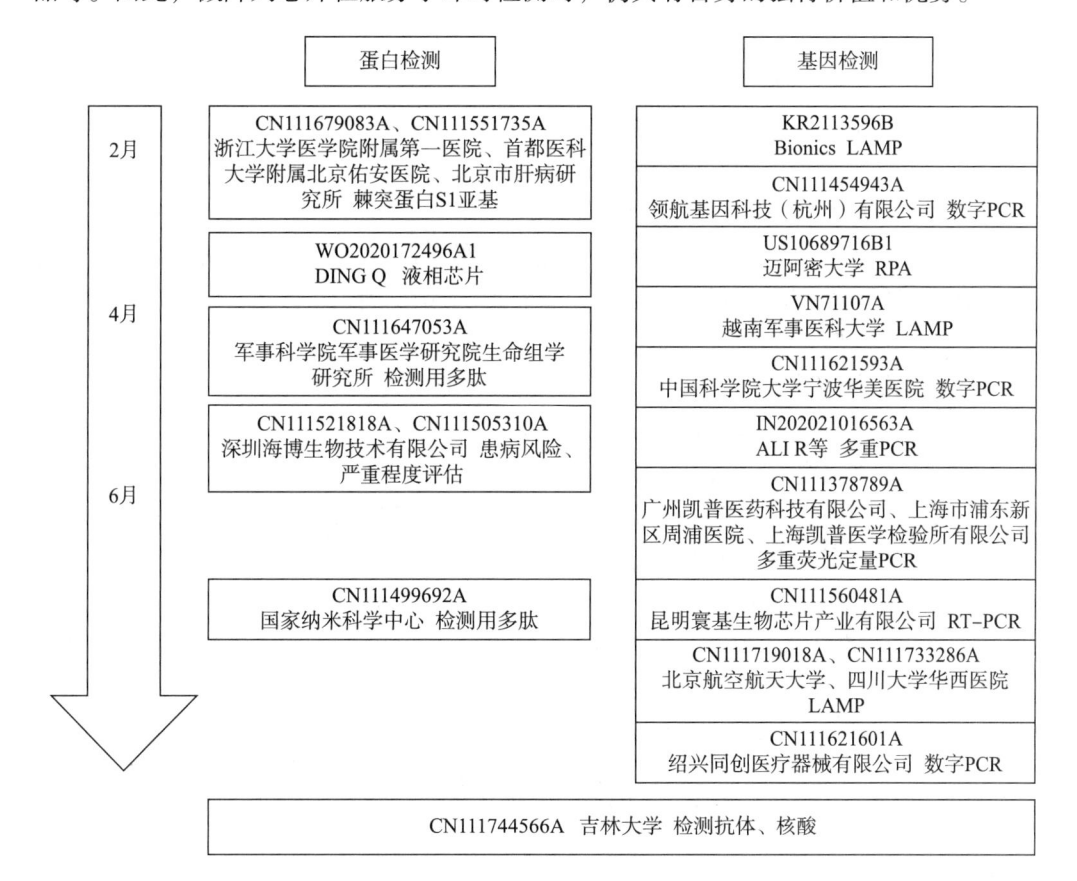

时间	蛋白检测	基因检测
2月	CN111679083A、CN111551735A 浙江大学医学院附属第一医院、首都医科大学附属北京佑安医院、北京市肝病研究所 棘突蛋白S1亚基	KR2113596B Bionics LAMP
		CN111454943A 领航基因科技（杭州）有限公司 数字PCR
4月	WO2020172496A1 DING Q 液相芯片	US10689716B1 迈阿密大学 RPA
		VN71107A 越南军事医科大学 LAMP
	CN111647053A 军事科学院军事医学研究院生命组学研究所 检测用多肽	CN111621593A 中国科学院大学宁波华美医院 数字PCR
6月	CN111521818A、CN111505310A 深圳海博生物技术有限公司 患病风险、严重程度评估	IN202021016563A ALI R等 多重PCR
		CN111378789A 广州凯普医药科技有限公司、上海市浦东新区周浦医院、上海凯普医学检验所有限公司 多重荧光定量PCR
	CN111499692A 国家纳米科学中心 检测用多肽	CN111560481A 昆明寰基生物芯片产业有限公司 RT-PCR
		CN111719018A、CN111733286A 北京航空航天大学、四川大学华西医院 LAMP
		CN111621601A 绍兴同创医疗器械有限公司 数字PCR
	CN111744566A 吉林大学 检测抗体、核酸	

图5-7-10 2020年新冠病毒检测相关的微阵列专利申请

5.8 本章小结

微阵列芯片技术萌芽于20世纪90年代，经过10年左右的蓬勃发展，用于芯片制作的原位合成、点样合成在技术上日趋成熟和多样化。2001年，该领域的专利申请量、申请人数量到达顶峰，反映出研究热度和全球关注度进入巅峰时期。进入21世纪后，微阵列芯片的全球专利申请量增速放缓，在美国、欧洲、日本等发达国家/地区甚至出现了专利申请量的走低，反映出全球热度有所降低，究其原因在于：①二代、三代测序技术问世并迅速风靡全球，同样具有获取核酸序列信息和高通量的优势，在一些场景中可以替代微阵列芯片，因而掩盖了微阵列芯片技术的光芒；②微流控芯片技术的崛起也在一定程度上夺去了微阵列芯片的光芒；③微阵列芯片在21世纪初已经发展为较成熟的技术，全球的工作重心由芯片基础技术开发向产业化应用（如开发商品化芯片、拓展应用领域等）转移，故芯片技术本身的发展有所放缓。不过，微阵列芯片经过数十年的发展、洗牌，仍然在市场上占据了重要地位，具有不可替代性。尤其是，微阵列芯片在中国仍处于增长态势，不仅未出现衰退迹象，还自2014年进入了第二次增长期，其可能得益于如下两个方面：①"十三五"期间，中国高度重视科技创新，针对医疗器械（含生物芯片）和生物产业出台了一系列政策；②微阵列芯片属于技术难度较高的高新技术，中国在这一领域仍需提高自身实力，追赶世界先进水平，因而其仍为中国的研究热点之一。在公众专利保护意识不断提高的背景下，这一领域的专利申请量也呈现稳中有增的态势。在中国庞大专利申请量的贡献下，微阵列芯片全球专利申请量近年来仍然稳步增长。因此，微阵列芯片在中国乃至全球仍属于检测领域的重点技术。

基于所采取的探针分子的类型，微阵列芯片可用于检测核酸、蛋白等多种靶标。当所述靶标属于人体疾病或病原体相关的基因、标志物或蛋白时，微阵列芯片可用于疾病检测目的。疾病检测尤其是疾病的分子检测是微阵列芯片最重要的产业化应用方向之一，优势主要体现以下3个方面：①终端用户友好性。基于微阵列芯片技术，厂家可以制备出便于终端用户直接使用、检测靶标明确的商品化产品，终端用户可以按需使用，搭配小型的芯片检测设备，可以快速、自动化地得到检测结果，而无须在结果分析上耗费大量人力、物力。而高通量测序技术则对专业人员的依赖性更高，需要构建文库或者设计靶标特异性的核酸序列，且在得到测序数据后，需要通过比对分析才能得到检测结果。②成本适宜。尽管高通量测序已经渐渐普及，但其成本与微阵列芯片相比仍然高出太多，检测时间也较长，对样本的原始量要求高，仪器和数据分析设备难以普及。因此即使纳米孔测序技术进一步发展，也难以取代微阵列芯片在即时检测中的地位。③检测通量、抗干扰性高。在微阵列芯片中，针对不同靶标的探针分子固定于不同位点上，数量可以按需设计，可以达到成千上万的量级。并且，不同位点的探针分子相互独立，从而降低了信号干扰，有利于多靶标的同时、准确检测，尤其是在病原体不明的疾病检测中，采用固定有多种病原体探针的微阵列芯片，可以

"一蹴而就"地获得病原体排查结果。而位点特异性扩增技术尽管理论上也可用于多靶标的同时检测，但在一个液态的反应体系中，难免发生引物序列之间的相互干扰，因而其检测通量非常有限。因此，在疾病检测中，微阵列芯片仍然具有不可替代的独立价值。可以预期，在今后的发展中，微阵列芯片以及其他的分子检测技术如测序法等，仍会在各自擅长的应用场景中积极发挥作用。

微阵列芯片的高通量、集成化、自动化特性，使其适合于一次性检测多种可疑靶标，在即时检测尤其是应对传染病突发事件中优势凸显。尤其是，随着芯片技术自身的发展以及前后端辅助技术的进步，微阵列芯片技术在即时检测方面如鸟之双翼。具体而言，①芯片技术方面，扩增芯片、液相芯片技术拓展了传统的微阵列芯片的内涵和外延。A. 扩增芯片方面，近年来，核酸扩增技术迎来了许多重大发展，PCR技术衍生出了dPCR等新的高灵敏度的细分技术。此外还出现了对仪器要求低的恒温扩增技术，其在近20年来发展迅速，已经发展出10余种细分技术，其中的LAMP、RPA等已完成了初步的普及，走出了实验室，步入了市场。传统的DNA芯片基于核酸分子之间的杂交反应对靶标进行识别和检测，往往需要对待测靶标预先进行扩增以获得足够检测的目标分子，而扩增步骤通常是在芯片外进行的，这增加了基于芯片的检测流程的烦琐性。微阵列芯片技术可与基于变温循环的PCR技术，或者基于恒温扩增的NASBA、RCA、SDA、LAMP等多种核酸扩增技术相整合，制成具有核酸扩增和检测双重功能的扩增芯片，从而免去分步操作带来的烦琐性和实验偏差。通过专利分析发现，扩增芯片形式上丰富多样，功能上可以实现小型化、高通量、单核苷酸检测等，使微阵列芯片技术更加适用于即时检测。B. 液相芯片方面，液相芯片技术具有高通量、自动化的特点，同时，点样要求低，不需要专业仪器，只需要购买针对新病原体的检测试剂（微球），与常见病原体检测试剂混合后即可使用，更加灵活多变，易于定制，切合即时检测的需要。②前后端辅助技术方，微阵列芯片用于疾病检测时，通常需要加持周边辅助技术，例如，在核酸检测中还需要进行核酸提取、纯化、扩增等，而目前已经开发出简便的核酸提取技术，包括免于核酸提取的聚合技术、小型芯片孵育、检测终端等。佐以这些可提高芯片检测便利性的周边技术，微阵列芯片技术有望在即时检测中发挥更大作用。由上可知，随着自身及其周边技术的发展，微阵列芯片的形式和功能不断拓展，研发主体可以根据预期的使用场景、人员和设备情况，因地制宜地提供与之相适应的芯片产品，其中包括即时检测性质的产品。

在微阵列的技术来源方面，美国占据了半壁江山，而在目标国家/地区上，各个主要国家/地区几乎平分秋色。可以说，美国在微阵列芯片技术上具有了非常强势的输出地位，这给其他国家/地区的技术创新主体带来了很大压力。幸运的是，微阵列芯片技术已经基本趋于成熟，经过几十年的发展，许多早期专利也已经到期。即使现在技术不领先，也不代表不能在市场中占领有利位置。在重点申请人的分析中，也印证了上述观点。近年来，许多新的申请人涌入微阵列芯片市场，且势头强劲，如北京泱深、天津湖滨盘古、四川大学华西医院。这既证明了用微阵列芯片来实现检测的技术日渐普及，受到了申请人的重视，也说明了微阵列芯片技术门槛低，有利于新的创新主体加入。此外，在重点申请人中，企业的占比高于其他创新主体，可见微阵列芯片技术已经脱离了早期的研发阶段，开始产业化。

中国人口众多，随着人们生活水平的提高、老龄化的加剧和健康意识的增强，对用于疾病检测的IVD试剂、设备的需求不断提升，尤其是，家庭化的POCT产品需求庞大，这样的产品并不一定要求足够的检测精准度，也可以定位于初期的检测、筛查和预判等。同时，精准医疗的话题热度近年来不断高涨，由于不同的基因蕴藏着不同的信号，基因检测不仅能够用于疾病的诊断，还能够用于疾病的分型、患病易感性检测、药物敏感性和/或有效性的检测。精准医疗能够帮助医生更加针对性地预防、用药、治疗，而微阵列芯片是基因检测，尤其是不同基因型高通量检测的有效手段，故也适宜应用在精准医疗的许多场景。在此背景下，用于即时检测、精准医疗目的的诊断产品存在巨大缺口。针对这一缺口，微阵列芯片产品大有可为，市场前景广阔，各研发主体可致力于开发检测靶标更加丰富、使用时更加自动、智能的芯片产品和辅助设备。尤其是，在新冠肺炎疫情的影响下，生物检测领域必然涌入大量的资本，迎来新一轮的增长和扩充，可以期待微阵列芯片这样的平台技术也会迎来更多的应用领域，拓展更宽的应用场景。

第 6 章　重点企业分析

本报告基于前期行业调研以及专利检索结果，对市场占有率较高的国内外企业进行分析，具体而言，中国企业包括明德生物、万孚生物、基蛋生物、科美诊断、博奥生物，外国企业包括罗氏、西门子、雅培、卡钳，分析各公司在即时检测领域的专利申请量趋势及相关技术演进路线。

6.1　武汉明德生物科技股份有限公司

6.1.1　公司简介

明德生物成立于 2008 年，位于武汉光谷生物城，是一家专业提供 IVD 试剂与配套仪器产品以及胸痛中心、卒中中心、心电网络等医疗服务的国家高新技术企业，主要致力于高通量 POCT 的研究等。目前主营业务覆盖全国 30 多个省、自治区、直辖市近 5000 家医疗机构，同时在亚洲、欧洲、南美等多个区域实现销售布局。

经检索，明德生物共申请了 91 项 POCT 相关的专利（包含 23 项外观设计专利），本节将对这些 POCT 相关的专利进行分析。

6.1.2　专利申请量趋势

图 6-1-1 是明德生物在 POCT 领域的专利申请量趋势。明德生物于 2010 年申请了第一项 POCT 相关的专利——基于信息化平台的便携式试剂定量检测系统和应用及方法，但是直到 2014 年申请量都非常低。从 2015 年开始，申请量出现明显增长，之后每年的申请量保持稳定状态。

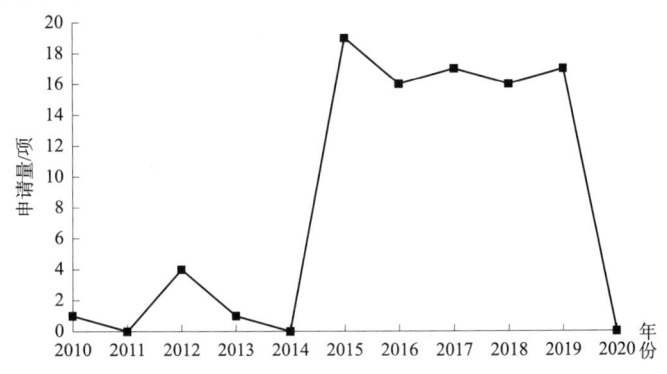

图 6-1-1　明德生物在 POCT 领域专利申请量趋势

6.1.3 技术布局

明德生物所申请的POCT领域相关专利主要涉及胶体金、免疫荧光、化学发光、电化学、微流控，涉及的检测对象包括传染/感染、心脏标志物、肿瘤标志物、血气/电解质、妊娠/排卵和生化。

图6-1-2是明德生物在POCT领域的各分支专利申请量布局。可以发现，明德生物在胶体金分支的布局最重，胶体金相关专利申请最多。此外，其在免疫荧光、化学发光领域分支也有涉及。

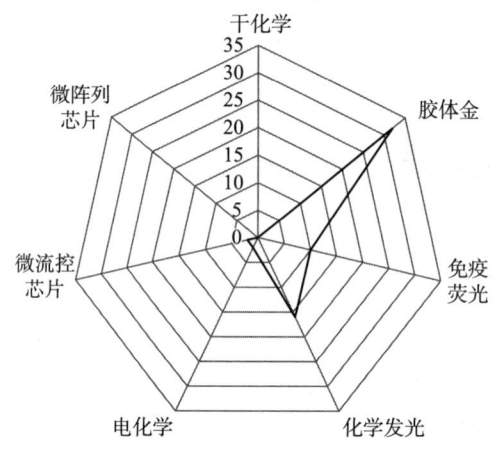

图6-1-2 明德生物在POCT各技术分支的专利申请量分布

注：图中数字表示专利申请量，单位为项。

图6-1-3是明德生物POCT领域的各检测对象专利申请量布局。可以发现，明德生物对于生化和血气/电解质类检测对象的布局最重。对于传染/感染类检测对象也有

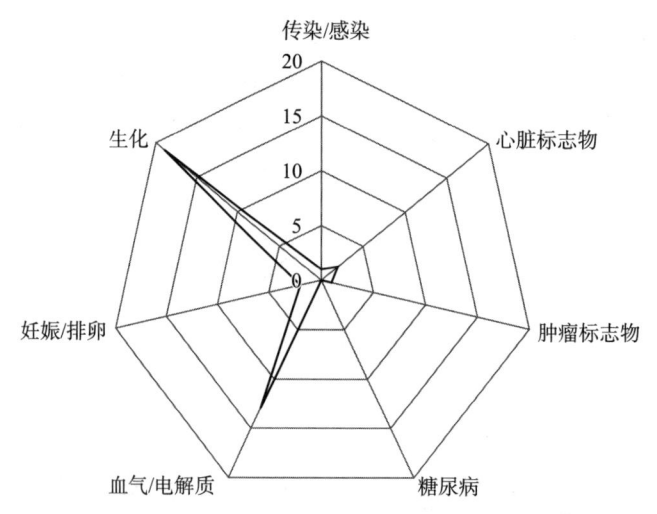

图6-1-3 明德生物在POCT各检测对象的专利申请量分布

注：图中数字表示专利申请量，单位为项。

涉及。需要强调的是，2020年上半年，新冠肺炎疫情爆发，明德生物在疫情最严重的春节期间迅速研发出了"新型冠状病毒（2019-nCoV）核酸检测试剂盒"，在中国取得了新冠病毒检测试剂盒的注册证，中标全国多个省市的新冠病毒检测试剂；同时新冠病毒检测试剂还取得了欧盟CE准入、澳大利亚医疗用品管理局（TGA）认证及巴西卫生监督管理局（ANVISA）的认证，产品远销海外50多个国家/地区。明德生物在疫情期间的研发投入同期增加17.53%，正是由于全力支持新冠检测试剂盒的研发所致。

6.1.4 技术演进路线

图6-1-4是明德生物POCT领域的技术路线。从图中可知，其早期的研发重心和市场布局在胶体金和免疫荧光方向。2010~2016年，进行了相关专利申请，例如CN101936982A、CN102928606A和CN105004872A，而这些专利也正是其知名产品"全自动免疫定量分析仪"的基础专利；2017年开始关注化学发光、电化学和微流控方向，代表专利CN108614103A、CN109734790A、CN207689255U和CN210720233U，从专利申请上可以看出，其研发重心和市场布局由胶体金和免疫荧光方向转向了化学发光、电化学和微流控方向。

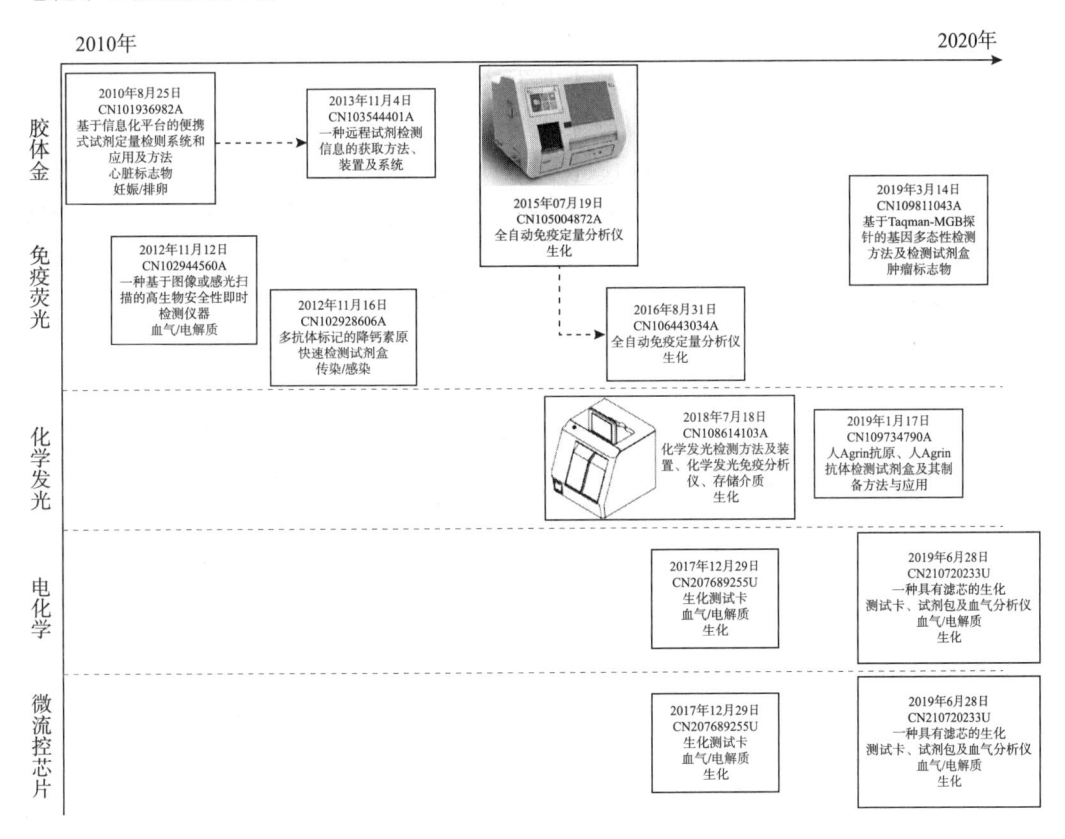

图6-1-4 明德生物各技术分支的演进路线

例如，CN105004872A公开了一种全自动免疫定量分析仪，提供一种集成有离心和采样且满足多个样本的高通量交叉检测的全自动免疫定量分析仪。第一，通过离心转盘机构实现了试样在仪器内离心；第二，通过运动扎针机构实现了试样的自动精确定量采样；第三，通过移样机构将采样得到的定量试样移动到检测卡上方并将精确定量的样本滴到检测卡上；第四，通过检测卡移动机构将滴有试样的检测卡移动到扫描机构下方，完成扫描并输出结果后，检测卡移动机构将检测完的检测卡自动脱卡；第五，通过洗针机构清洗运动扎针机构的采样针，从而完成整个动作。整个动作无需人工干预，实现了全自动化操作，从而大大地提高了效率。

6.2 万孚生物

6.2.1 公司简介

万孚生物成立于1992年，总部位于广州科学城，2015年6月30日在深圳证券交易所创业板上市，成为中国POCT第一股，在中国医疗器械上市公司市值排名前十，是中国POCT的龙头企业之一。万孚生物致力于生物医药IVD行业中快速检测产品的研发、生产、销售和服务，提供专业的快速诊断解决方案。

经过多年发展，万孚生物构建了免疫胶体金技术平台、免疫荧光技术平台、电化学技术平台、干式生化技术平台、化学发光技术平台、分子诊断技术平台、病理诊断技术平台，以及仪器技术平台和生物原材料平台，并依托该九大技术平台形成了心脑血管疾病、炎症、肿瘤、传染病、毒检（药物滥用）、优生优育等检验领域的丰富产品线，广泛应用于临床检验、危急重症、基层医疗、疫情监控、灾难救援、现场执法及家庭个人健康管理等领域。以下将从专利申请的多个方面对万孚生物进行介绍。

6.2.2 专利申请量趋势

图6-2-1示出了万孚生物自2001年以来的中国专利申请态势。2002年，万孚生物开始申请了第一项专利，2004～2006年无相关专利申请，2007年、2008年专利申请量逐渐上升，2018年达到58项。

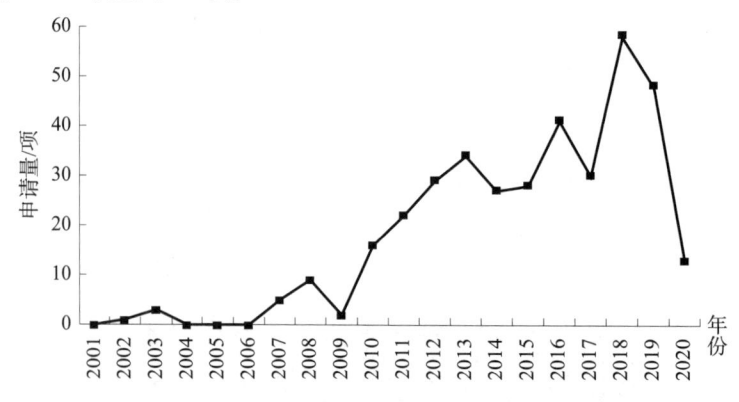

图6-2-1 万孚生物在POCT领域专利申请量趋势

6.2.3 专利申请的法律状态

图 6-2-2 示出了万孚生物各申请专利类型占比及相关法律状态情况。由（a）图可知，发明专利占比 38% 左右，与实用新型专利占比（41%）相当。从这点可以看出，万孚生物在研发与市场上寻求一种平衡，以市场为导向，以产品为主线，实用新型专利可较快获得授权；由（b）图可知，在总计申请 366 项专利中，其中涉及诉讼 4 项、质押 57 项、转让/许可 11 项，其质押比例相对较高，质权人为广州凯得融资租赁有限公司。根据质押时间范围与公司上市时间，质押目的在于融资，实现企业的长期发展战略目标。

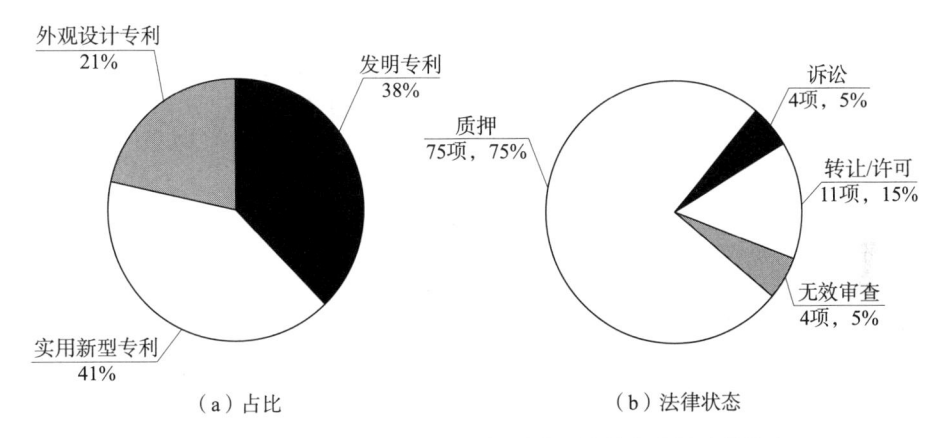

（a）占比　　　（b）法律状态

图 6-2-2　万孚生物在 POCT 领域专利申请占比及法律状态

6.2.4 技术布局

针对本报告所选定的七大主题，图 6-2-3 示出了万孚生物在热点技术上的主要研发重点，即干化学、胶体金和免疫荧光技术。

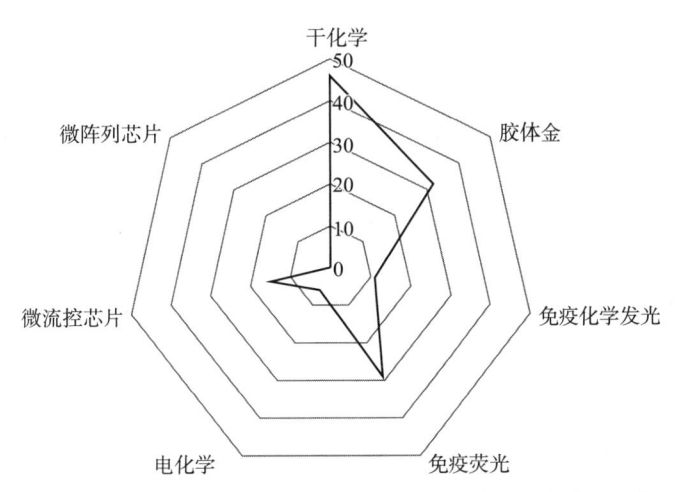

图 6-2-3　万孚生物在 POCT 各技术分支的专利申请量分布

注：图中数字代表申请量，单位为项。

根据万孚生物2019年度财务报表，公司营业收入20.7亿元，研发费用1.6亿元，研发费用占比7.73%，2019年度研发投入同比增加16.92%，增加比例较大。由于新冠肺炎疫情的爆发，万孚生物新型冠状病毒抗体检测试剂盒（胶体金法）获得中国国家药品监督管理局（NMPA）认证及欧盟CE准入后，从2020年2月份开始逐渐在中国市场销售新冠产品，并陆续出口到海外市场。经检索，2020年，万孚生物仅1件涉及新冠病毒专利CN111273003A（2019－nCoV新型冠状病毒快速检测免疫层析试纸条），2020年3月5日申请，截至检索日，尚处于在审阶段。

6.2.5 技术演进路线

图6-2-4示出了万孚生物自成立以来各技术分支的演进路线。从第一件专利（CN2520509Y，人体自身抗体检测膜条）开始，在近20年里，公司主要注重干化学检测技术的研发，先后申请了许多关于干化学技术的专利，主要目标在于检测仪器的小型化、多指标参数检测研发。近几年，万孚生物也申请了较多关于干化学反应液、干化学试纸、干化学检测传感器等专利，以实现微量高精度检测。如CN109612983A将干化学试纸与小型仪器联用，只需采集微量血液便可在短时间内实现检测，操作便捷，无需专业人员操作，且显色的强度高、均匀度好、污染小，检测过程不依赖大型生化分析仪，适用于当下POCT快速检测。

同时，万孚生物也开展了胶体金、免疫荧光技术的研发工作，尤其是在胶体金领域，申请了相对多的专利。自公司成立之初，2003年即开展了相关胶体金技术研究，并在随后的10多年里也申请了较多的相关技术专利。2003年由于非典疫情，万孚生物申请了专利（CN1453588A），即一种胶体金层析法检测SARS病毒抗原的试剂。该试剂可应用于医院、机场、海关、家庭等场所，能够在几分钟内判断结果，从而及早预防疫情扩散。在10多年前开始了适用于快速检测的研发，研发铺垫较早。2018年左右研发的4项联检技术，成功运用于市场。该产品属于中国首创，能够同时实现术前四项HIV+HCV+TP+HBsAg检测。

对微流控、电化学和化学发光检测技术的研发相对起步较晚。如图可知悉万孚生物的重点研发方向是干化学和胶体金技术，但总体上相对于外国起步较晚，对微流控技术研发较少。微流控技术主要的专利申请集中在2015年以后，主要涉及检测用的微流控芯片，以及多通道检测传感器等；同时电化学技术领域则在血糖检测仪、血气/电解质、凝血测试仪的应用均做了相应布局。万孚生物2010年开始布局相关技术，并在随后的几年里不断优化产品，以实现高精度检测。如CN109613078A开发一种抗干扰电化学检测传感器。抗干扰电化学检测传感器通过在反应池的前段即进样流道中设置辅助电极，辅助电极中含有能够与干扰物反应的抗干扰物质，因而在检测时可以将样本溶液中干扰物质去除，排除干扰物质对检测结果的影响，保证检测结果的准确性和可靠性。化学发光检测仪的研发主要体现在小型化、全自动等方面，万孚生物在该方面的专利申请量相对较少，专利布局较晚。

不同技术分支之间呈现差异化发展的特点，布局不同。究其缘由，万孚生物主要以市场为导向，重点在于开发技术成熟的产品，能够及时投入市场产生效益，并基于成熟的技术开发产品，实现效益最大化。

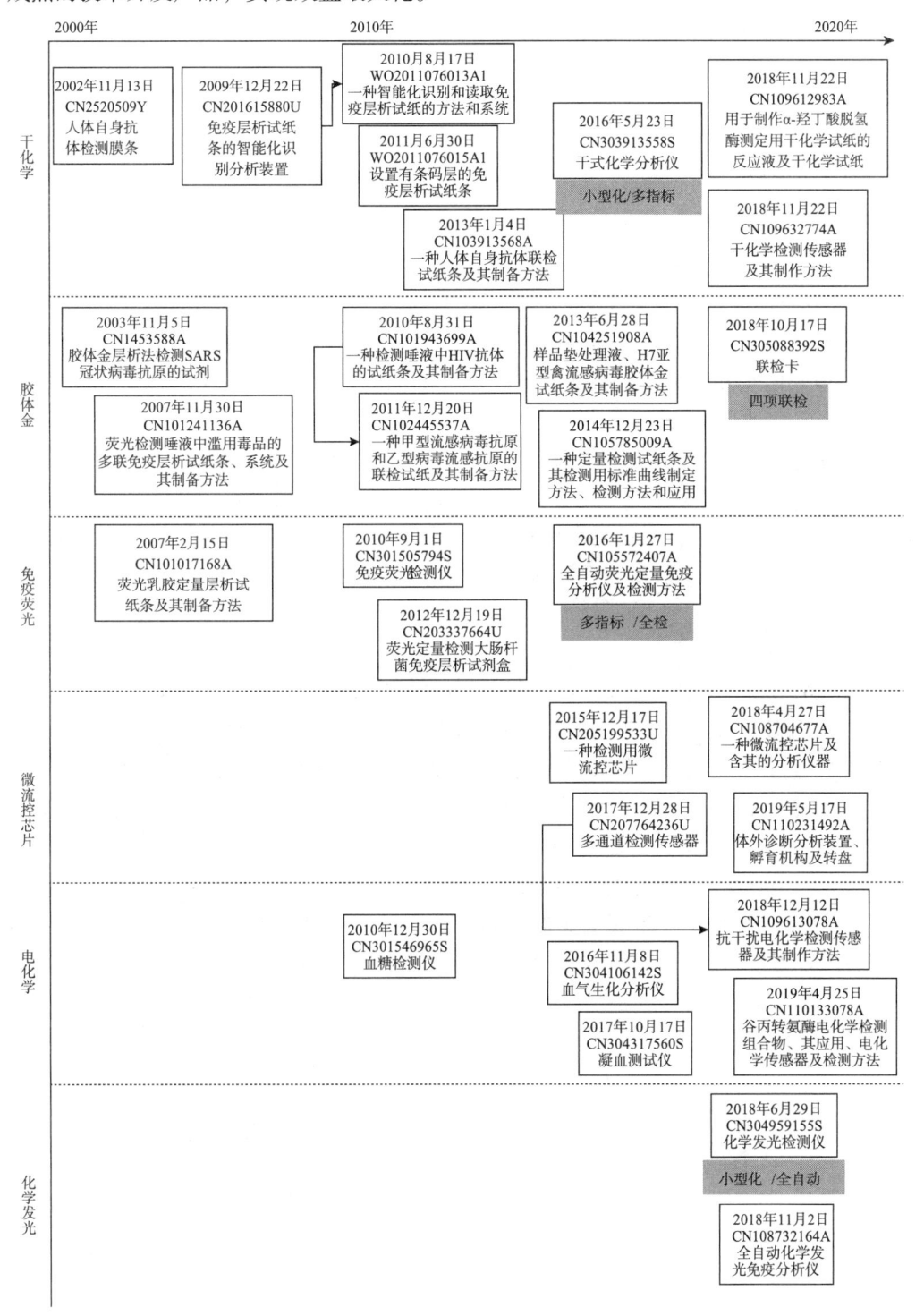

图 6-2-4 万孚生物各技术分支的演进路线

6.3 基蛋生物科技股份有限公司

6.3.1 公司简介

基蛋生物成立于2002年，是一家集自主创新研发、规模化生产及专业化营销为一体，在国内外拥有众多子公司及办事处的医疗健康全产业链公司。2017年7月基蛋生物在上海证券交易所主板上市，是中国一家POCT领域主板上市企业。

基蛋生物专注于IVD产品的研发、生产、销售和服务，拥有专业的诊断产品研发团队，相继建立了胶体金免疫层析、荧光免疫层析、生化、化学发光和诊断原材料五大技术平台。在主营业务方面，基蛋生物以定量检测为主，心血管类检测产品比重高达62.7%，且推出多种三联检测试剂盒。主要产品涉及传染病检测、优生优育险测、心肌标志物检测、肿瘤标志物检测等。目标市场主要为中国市场，销售模式主要采用经销模式。近几年，基蛋生物发展迅速，构建了完善的营销网络体系，全国各地设有20余家子公司及办事处；积极开拓国际市场，产品成功销往欧洲、美洲、亚洲和非洲的100余个国家/地区。基蛋生物营业收入飞速增长，在中国同类企业中产值、销售额排名均位于前列。以下从专利申请的多个方面对基蛋生物进行介绍。

6.3.2 专利申请量趋势

如图6-3-1所示，2011~2020年，基蛋生物涉及POCT专利共161项，其中发明87项。实用新型55项、外观设计19项。从申请趋势可知，基蛋生物2011年开始进军POCT领域，并在初期投入了大量研发资金，2011年和2012年的相关专利申请量分别为15项和33项。2013~2017年专利申请量进入调整期，数量相对较少，原因可能在于公司开始对研发方向进行转型和调整，由早期的主要针对胶体金方向，转而开始在免疫荧光、化学发光和微流控等多个领域进行布局。2018年和2019年其专利申请量再次上升，分别为28项和25项。虽然2019年之后的专利申请还未能完整公开，但我们仍能看出基蛋生物在POCT领域专利申请量有第二次增长的趋势。

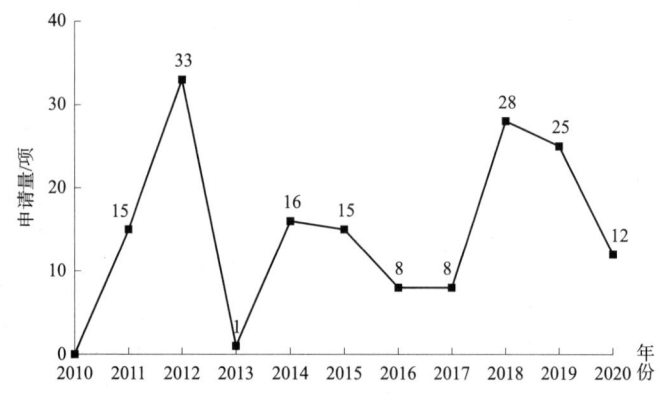

图6-3-1 基蛋生物POCT领域专利申请量趋势

6.3.3 技术布局

针对本报告所选定的七大主题，图6-3-2示出了基蛋生物在热点技术上的主要研发重点，即干化学、胶体金、免疫荧光和化学发光技术；从专利申请看，免疫荧光无疑是其核心发展方向，干化学、胶体金和化学发光次之，微流控技术相对较少，而电化学和微阵列芯片则并不涉及，这也与基蛋生物的主营产品相对应。如图6-3-3所示，针对产品对象，基蛋生物涉猎广泛，在生化、传染/感染、心脏标志物、肿瘤标志物、糖尿病、血气/电解质、妊娠/排卵等方向均有所布局。

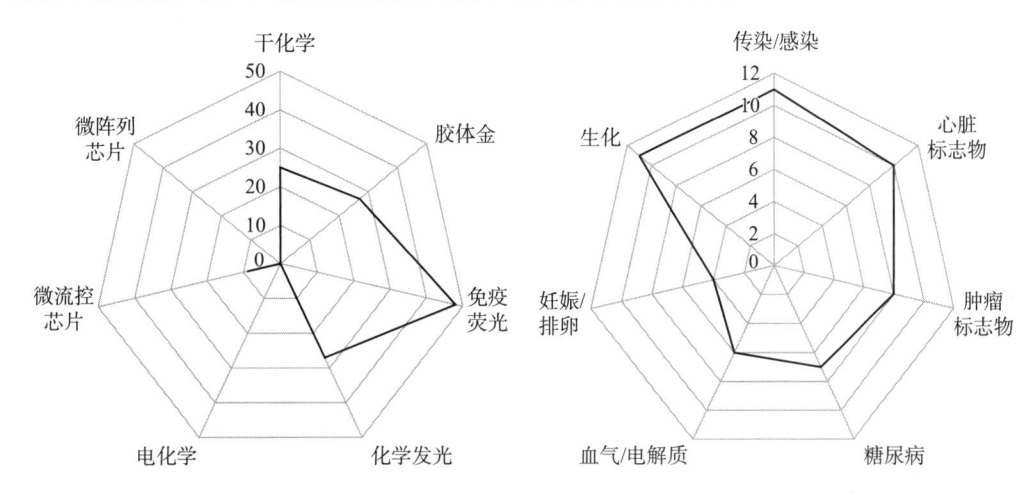

图6-3-2 基蛋生物在POCT领域各技术分支的专利申请量分布
注：图中数字表示专利申请量，单位为项。

图6-3-3 基蛋生物在POCT领域各检测对象的专利申请量分布
注：图中数字表示专利申请量，单位为项。

6.3.4 技术演进路线

图6-3-4展示了基蛋生物在POCT领域专利技术演进路线。从图可知，基蛋生物早期的研发重点主要在胶体金方向，2011~2013年进行了大量相关申请。CN102103145A利用胶体金标记ProteinA，然后再通过ProteinA与待测抗原的单克隆抗体的Fc段结合，从而使待测抗原的单克隆抗体间接放大结合在金颗粒上。这种结合方式能增强胶体金与待测抗原的单克隆抗体的结合力，克服常规方法中因胶体金直接标记待测抗原的单克隆抗体而引起的胶体金与待测抗原单克隆抗体结合能力不强，以及单克隆抗体与待测抗原结合的位点容易被胶体金占据，造成特异性下降的缺陷。CN102103143A通过试纸条同时设置包被有N-端脑利钠肽前体多克隆抗体的检测线、包被有心肌肌钙蛋白I单克隆抗体的检测线和兔抗鼠IgG抗体的控制线，能够同步检测两个指标（待测抗原或蛋白），并且两种抗原不会相互干扰，结果准确、快速，操作简便，可以广泛地应用于心肌损伤、心肌梗死及心衰的同时检测。

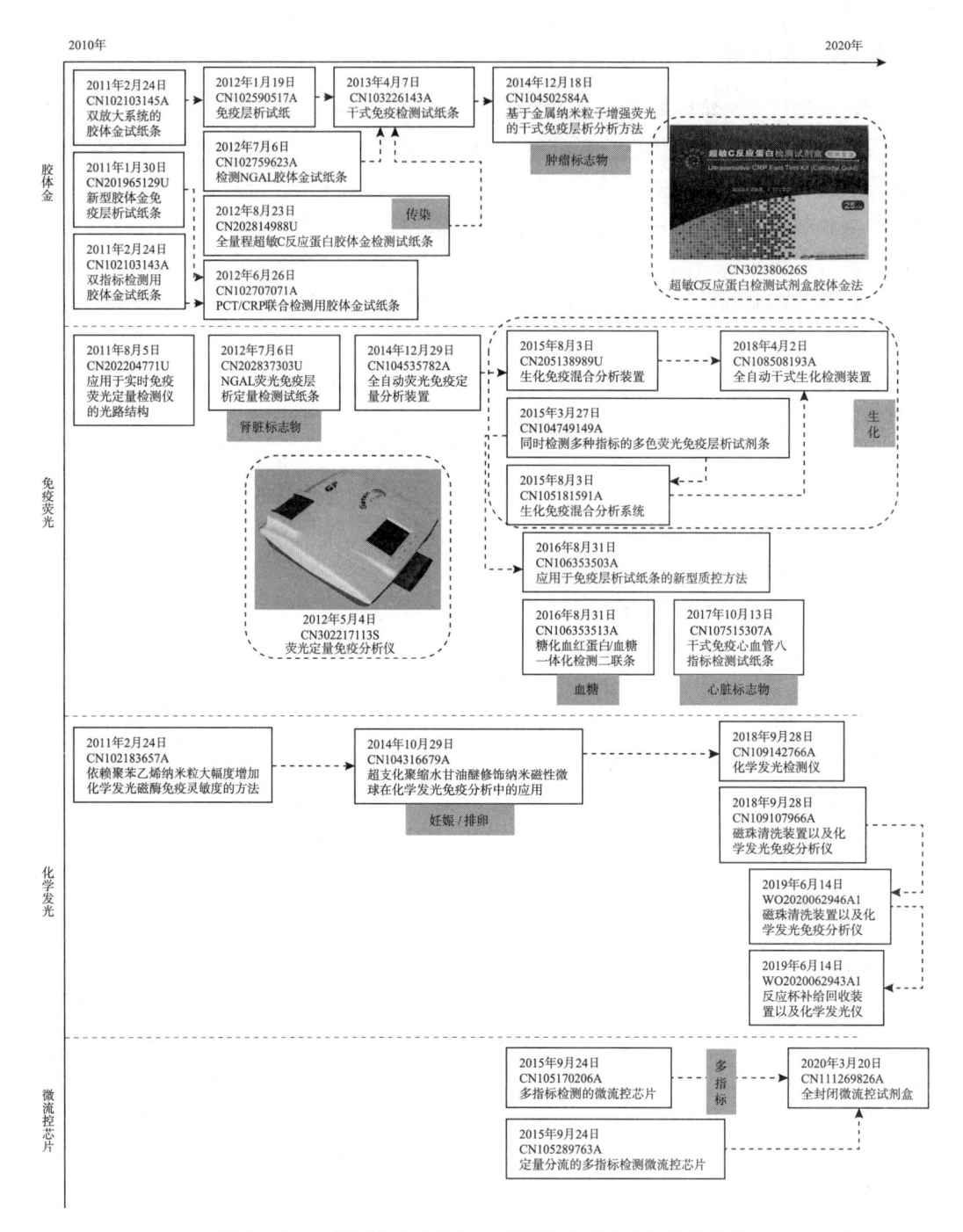

图 6-3-4　基蛋生物在 POCT 领域各技术分支的演进路线

发展中期（2014～2017 年），基蛋生物偏重免疫荧光方向。CN104535782A 提供一种全自动荧光免疫定量分析装置，解决了 IVD 产品难以实现自动化的难题，通过一次性吸样装置避免了交叉污染，反应时间控制精确，提高了仪器的重复性与测试准确度，实现了快速诊断仪器的自动化测试，减少了人为误差，提高了检测效率。CN104749149A 将多色荧光标记技术、免疫层析技术和具有相同激发波长不同发射波长的荧光物质结合应用，完成了同时检测多种指标的免疫层析试剂条的开发过程。该技术具有以下优点：采用 360nm 激发波长、450～615nm 的多种区别发射波长的荧光物质进行抗体标记，较现有的量子点等荧光物质制作简单，成本较低，且标记和检测性能均表现良好；将多种检测指标的捕获分子混合在一起固定在多条检测线上，在试剂条结合垫上包被标记了多色荧光物质的多种检测指标的探测分子，免疫层析开始后，在每条检测线上都能检测出几种不同的指标，最终实现了多种指标的同时检测，同时该试剂条的结构发生改变，传统的质控线和检测线融为一条线，同样利用荧光物质进行质控，试剂条结构简化，制作难度降低；可以应用在全自动、半自动等多种仪器上，特别是可以应用在全自动荧光免疫定量分析装置中，多指标和全自动结合，检测效率更是大大提高。

发展后期（2018 年至今），基蛋生物开始则主要关注化学发光方向。CN109107966A 和 WO2020062946A1 均涉及一种磁珠清洗装置以及化学发光免疫分析仪。该磁珠清洗装置包括反应杯盘、清洗组件以及磁性吸附组件。清洗组件设置在反应杯盘的清洗区域，用于依次吸取经过该清洗区域的各个反应杯的废液以及添加清洗液清洗反应杯。磁性吸附组件连接于反应杯盘，在清洗组件需要吸取废液的过程中，将磁珠吸附住，方便清洗组件吸取废液。该磁珠清洗装置把磁珠吸附、废液吸取、清洗液加注三种功能组件一体化设置，实现了磁珠的流水化清洗。

从产品对象而言，基蛋生物注重全面发展，在生化、传染/感染、心脏标志物、肿瘤标志物、糖尿病、血气/电解质、妊娠/排卵等方向均有所布局。此外，基蛋生物针对具体产品申请了相应的外观专利保护，足见其知识产权保护意识较强。

6.4 明德生物、万孚生物和基蛋生物的对比

针对明德生物、万孚生物、基蛋生物的重点技术研究方向与不同的检测对象，对比分析如图 6-4-1、图 6-4-2 所示，万孚生物、基蛋生物、重点技术研究方向是干化学、免疫荧光两项技术上，明德生物则重点在于胶体金技术，不涉及干化学，且基蛋生物、万孚生物的免疫荧光技术专利申请量远远大于明德生物，则表明这 3 家企业的重点技

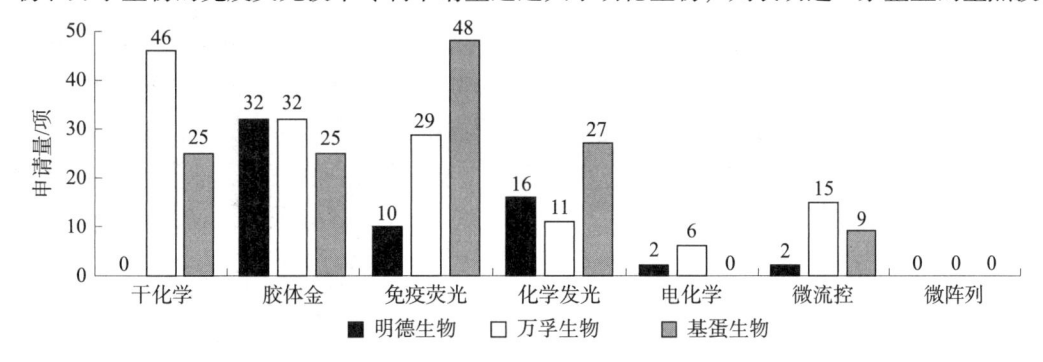

图 6-4-1 明德生物、万孚生物和基蛋生物各技术分支的专利申请量对比

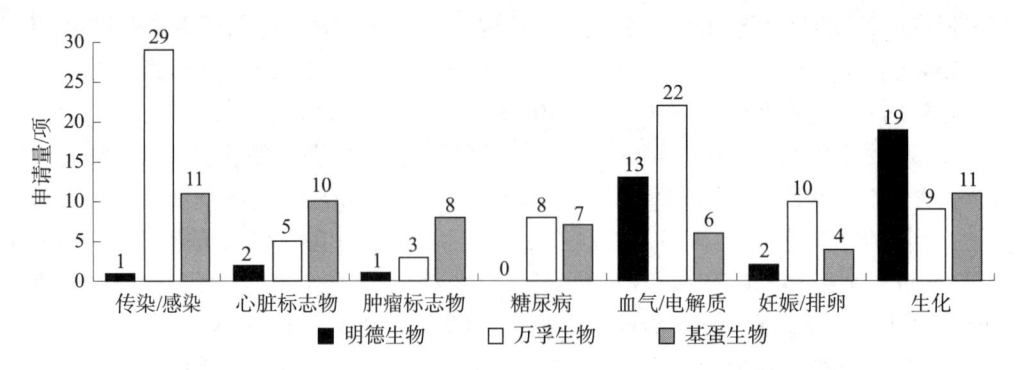

图6-4-2 明德生物、万孚生物和基蛋生物各检测对象的专利申请量对比

术研究方向不同,侧重点有较大区别。检测对象方向,万孚生物、基蛋生物两家企业对于传染/感染类检测研究得较多,而明德生物相对很少,其主要集中在生化检测。

6.5 科美诊断

6.5.1 公司简介

科美诊断(原北京科美生物技术有限公司)是国内最早专业从事临床免疫学研究的公司之一,专注于临床体外诊断产品的研发、生产、销售和服务。化学发光免疫学是科美诊断的核心业务,技术上经历了放射免疫、酶促化学发光免疫和光激化学发光免疫跨代技术平台的产品开发,目前已经成功开发了多类别和多品种的免疫诊断试剂产品和系列化配套仪器产品。位于上海张江科技城的博阳生物科技(上海)有限公司(以下简称"博阳生物")是科美诊断的全资子公司。

博阳生物于2005年由三位美籍华人创立,其中之一便是赵卫国博士,其在1993~2003年任美国德灵诊断资深临床化学研究员。他首次将"均相化学发光技术"引进到中国,开发了高通量的大型化学发光系统技术平台。博阳生物拥有光激化学发光免疫分析(Lightinitiated Chemiluminescence Assay,LiCA)专利技术,并以此为基础,成功开发出新一代的高通量免疫分析仪器LiCAHT以及相配套的12项广泛应用于传染病、激素、肿瘤标记物检测试剂盒。建立在纳米微粒的基础上,LiCA拥有快速、操作简便、精确、稳定的特点,而且适于开发全自动免疫分析仪。高通量、高质量、低成本的LiCA系列产品带领免疫检测分析技术进入一个全新的"免洗"时代。2014年博阳生物被北京科美生物技术有限公司(2019年9月,北京科美生物技术有限公司整体变更设立科美诊断技术股份有限公司)收购,成为其全资子公司,完成了对光激化学发光技术平台的整合,最终促成了LiCA系列化产品的规模化销售和爆发式增长。对于第四代光激化学发光技术,科美诊断是目前在中国做得最好的公司之一。

由于博阳生物已成为科美诊断的全资子公司,因此,在进行专利检索和分析时,将两公司视为一家。

6.5.2 涉及化学发光的相关专利分析

从图6-5-1可以看出，科美诊断的最早专利申请在2003年，从2005年起，尤其是2007年、2008年两年专利申请量有一个爆发式的增长。这批专利主要是由北京科美东雅股份有限公司申请，其后该公司的专利多转让给科美诊断，但该批专利现在多已失效。另外，博阳生物2005年刚好成立，购买了2项上海朋远泰生物技术有限公司在光激化学发光领域的基础专利，为自己的研发开辟了道路。2016~2019年，专利申请量也有一个爆发式的增长。考虑到2014年博阳生物被科美诊断收购，且第四代光激化学发光技术正好也是由博阳生物于2014年引入了中国，并研制了配套的检测试剂和系统，这一时期专利申请量的增长得益于该技术的研究和发展。科美诊断的专利申请主要集中在中国，向外国进行的PCT申请较少，该技术中国申请数量已达249项；但是专利申请的持续性较差，没有稳定的专利申请量，可能是有些技术用技术秘密的方式进行了保护。

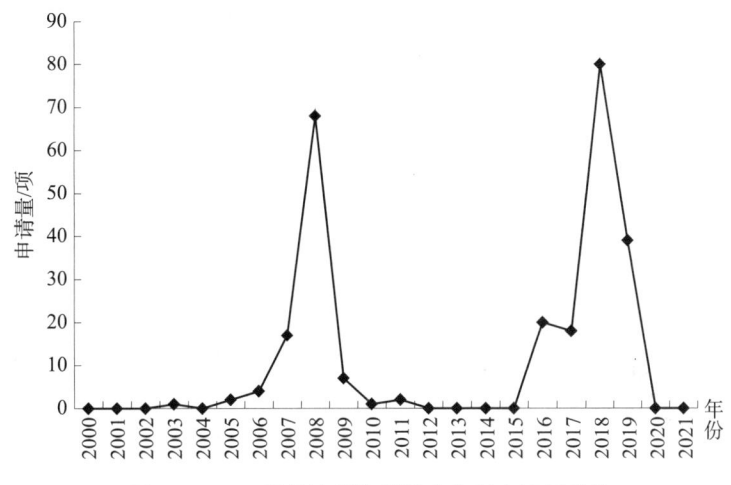

图6-5-1 科美诊断化学发光专利申请量趋势

从图6-5-2可以看出，科美诊断的专利授权率为29%，撤回率为27%。科美诊断的授权率看似较低。但对撤回的68件专利申请进行统计后发现，全部为北京科美东雅生物技术有限公司的专利申请，申请时间集中在2017~2018年，该批专利多被转让给科美诊断，然而现在多数已经失效，且北京科美东雅生物技术有限公司也被注销。从专利权维持率来看，2016~2019年申请的专利，专利有效率为100%，但2015年以前的专利已全部失效。

从上述内容可以看出，科美诊断的专

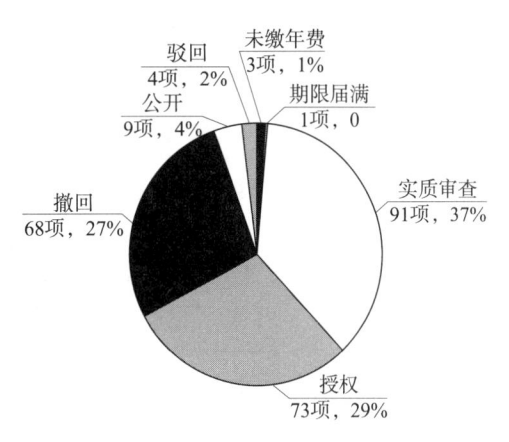

图6-5-2 科美诊断化学发光领域专利申请的法律状态

利意识还不够强，专利布局思维也有待加强。虽然公司规模较大，但公司更好、更长远的发展需要有相应专利技术的支持，科美诊断应当更加重视专利的布局，加大专利投入，为以后的研究、开拓市场保驾护航。

6.5.3 科美诊断与成都爱兴

中国从事第四代光激化学发光技术的企业不仅有科美诊断，还有成都爱兴，成都爱兴在光激化学发光领域也发展迅速。成都爱兴成立于2013年，是一家专注于POCT领域的生物高科技企业，自主研发了LIA-12的均相化学发光POCT产品。

从2019年6月起，科美诊断与成都爱兴共有8起诉讼案件，涉及7起知识产权诉讼、1起商业诋毁诉讼。此外，成都爱兴还对科美诊断的3件专利提出了专利无效宣告请求。双方知识产权诉讼类型包括了技术秘密、专利、著作权、GUI外观设计，涉诉总金额达到了7085万元，仅科美诊断起诉成都爱兴侵犯技术秘密的2起诉讼金额就达6950万元。由于其诉讼过程中子公司博阳生物和母公司科美诊断分别作为诉讼主体，在表6-5-1中分别对其相关诉讼进行了分别列举。

表6-5-1 科美诊断与成都爱兴之间知识产权诉讼

序号	原告	被告	案由
1	博阳生物	程某某、成都爱兴	侵犯博阳生物的技术秘密
2	科美诊断 博阳生物	成都爱兴	侵犯科美诊断、博阳生物所有的专利
3	科美诊断	成都爱兴	侵犯博阳生物技术秘密
4	博阳生物	程某某、成都爱兴、包某某	侵犯博阳生物的技术秘密
5	博阳生物	成都爱兴	侵犯博阳生物作品著作权
6	成都爱兴	科美诊断、博阳生物	侵犯成都爱兴的著作权
7	成都爱兴	科美诊断	侵犯成都爱兴外观设计图片和图形界面作品

其中科美诊断于2019年11月20日在北京知识产权法院对成都爱兴提起2起专利侵权诉讼，认为成都爱兴的"LIA-12均相化学发光免疫分析仪"分别侵犯了科美诊断的CN208568604U（一种均相化学发光POCT检测装置）实用新型专利和CN305276542S外观设计专利。2件专利均是关于光激化学发光的POCT检测仪器。

两家企业在第四代光激化学发光技术上都有一定的积累，却经受诉讼之累。若两家公司能够调节好知识产权相关的纠纷，精诚合作，共同致力于产品的研发，可提升中国光激化学发光技术核心竞争力，突破外国公司的垄断，实现检测设备和试剂的国产化。

6.6 博奥生物集团有限公司

6.6.1 公司简介

博奥生物集团有限公司暨生物芯片北京国家工程研究中心，2000年9月30日以清华大学为依托，联合华中科技大学、中国医学科学院、军事医学科学院注册成立，是领航中国医疗健康产业的国有创新型高科技企业，同时也是中国第一个以企业化方式运作的国家工程研究中心。

博奥生物依托清华大学和生物芯片北京国家工程研究中心雄厚的研发实力，已成功开发出生物芯片及相关试剂耗材、仪器设备、软件数据库、生命科学服务、临床检验服务、健康管理等系列数10项具有自主知识产权的产品并提供相应服务。作为全国生物芯片标准化委员会的主任委员和秘书处承担单位，博奥生物主导制定的12项国家标准、6项医药行业和1项检验检疫行业标准获得颁布。

6.6.2 微流控芯片的相关专利分析

6.6.2.1 专利申请量趋势

图6-6-1为博奥生物在微流控芯片领域的专利申请量趋势。2000年博奥生物开始申请微流控芯片相关的专利，主要涉及微流控芯片上实体分子的操纵及输送。2009~2015年微流控芯片相关专利申请量呈快速增长趋势，并于2015年达到峰值。2019~2020年微流控芯片相关专利申请量呈现第二次增长。

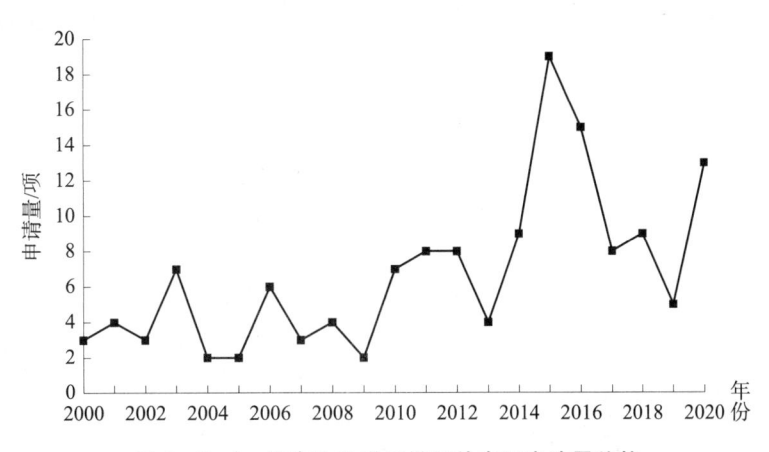

图6-6-1 博奥生物微流控芯片专利申请量趋势

6.6.2.2 技术演进路线

图6-6-2是博奥生物微流控芯片的技术演进路线。重点专利CN101126715A是一种微纳升体系流体芯片的检测系统及检测方法，奠定了博奥生物开发出中国首创的台式恒温扩增微流控芯片核酸分析仪的基础。

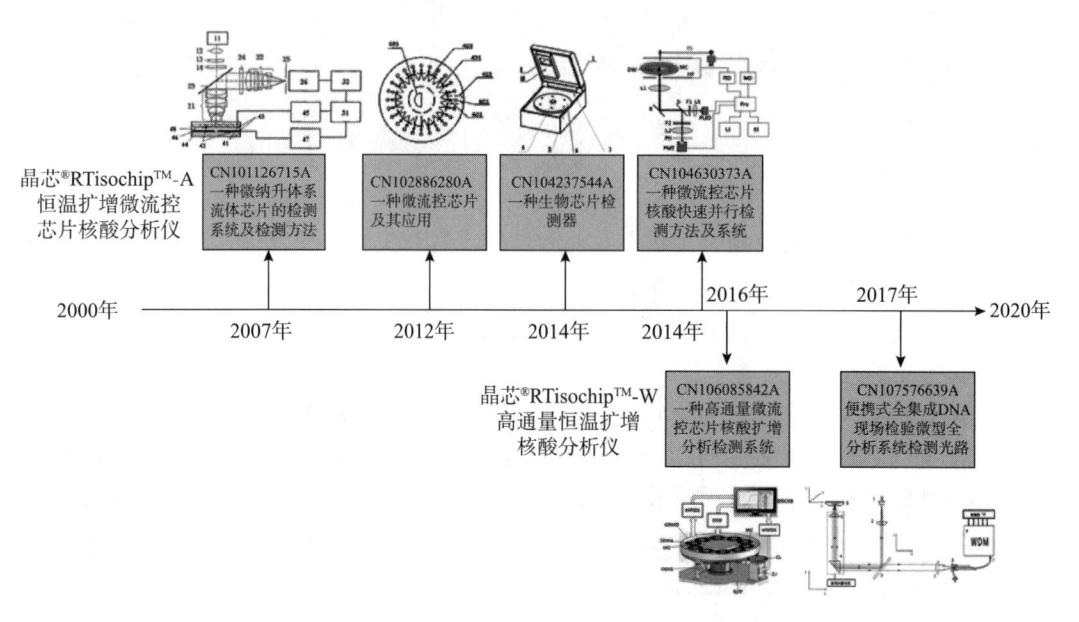

图 6-6-2 博奥生物微流控芯片技术演进路线

6.6.2.3 主要产品

表6-6-1是博奥生物微流控芯片的主要产品及其相关专利。其中涉及晶芯®RTisochip™-A恒温扩增微流控芯片核酸分析仪、晶芯® RTisochip™-W高通量恒温扩增核酸分析仪。具体而言，晶芯® RTisochip™-A恒温扩增微流控芯片核酸分析仪是博奥生物自主研发的多指标核酸快速检测平台，通过与相应的配套试剂盒结合使用，可广泛应用于医学诊断、生命科学、食品安全、农产品检测及畜牧水产等众多领域。

表6-6-1 博奥生物微流控芯片的主要产品与专利

产品	产品描述	对应专利
晶芯® RTisochip™-A恒温扩增微流控芯片核酸分析仪	集成核酸等温扩增技术、微流控芯片技术和共焦荧光实时检测技术，具有快速高效的分子复制放大能力和特异序列分子片段互补匹配识别功能；该系统以临床常见呼吸道病原菌为检测对象，在一张24通道的微流控碟式芯片上，实现多指标快速并行检测	CN100535644C CN102886280A CN104946510A CN104630373A

续表

产品	产品描述	对应专利
晶芯® RTisochip™ – W 高通量恒温扩增核酸分析仪	每台仪器一次可检测 4 张芯片。在使用过程中，将从待测样本中提取的核酸与相关试剂混合后加入微流控芯片，通过加热膜对微流控芯片进行加热和恒温控制，核酸样品在恒温条件下进行扩增。扩增过程中，探测器将接收到的荧光信号输入计算机，配套软件会对接收到的信号进行相应处理并绘制成实时曲线，检测完成后自动进行结果判读和显示	CN106085842A CN107576639A

2020 年，为应对新冠病毒，博奥生物联合清华大学、四川大学华西医院共同设计开发的包括新冠病毒在内的"六项呼吸道病毒核酸检测试剂盒（恒温扩增芯片法）"获国家药品监督管理局第 2 批新冠病毒应急医疗器械审批批准，迅速应用到疫情防控前线。该产品只需采集患者的鼻、咽拭子等分泌物样本，1.5 小时内便可一次性检测包括新冠病毒在内的 6 种呼吸道常见病毒。

6.6.3 微阵列芯片的相关专利分析

6.6.3.1 芯片产品

如图 6-6-3 所示，作为中国在微阵列芯片研究和产业化方面的排头兵，博奥生物开发了一系列用于疾病检测目的的微阵列芯片产品，用于感染性疾病（病原体的存在与否的定性、定量检测，及其基因突变、耐药性检测等）、遗传性疾病、癌症等方面的检测。博奥生物在感染性疾病的检测方面的专利技术较多，一方面源于市场需求，另一方面可能也与病原体存在与否的检测相较于遗传性疾病等其他检测的难度相对较小有关，后者往往需要进行单核酸多态性（SNP）鉴定、基因分型等，对芯片检测的灵敏度、特异性要求更高。

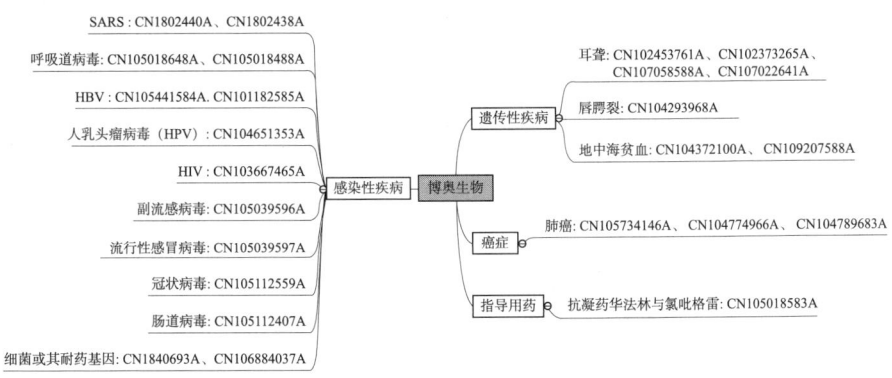

感染性疾病：
- SARS: CN1802440A、CN1802438A
- 呼吸道病毒: CN105018648A、CN105018488A
- HBV: CN105441584A、CN101182585A
- 人乳头瘤病毒 (HPV): CN104651353A
- HIV: CN103667465A
- 副流感病毒: CN105039596A
- 流行性感冒病毒: CN105039597A
- 冠状病毒: CN105112559A
- 肠道病毒: CN105112407A
- 细菌或其耐药基因: CN1840693A、CN106884037A

遗传性疾病：
- 耳聋: CN102453761A、CN102373265A、CN107058588A、CN107022641A
- 唇腭裂: CN104293968A
- 地中海贫血: CN104372100A、CN109207588A

癌症：
- 肺癌: CN105734146A、CN104774966A、CN104789683A

指导用药：
- 抗凝药华法林与氯吡格雷: CN105018583A

图 6-6-3 博奥生物微阵列芯片相关专利

6.6.3.2 芯片制备加工

在微阵列芯片的核心技术即探针的点样固定或原位合成方面，未见博奥生物提交以此为发明点的专利申请，不过存在几件涉及芯片点样仪的专利申请（CN107478476A、CN207114287U、CN207114288U、CN208253182U），这从侧面反映出博奥生物主要是利用点样合成法制备芯片。在微阵列芯片的制备、加工方面，博奥生物在基片制备，提高芯片杂交效果、检测通量等方面均有发力。

提高芯片杂交效果：按照芯片表面的杂交反应作用力产生方式，可将生物芯片分为被动式芯片和主动式芯片。在被动式生物芯片中，探针被固定于固相载体的表面，待检目标则在杂交腔体内处于游离状态，探针和待检目标之间的反应依靠待检目标在反应体系中的被动扩散进行，探针区域内待检目标的浓度较低。在这种方式下，反应效率相对较低，反应所需时间相对较长。而以往的主动式芯片又存在缓冲液的选择受限导致酶活性降低的问题。博奥生物于1999年提交了一件名为"可单点选通式微电磁单元阵列芯片、电磁生物芯片及应用"的专利申请（CN1267089A），于2000年公开，2005年获得授权，是迄今为止博奥生物被引证次数最高的微阵列芯片专利技术。该专利的发明点是通过磁性方法对生物分子、化学分子等进行定向操作，以克服被动式芯片的不足和以往的主动式芯片在缓冲液选择方面的局限性。该细分领域的类似专利申请还有CN1348103A。

提高芯片检测通量：CN1635164A巧妙地通过芯片结构设计来提高检测通量。该专利在一个生物芯片上制作出两层样品线和探针线，构成纵横交错的生物芯片矩阵，能一次实现多个样品对多个探针的并行检测分析，使检测通量和检测效率提高。此外，该专利采用简单的干燥过程使第二层的探针或样品分子浓缩，加快了杂交反应，能缩短检测时间，可广泛应用于生物分子的检测。

提供集成化装置：CN1331345A提供了一种集成式微阵列装置，主要在基片的结构上进行改进，使其含有阵列式排布的反应池，而每个反应池中装配了一个微阵列芯片，故该装置可作为载体简便、高效、可靠地完成生化反应和检测。涉及集成化的专利申请还有CN1412321A、CN205176030U等专利。

博奥生物还提交了涉及基片制备、芯片杂交、洗涤、扫描、检测等方面的多件专利申请，且除了微阵列芯片，还在微流控芯片领域颇有建树，详细介绍见本书第4章。

6.7 罗　氏

6.7.1 公司简介

罗氏在干化学、胶体金、免疫荧光、化学发光、电化学、微流控、微阵列芯片等方面均布局相关专利，尤其是在胶体金和免疫荧光、化学发光和电化学方面，处于行业的龙头地位，技术相对成熟。

6.7.2 专利申请量趋势

罗氏自成立以来，专注于人类健康。图 6-7-1 展示的是罗氏 1980~2020 年有关 POCT 领域内的相关技术专利申请态势。罗氏自 1998 年以来，申请专利量的整体趋势上升，在 2008 年达到最多，且 2008~2018 年这 11 年内，均保持着高专利申请量，也奠定了罗氏生产仪器的专利技术基础。尤其是胶体金、免疫荧光等技术，相较于其他企业专利布局较早，所带来的专利收益也是无法估量的。

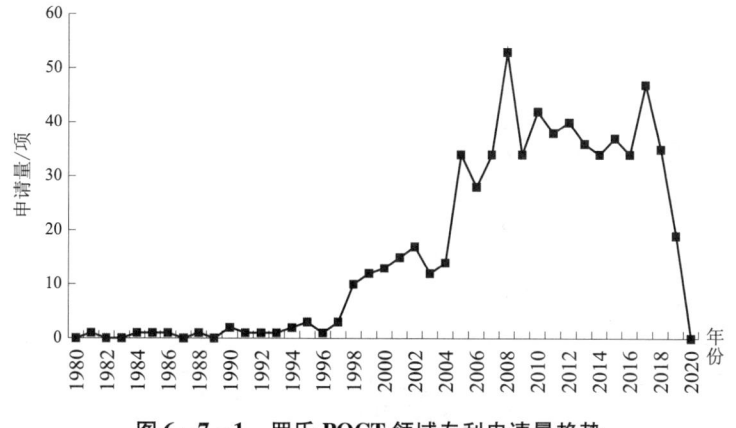

图 6-7-1 罗氏 POCT 领域专利申请量趋势

6.7.3 技术布局

如图 6-7-2 所示，针对各技术分支，罗氏在免疫荧光、化学发光、电化学、微流控这几项技术领域专利申请量相对较多，而这几项技术，奠定了 POCT 检测仪器基础。这也使罗氏成为该行业龙头企业，处于技术领先地位。罗氏生产的畅销产品如凝血仪、血糖仪等均涉及免疫荧光、化学发光、电化学技术，技术布局范围较广。

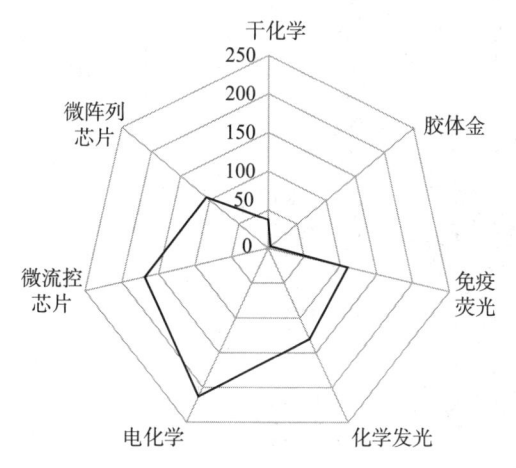

图 6-7-2 罗氏在 POCT 领域各技术分支专利申请量分布

注：图中数字表示专利申请量，单位为项。

6.7.4 技术演进路线

由图 6-7-3 可知，罗氏自成立之初，即在 POCT 领域各个技术分支进行了专利布局，且各技术分支相对较广泛，申请相对较早。在 2000 年以前即开展了在干化学、胶体金、免疫荧光、化学发光、微流控芯片、电化学、微阵列芯片等技术领域的研发，申请时间远远早于中国，专利布局意识非常强。

干化学和胶体金技术：罗氏在 1996 年申请的 US5962215A，利用干化学染料指示系统进行体液分析（例如全血中葡萄糖水平），并通过受限通道的流速来确定全血中的血细胞比容水平。

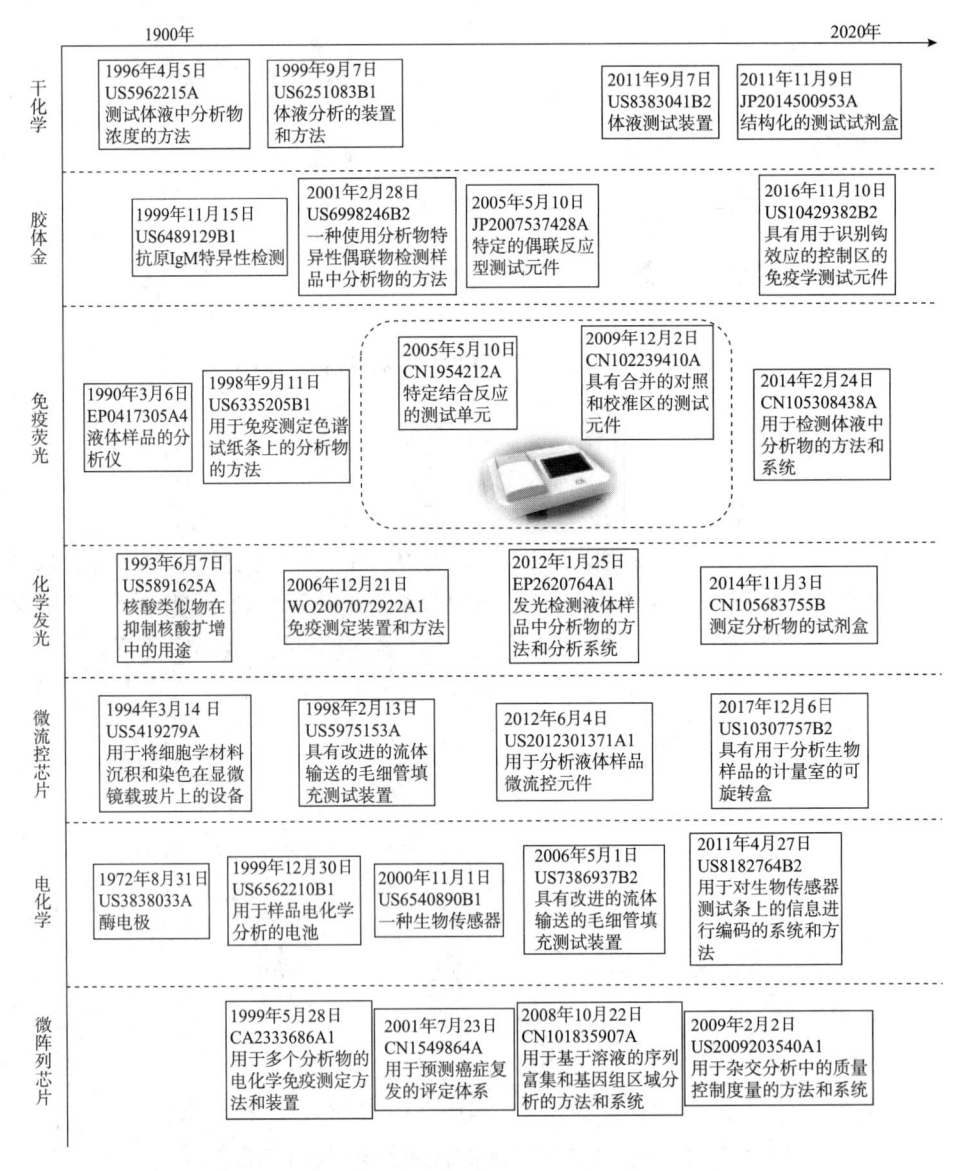

技术分支					
干化学	1996年4月5日 US5962215A 测试体液中分析物浓度的方法	1999年9月7日 US6251083B1 体液分析的装置和方法		2011年9月7日 US8383041B2 体液测试装置	2011年11月9日 JP2014500953A 结构化的测试试剂盒
胶体金	1999年11月15日 US6489129B1 抗原IgM特异性检测	2001年2月28日 US6998246B2 一种使用分析物特异性偶联物检测样品中分析物的方法	2005年5月10日 JP2007537428A 特定的偶联反应型测试元件		2016年11月10日 US10429382B2 具有用于识别钩效应的控制区的免疫学测试元件
免疫荧光	1990年3月6日 EP0417305A4 液体样品的分析仪	1998年9月11日 US6335205B1 用于免疫测定色谱试纸条上的分析物的方法	2005年5月10日 CN1954212A 特定结合反应的测试单元	2009年12月2日 CN102239410A 具有合并的对照和校准区的测试元件	2014年2月24日 CN105308438A 用于检测体液中分析物的方法和系统
化学发光	1993年6月7日 US5891625A 核酸类似物在抑制核酸扩增中的用途	2006年12月21日 WO2007072922A1 免疫测定装置和方法		2012年1月25日 EP2620764A1 发光检测液体样品中分析物的方法和分析系统	2014年11月3日 CN105683755B 测定分析物的试剂盒
微流控芯片	1994年3月14日 US5419279A 用于将细胞学材料沉积和染色在显微镜载玻片上的设备	1998年2月13日 US5975153A 具有改进的流体输送的毛细管填充测试装置		2012年6月4日 US2012301371A1 用于分析液体样品微流控元件	2017年12月6日 US10307757B2 具有用于分析生物样品的计量室的可旋转盒
电化学	1972年8月31日 US3838033A 酶电极	1999年12月30日 US6562210B1 用于样品电化学分析的电池	2000年11月1日 US6540890B1 一种生物传感器	2006年5月1日 US7386937B2 具有改进的流体输送的毛细管填充测试装置	2011年4月27日 US8182764B2 用于对生物传感器测试条上的信息进行编码的系统和方法
微阵列芯片		1999年5月28日 CA2333686A1 用于多个分析物的电化学免疫测定方法和装置	2001年7月23日 CN1549864A 用于预测癌症复发的评定体系	2008年10月22日 CN101835907A 用于基于溶液的序列富集和基因组区域分析的方法和系统	2009年2月2日 US2009203540A1 用于杂交分析中的质量控制度量的方法和系统

图 6-7-3 罗氏 POCT 领域各技术分支演进路线

免疫荧光和化学发光技术：罗氏研发较早，US6335205B1公开了一种免疫测定色谱测试条上分析物的方法，色谱测试条在载体材料上含有一个或多个吸收基质，吸收基质与液体转移接触，在视觉上测量捕获区中直接标记的结合配偶体的存在，实现可视化测试。

微流控芯片技术：罗氏在1994年开始了相应申请，也提供了微流控芯片最初的雏形。以US5419279A为代表，公开了一种用于在显微镜载玻片上沉积和染色细胞学材料的设备，该设备允许对载玻片进行单独染色，是微流控芯片最初的结构代表之一。

电化学技术：罗氏在1972年即开始相关专利申请，随后几十年的发展中，对电极不断优化，对检测精度不断改善，使罗氏的产品中涉及电化学技术的产品较多。以US3838033A为代表，公开了一种酶电极，用于测定在中间代谢中产生物质的浓度，实现葡萄糖浓度的测量，奠定了电化学检测的雏形。随后不断完善，在1999年提出了以US6562210B1为代表的专利技术，该专利提供了一种用于分析样品的电化学电池，包括具有介电带的双电极。该结构能够分析多种流体样品如人体体液（如全血、血清、尿液和脑脊液），还可以测量可能含有环境污染物的发酵产物和环境物质，扩大了电化学的使用范围。

罗氏注重各项技术的研发与专利布局，专利布局密集且较早，技术遥遥领先于其他企业，具有较强的研发能力，奠定了长期处于行业标杆位置的基础。

6.7.5 微流控芯片的相关专利分析

6.7.5.1 专利申请量趋势

如图6-7-4所示，在针对微流控芯片领域，罗氏涉及的相关专利50项，其中，来华和中国专利申请共计25项，外国专利申请25项。单从数据可以看出中国市场的重要性。

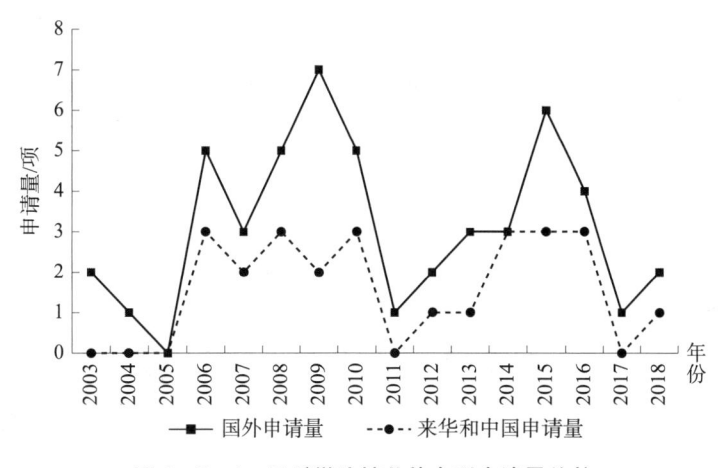

图6-7-4 罗氏微流控芯片专利申请量趋势

6.7.5.2 技术演进路线

如图6-7-5所示，针对微流控芯片，罗氏相对较早的专利是2001年申请的公开号为US2002075363A1的专利，公开了一种对压力和空气流量进行调节微流体回路，微流体回路内的压力可以增加或减小，以改变回路内流体的物理或化学性质，或改变反应动力学，可使热空气或冷空气或其他气体流过回路内的液体反应物以执行加热或冷却功能；随后大概在每一年中，均会提出有关微流控相关技术的专利申请。从2001年开始，在近10多年的时间内，先后申请约50项有关微流控专利，主要涉及对流体的输送、微流体空腔结构限定、流体表面改性、定量、驱动力控制、药物输送等多个领域，涉及范围较广，尤其是US2017209643A1开发了用于液体药物递送系统的微流控室，实现了微流控的新用途。

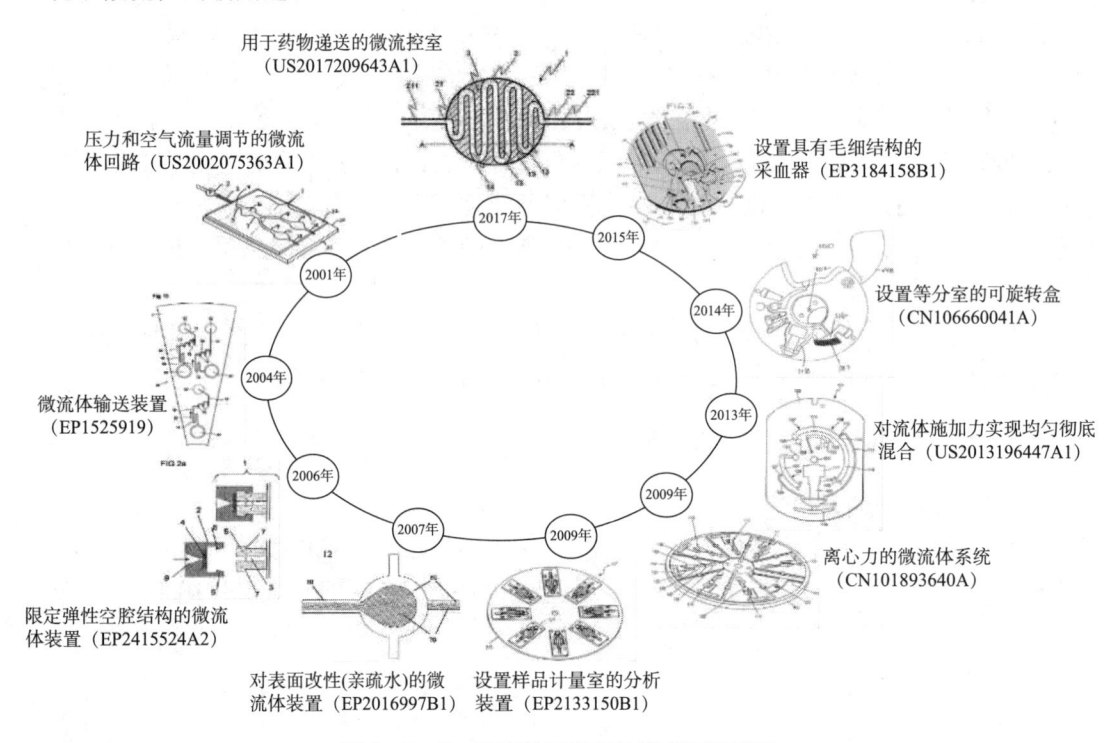

图6-7-5 罗氏微流控芯片技术演进路线

6.8 雅　　培

6.8.1 公司简介

雅培成立于1888年，总部位于美国芝加哥，是一家全球性、多元化的医疗保健公司，经营始终围绕医疗保健进行，产品遍及诊断、医疗器械、营养品、药品等医疗健康领域。

6.8.2 专利申请量趋势

图6-8-1是雅培涉及POCT领域的专利申请量趋势。可以发现，1988~2020年，

雅培涉及POCT的专利申请量共计529项（包含其收购公司涉及POCT的专利申请）。从专利申请量趋势而言，2005年以前，专利申请量都很少，2006~2018年专利申请量较大，但是也呈现出较大的波动，这与雅培的大量收购行为密切相关。

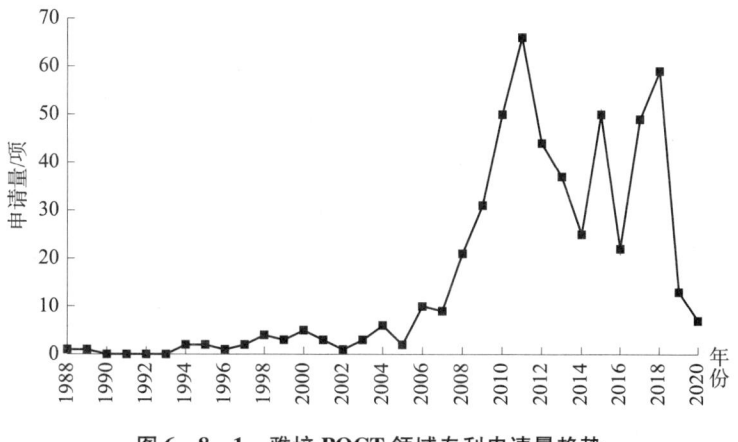

图6-8-1 雅培POCT领域专利申请量趋势

如表6-8-1所示，从2000年开始，雅培开始重视POCT领域的专利布局，2002年雅培以3.55亿美元收购分子诊断公司Vysis；2003~2012年，专利数量逐年增加，并且在2011年达到顶峰，这可能与2004年以3.92亿美元收购i-STAT有关，i-STAT公司的加入使雅培的领域优势显著；2014~2018年，一直保持19~60项的专利申请量。雅培在专利布局的同时，于2017年通过收购全球最大的POCT生产商美艾利尔，实现了优势互补，以强补强，当年IVD销售额跃升至56.16亿美元。可见，雅培的专利布局与市场扩张同步进行，并且呈现紧随罗氏之后的态势。

表6-8-1 雅培医疗器械诊断并购史

序号	年份	收购价格/亿美元	被收购公司	扩展领域
1	1995	12	Medisense	血糖监测系统领域
2	2002	3.55	Vysis	分子诊断领域
3	2002	2.43	Biocompatibles	支架领域
4	2003	1	Jomed	洗脱支架
5	2004	12	Therasense	血糖监测系统
6	2004	3.92	i-STAT	POCT诊断装置
7	2006	41	Guidant	支架
8	2009	1.23	StarLIMS	实验室信息管理系统
9	2009	28	AMO	眼力健

续表

序号	年份	收购价格/亿美元	被收购公司	扩展领域
10	2009	4	Visiogen	人工晶体
11	2009	4.1	Evalve	心脏二尖瓣微创修复设备
12	2013	3.1	IDEV Technologies	血管内及介入产品
13	2013	2.5	OptiMedica	白内障手术的精确激光系统
14	2015	2.5	Tendyne	心脏瓣膜
15	2017	2.5	St. Jude	心脏和神经系统设备
16	2017	53	美艾利尔	快速诊断技术

6.8.3 技术布局

图6-8-2是雅培在POCT领域的各技术分支布局情况。可以发现，干化学、胶体金和电化学是雅培POCT领域最主要的技术分支。

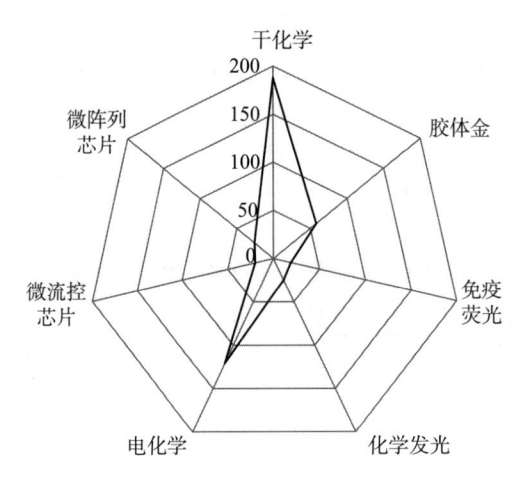

图6-8-2 雅培在POCT各技术分支的专利申请量分布

注：图中数字表示专利申请量，单位为项。

图6-8-3是雅培在POCT领域的各检测对象布局情况。可以发现，雅培在POCT领域对各种检测对象均有一定程度的涉及，其中生化、传染/感染、心脏标志物、肿瘤标志物和糖尿病专利申请量相对较高，而妊娠/排卵和血气/电解质则相对较少。

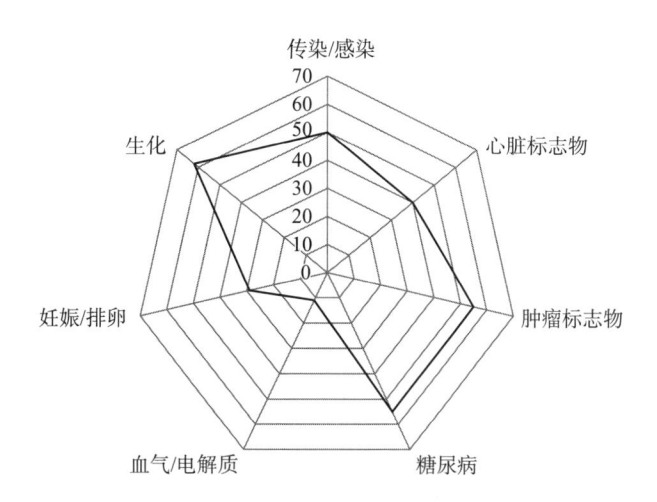

图 6-8-3 雅培在 POCT 各检测对象专利申请量分布

注：图中数字表示专利申请量，单位为项。

6.8.4 技术演进路线

图 6-8-4 为雅培在 POCT 领域专利技术演进路线，从图中可知，雅培主要通过企业并购来获取相关领域的核心专利，并在这些专利的基础上改进以增强自身竞争力。

2001 年收购 Axis-shield 公司，增强血液检测的研发能力。核心专利 EP1851550B1 通过延迟细胞裂解直到发生结合并校正血细胞比容，在血浆 HCy 的酶促免疫分析中使用未分离的全血样品。

2004 年收购 i-STAT 血糖产品公司，雅培血糖监测系统技术地位更领先。其核心专利 US5096669A 能够就操作者的最小需求执行各种测量。操作员只需为预期的测试选择合适的一次性装置，收集样品，并将装置插入读取器；系统将自动释放传感器的校准物，设定样品流体到达和测量的时间，校正气泡等缺陷，并且样品与试剂的混合以及结果的显示都可以快速自动地进行，消除了可能导致的不准确性，减少了对操作员的依赖。

2007 年收购 Biosite，获得其 10 多项快速诊断相关专利技术。其中 US5885527A 涉及用于进行测定的装置，涉及以单一测试形式的一种或多种分析物的定性、半定量和定量测定。该测定装置不涉及使用吸水材料，例如纸或膜，而依赖于使用限定的表面，包括凹槽表面。该装置通过单独的毛细管作用或以各种作用组合来驱动测试试剂，并提供了用于在装置内控制和定时移动试剂的部件，不需要精确的移液步骤，特别适用于环境和工业流体（如水）以及生物流体和产品（如尿液、血液、血清、血浆、脊髓和羊水等）的免疫测定。

2017 年成功收购美艾利尔，使雅培成为床旁诊断技术领域的领导者，进一步完善了诊断领域的布局。专利 US9352312B2 为美艾利尔"Alere i 分子检测平台"的核心技术，雅培在该技术上进行改进推出了新一代的"Abbott ID NOW 诊断平台"。该平台受到时任美国总统特朗普的大力推荐，并快速获得了美国食品药品管理局（FDA）认证，大量应用于美国新冠病毒检测。

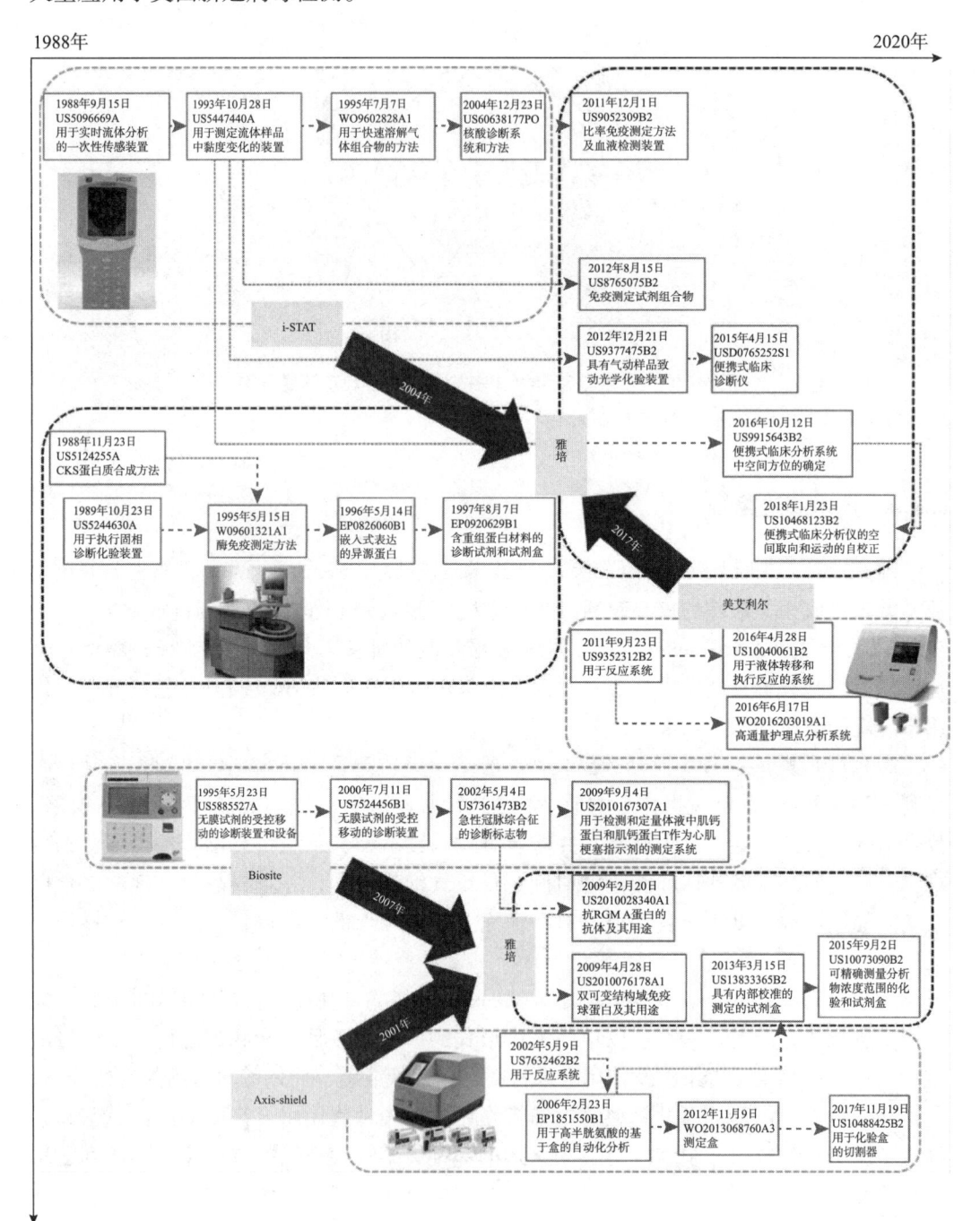

图 6-8-4　雅培在 POCT 领域专利技术演进路线

6.8.5 主要产品

表6-8-2是雅培POCT领域主要产品与相关专利对应的情况，其中涉及Alere Triage®快速诊断检测系统、Alere Afinion®分析仪、Alere i 分子检测平台、Abbott i-STAT1血液分析仪、Abbott AxSYM全自动微粒子酶免疫化学发光仪。大部分产品均是雅培收购公司的主打产品，例如，Alere Triage®快速诊断检测系统是Biosite的主打产品，Alere i 分子检测平台是美艾利尔的主打产品。

表6-8-2 雅培POCT领域主要产品与相关专利的对应情况

产品附图	产品型号	对应专利
	Alere Triage® 快速诊断检测系统	US6830731B1 US5763189A
	Alere Afinion® 分析仪	US7632462B2 US9140694B2
	Alere i 分子检测平台	US9352312B2
	Abbott i-STAT1 血液分析仪	US5096669A
	Abbott AxSYM 全自动微粒子 酶免疫化学发光仪	WO9601321A1

Alere Triage® 快速诊断检测系统是一种领先的新型快速诊断检测系统，由一个检测仪和各种检测芯片组成，可提高医生诊断危重疾病和症状的能力，包括心脏衰竭和心肌梗死等。Alere Triage® 品牌快速检测芯片的功能包括脑钠肽（BNP）、肌酸激酶同工酶（CK－MB）、D－二聚体、肌红蛋白、肌钙蛋白的定量检测，以及毒理药物的定性筛查。

Alere Afinion® 分析仪主要用于快捷的现场即时检测，无论样本类型是全血、血浆还是尿液，都能在患者问诊期间获得准确的结果。Alere Afinion® 分析仪和检测盒均采用精准的设计，每个检测盒都集成了样本采集装置，并包含完成单次分析所需的全部试剂。

Alere i 分子检测平台是一个快速的恒温分子检测平台，专注于传染性病菌的快速检测。该平台基于切口酶扩增反应技术（NEAR）和恒温扩增技术，利用含有 PCR 所需的全部冻干试剂的密封反应管，荧光标记的分子信标用于特异性检测扩增的靶标。这种技术不需要耗时长且复杂的热循环来进行 DNA 扩增，故而可以非常快速地进行检测，在几分钟之内即得出结果。

Abbott i－STAT1 是目前世界上功能最多、体积最小、重量最轻、装机量最大（仅中国达 3000 多台）的血液分析仪。一机可检测血气/生化、电解质、凝血等检测对象。它运用纳米技术并结合微流体技术所制成的生物测试芯片，确保测量结果的高准确率和高重复率。微量的血样（20μl）实现患者最小的损伤（特别是儿童），真正做到床旁即时检测，2~3 分钟即可出结果。

Abbott AxSYM 的中文全称为"全自动微粒子酶免疫化学发光仪"，是集微粒子酶免分析技术（MEIA）、离子捕获免疫技术（ICIA）、荧光偏振免疫分析技术（FPLA）3 种先进技术于一体的先进仪器，通过不同方法的结合使用，扩大了检测范围，并可根据不同被检测物的特点设计不同的反应步骤，具有灵敏度高、线性范围宽、检测速度快及检测项目齐全等特点。

6.9 西门子

6.9.1 公司简介

西门子成立于 1847 年，总部位于德国慕尼黑，业务遍及全球 200 多个国家/地区，专注于电气化、自动化和数字化领域。在 IVD 领域的发展策略为通过并购发展成为该领域巨头。如表 6－9－1 所示，2006 年，西门子医疗以 15 亿欧元收购德普，正式进军实验室诊断领域。此后，经过多次收购，西门子诊断的业务已经覆盖 IVD 所有细分领域。目前，西门子医疗拥有最齐全的 IVD 产品线，包括免疫、生化、分子、血球、血凝、POCT 等，是该领域布局最全面的厂家。在中国发展方面，1985 年，西门子与中国政府签署了合作备忘录，成为第一家与中国进行深入合作的外国企业。从单一产品层面看，西门子诊断优势并不明显，但优势在于产品线、检测项目的全面，带来的边际效应大。西门子 2019 财年全年总营收 868.49 亿欧元，相比 2018 年增长 5%。2019 财年，西门子在全球拥有约 52000 名员工，创造了 145 亿欧元的收入，调整后的利润为 25 亿欧元。基于自身这一特点，西门子在业务策略上大力推动流水线业务。一条流水线带来的试剂量是巨大的，同时流水线一旦装机，竞争对手很难将其替换。2016 年，西门子诊断占领了中国流水线装机量市场约 40% 的份额。西门子产品包括多种全自动分子/免疫生化检测仪器，最快可在 30 分钟内输出检测结果。目前，西门子正在全力拓展 POCT 产品市场。

表 6-9-1　西门子医疗器械诊断并购史

时间	实践	产品/事件
2006 年 7 月	15 亿欧元收购德普	免疫：Immulite 系列
2007 年 1 月	42 亿欧元收购拜耳诊断	生化：ADVIA 生化系列 免疫：ADVIA Centaur 系列 血球：ADVIA 系列 分子：Versant® 系类 POCT：Rapidpoint®、Rapidlab®、RapidComm™ 和 Clinitek
2007 年 11 月	70 亿美元收购德灵诊断	生化：Dimension 系列、Dimension Vista 微生物：MicroScan WalkAway、BEP 系列传染病监测 血凝：BCS XP 药物检测：Viva 系列
2012 年 7 月	与 Sysmex 合作	代理 Sysmex 血凝产品（Sysmex CS-5100、Sysmex® CA-600）等诊断类产品和血球（CellaVision）
2016 年 5 月	收购分子诊断公司 NEO	分子诊断类产品
2016 年 5 月	更名为"Siemens Healthineers"	

6.9.2　化学发光的相关专利分析

西门子诊断部的发光产品分为三大平台，分别是德灵诊断、DPC 和拜耳，均以收购的形式获得。

本报告对化学发光技术进行了分析，根据技术的原理和发展将技术分为四代。由于第四代光激化学发光技术是近 10 多年发展起来的技术，相对于直接化学发光、酶促化学发光、电化学发光是一种均相免洗的技术，具有更好的检测精度，有很好的应用前景。西门子于 2007 年收购了德灵诊断，德灵诊断正是 20 世纪 90 年代最早利用光激化学发光诊断技术实现均相免清洗的创新者。遗憾的是德灵诊断在 2007 年被西门子以

70亿美元收购后，光激化学发光技术的发展出现了停滞。但该技术被西门子诊断所接收，并由此推出了Dimension平台（Dimension® EXL™ with LM）。该检测仪器是一种全自动检测仪器，集成了光激化学发光检测模块，于2015年在中国注册。

6.9.2.1 专利申请量趋势

西门子在光激化学发光领域的专利申请如图6-9-1所示。该技术由美国德灵诊断Ullman教授于1991年提出，在各主要国/地区进行了相应的专利布局。2003年，西门子在中国进行布局，直到2015年有了相对较多的专利申请量。2015年集成有光激化学发光技术的Dimension平台被推出，2015年的专利申请量也最多。

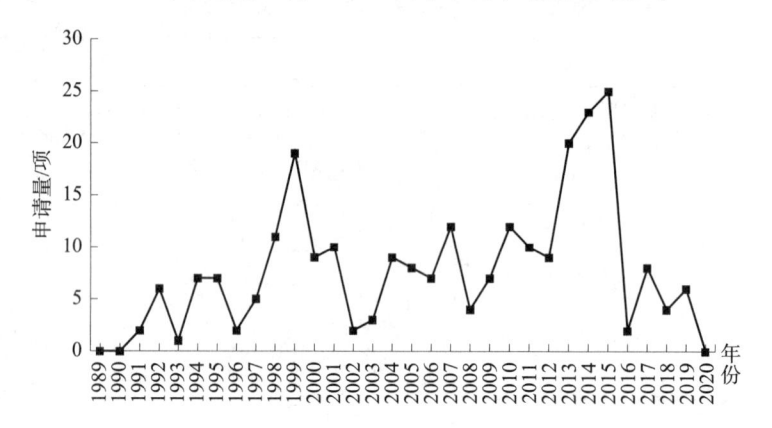

图6-9-1 西门子光激化学发光领域专利申请量趋势

如图6-9-2所示，在光激化学发光领域西门子主要在美国、欧洲布局进行持续性的布局，这与欧美的POCT市场成熟较早相关。其次主要布局地是中国，但布局时间主要集中在2010年后，因为2010年中国的POCT市场发展迅速，市场规模和前景巨大，然而西门子在中国的专利申请量整体较少。在这期间，中国的光激化学发光技术也已经快速发展。

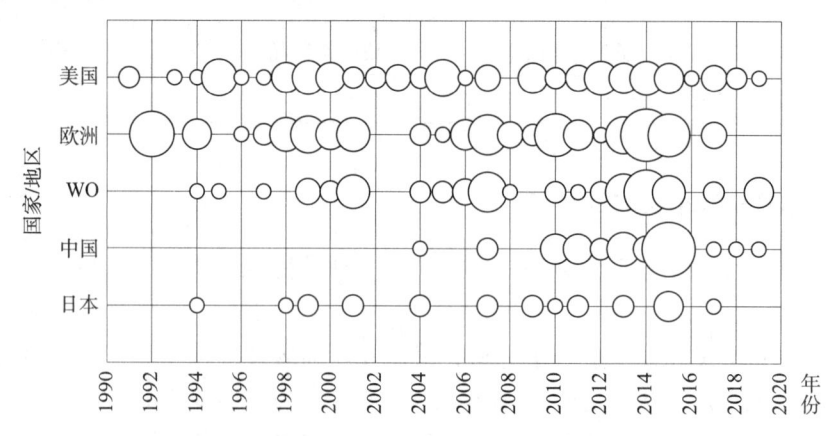

图6-9-2 西门子化学发光专利申请的主要国家/地区分布

注：气泡大小代表专利申请量多少。

6.9.2.2 西门子与科美诊断的主要专利比较

现对西门子和科美诊断在光激化学发光领域的重点专利进行分析。如图 6-9-3 所示，西门子拥有光激化学发光最早的专利技术（US6251581B1、US5340716A），由 Ullman 教授于 1991 年提出，并提供了多种光敏材料。随后，西门子不断地开发出不同的感光材料或检测组合物，用于检测多种待测物［EP984281A2（1992 年）、US5578498A（1993 年）、WO9506877A1（1994 年）、US6703248B1（1999 年）］；并提出了多种不同的增强信号、稳定信号、减少信号勾状效应的技术［EP1219964A1（2001 年）、US7635571B2（2001 年）、CN102575156A（2010 年）、EP2491093A1（2010 年）］。

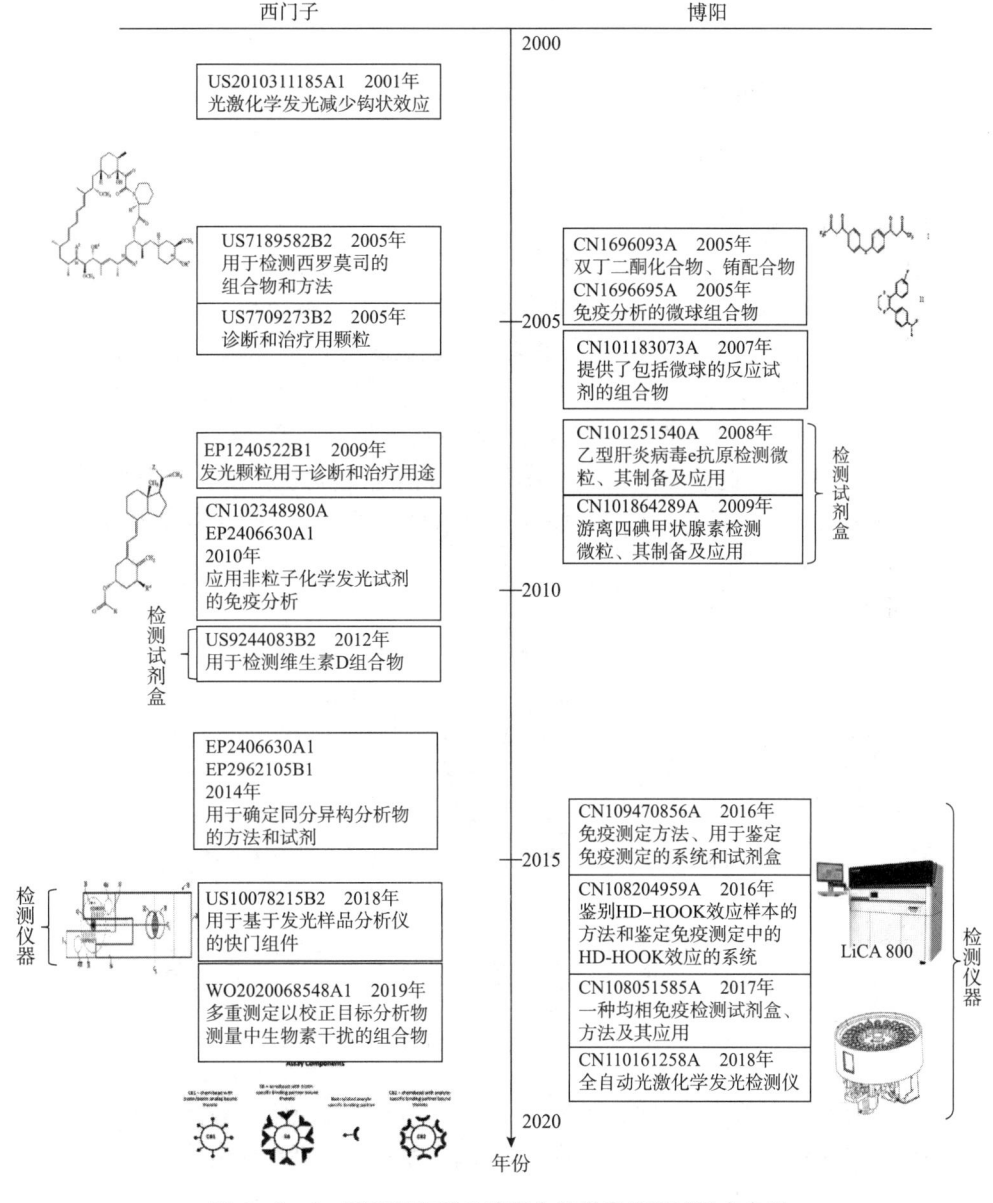

图 6-9-3　西门子和科美诊断在化学发光领域重点专利

科美诊断的子公司博阳生物于 2005 年成立当年购买了 2 件专利,涉及光激化学发光的微球组合物,随后的专利更多涉及组合物和检测方法的应用。2016 年,博阳生物提出了解决勾状效应的方法,并基于该技术制备了 LiCA 检测平台。

总的来说,在光激化学发光技术领域,西门子的专利技术上比科美诊断的起点早,各项技术更成熟且专利技术涉及的方面广,涉及信号的校正、稳定、放大,检测试剂组合物,检测的应用,有颗粒检测体系,无颗粒检测体系等。而科美诊断的专利技术相对薄弱一些,技术也晚一些,侧重面更多是在检测试剂组合物、检测的应用,在信号的校正、稳定、放大方面的研究较少一些。因此,在该领域内,西门子的专利技术更强、更广、更深;但在中国范围,科美诊断的专利布局更多,发展更迅速,且近年来也在进行信号校正方面的研究,并取得了突破,相对较早地推出了光激化学发光仪器。因此,科美诊断如继续投入研发,提高创新能力,有望在未来超越西门子。

6.9.3 微流控芯片的相关专利分析

6.9.3.1 专利申请量趋势

如图 6-9-4 所示,1999~2020 年,西门子涉及微流控芯片专利共 112 项。从专利申请量趋势可知,西门子于 2000 年开始在微流控芯片领域布局,2000~2004 年专利申请量逐步上升,2005~2019 年专利申请量反复震荡。可能原因在于,早期 2000~2004 年西门子针对核酸检测和系统控制方面进行了大量专利申请,2004 年后专利申请量略有下降,2008 年又针对磁流式细胞仪技术进行大量专利申请,2008 年微流控芯片专利申请量出现峰值。此后受金融危机影响,专利申请量再次下降,直到 2014 年西门子针对光谱分析进行布局。此后微流控芯片技术趋于成熟,西门子减少了相关研发投入,专利申请量开始下滑。

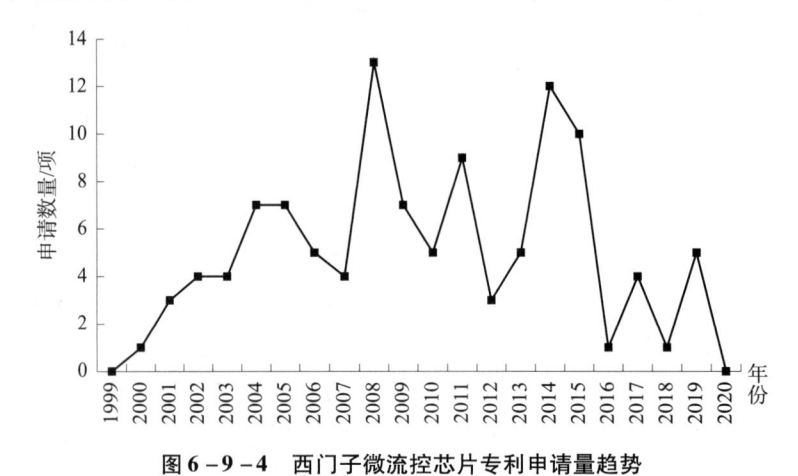

图 6-9-4 西门子微流控芯片专利申请量趋势

6.9.3.2 主要技术目标国家/地区

如图 6-9-5 所示,西门子除了在德国本国拥有较多的专利申请量,同时注重全球布局,尤其是针对美国和中国这两大市场进行了较多的专利申请。此外,西门子在

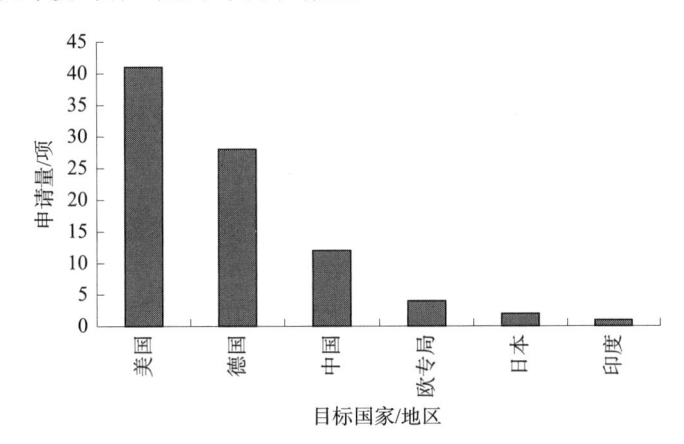

欧洲、日本以及印度均有一定的专利申请量。

图 6-9-5　西门子微流控芯片专利申请目标国家/地区

6.9.3.3　技术演进路线

通过对西门子微流控芯片的 100 多项专利进行初步筛查，综合考虑被引频次、同族数量和转让次数等因素，找出 5 项较为早期的核心专利（具体参见表 6-9-2）。通过对这些专利进行不断追踪与分析，得到西门子微流控芯片技术的专利演进路线（具体参见图 6-9-6）。西门子微流控芯片的专利主要集中在光谱分析、核酸检测、系统控制和磁流技术这四大领域。早期（2002～2007 年）西门子主要针对核酸检测和系统控制方面进行了大量专利申请，中期（2008～2013 年）西门子申请了较多涉及磁流技术的专利，而后期（2014～2019 年）专利申请则主要集中在光谱分析技术方向。

表 6-9-2　西门子微流控芯片重点专利申请

公开号	涉及技术	申请日	被引次数	同族被引次数	同族个数	转让次数
US7347617B2	在微流体装置中的混合	2003 年 8 月 19 日	27	210	16	4
US8597574B2	用于生化分析的微流诊断试剂盒	2002 年 3 月 8 日	5	21	14	2
US2005054111A1	具有分别分配给多个流体路径的传感器的微流体系统	2004 年 8 月 4 日	6	23	8	4
US8641974B2	用于磁性检测微流体通道中单个颗粒的装置	2008 年 11 月 27 日	—	9	7	1

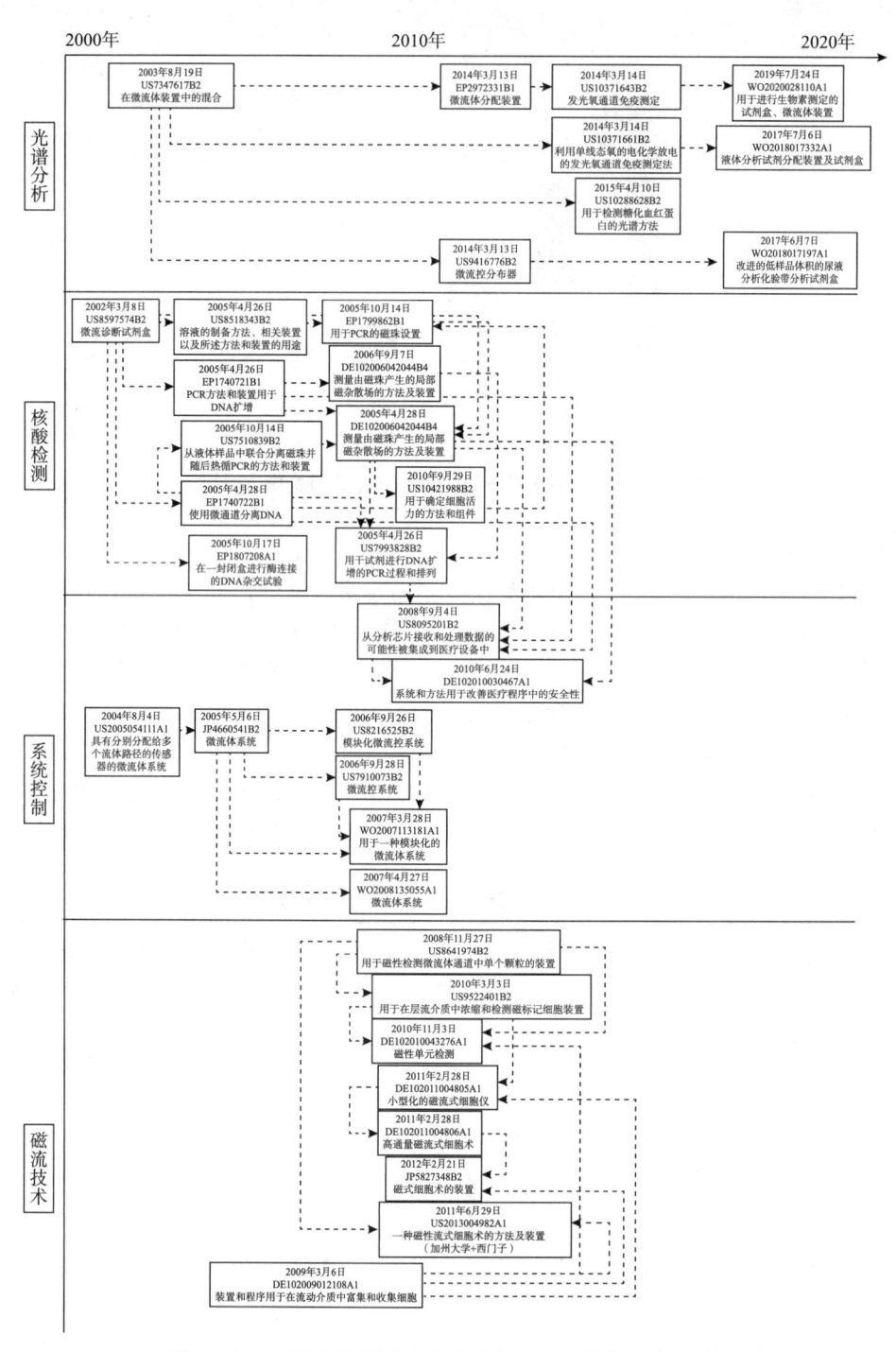

图 6-9-6　西门子微流控芯片重点专利申请技术演进路线

注：图中专利之间的线条代表引让关系。

6.10 卡 钳

6.10.1 公司简介

卡钳是第一家微流控芯片公司。卡钳设计、制造及推动 LabChip 设备和系统的商品化，通过芯片实验室技术，在微小芯片上进行包括前处理、混合、反应、后处理等在内的全流程试验，以替代要求使用全套实验室设备和人员才能完成的大型设备。卡钳芯片非常小，包含一个由许多用显微镜才能看见的通道构成的网络，液体和化学物质通过这些通道流动完成实验。LabChip 系统简化并加快了实验室试验过程，包括制药、农业、化工和诊断。同时，卡钳在早期便建立了多个战略和商业联盟，在微型流体技术中拥有领先的知识产权。卡钳的旗舰产品是 LabChip 3000 新药研发系统，微流体成分分析可以达到 10 万个样品，还有用于高通量基因和蛋白分析的 LabChip 90 电泳系统。卡钳曾经宣称，75% 的主要制药和生物技术公司都在使用 LabChip 3000 新药研发系统。美国加州的安捷伦曾与卡钳签署正式合作协议，该项合作于 1998 年开始，2000 年结束。

6.10.2 专利申请量趋势

卡钳作为第一家微流控芯片公司，在成立之初便非常重视知识产权保护。如图 6-10-1 所示，1996~2000 年，专利申请量逐年增加，1998~2004 年，每年专利申请量均保持在 10 项以上，在微流控芯片领域进行了大量布局，并且在此期间发生了大量的诉讼。该公司诉讼的特点是，在竞争对手进行第一轮融资前后发起诉讼，从而占领竞争优势地位。从 2008 年后，专利申请量逐渐减少。被 PerkinElmer 收购后，卡钳仅有少量专利申请。截至检索日，卡钳约 30% 的授权专利处于有效状态，主要是 2001 年后一批专利处于即将到期状态，即涉及核酸微流控芯片检测的早期专利，可供相关行业者参考。

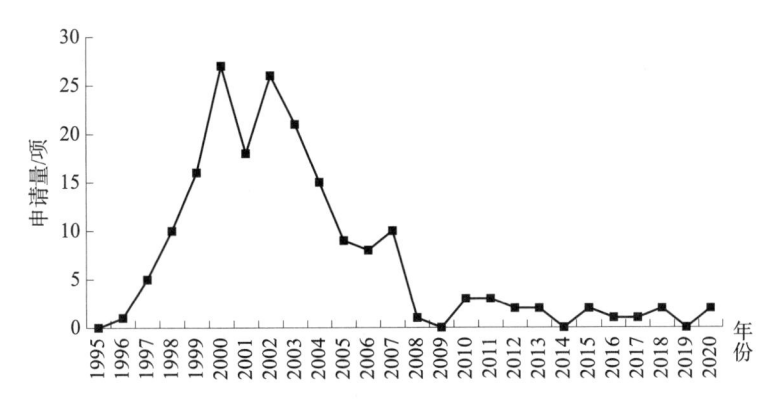

图 6-10-1 卡钳微流控芯片全球专利申请量趋势

6.10.3 技术演进路线

如图 6-10-2 所示,从卡钳的技术发展演进路线可以看出,其主要从检测原理、检测原材料、驱动力和控制阀、混合/反应/筛选过程、附件等方面进行技术改进。

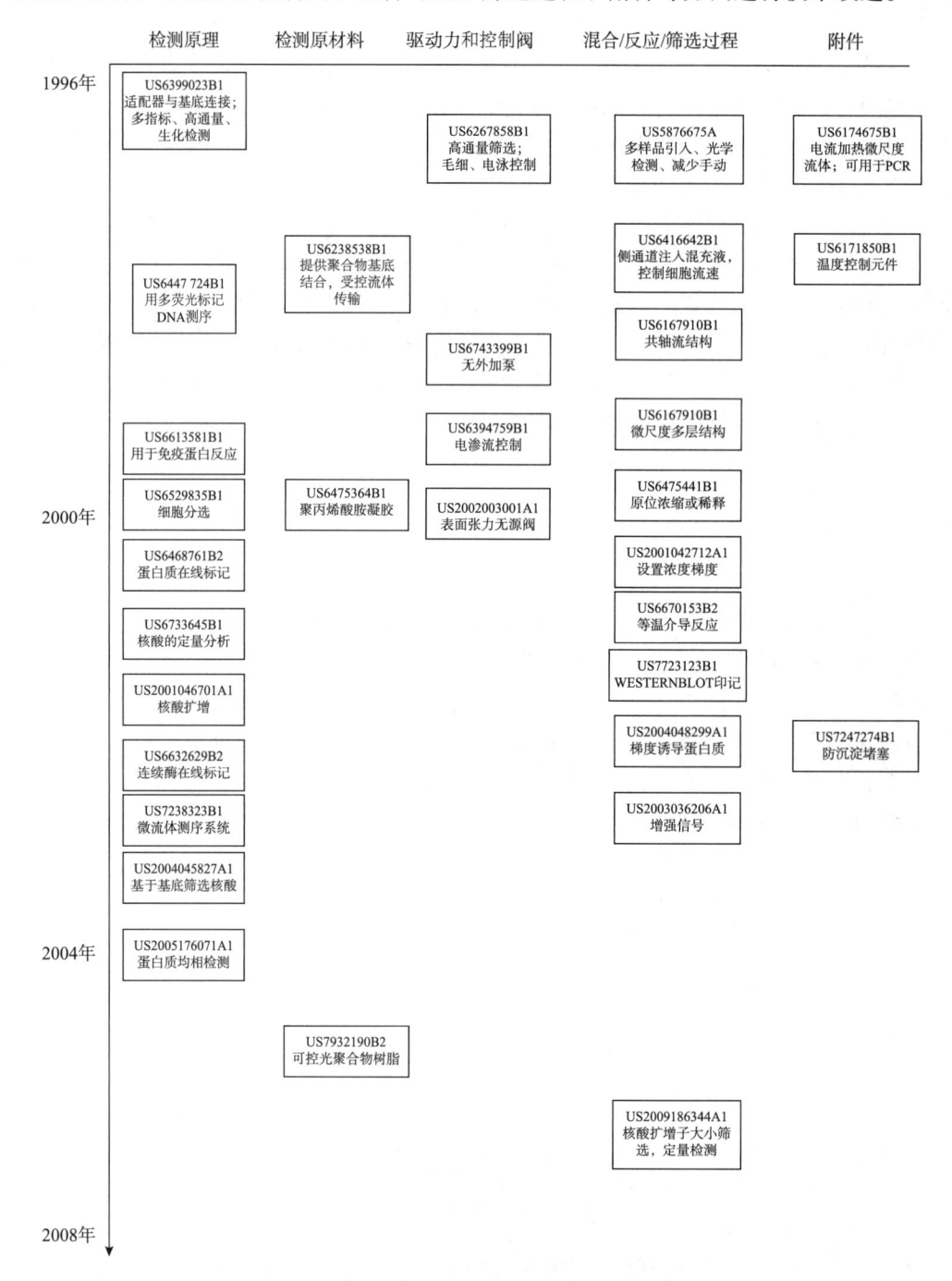

年份	检测原理	检测原材料	驱动力和控制阀	混合/反应/筛选过程	附件
1996年	US6399023B1 适配器与基底连接、多指标、高通量、生化检测		US6267858B1 高通量筛选;毛细、电泳控制	US5876675A 多样品引入、光学检测、减少手动	US6174675B1 电流加热微尺度流体;可用于PCR
	US6447724B1 用多荧光标记DNA测序	US6238538B1 提供聚合物基底结合,受控流体传输	US6743399B1 无外加泵	US6416642B1 侧通道注入混充液,控制细胞流速	US6171850B1 温度控制元件
				US6167910B1 共轴流结构	
	US6613581B1 用于免疫蛋白反应		US6394759B1 电渗流控制	US6167910B1 微尺度多层结构	
2000年	US6529835B1 细胞分选	US6475364B1 聚丙烯酰胺凝胶	US2002003001A1 表面张力无源阀	US6475441B1 原位浓缩或稀释	
	US6468761B2 蛋白质在线标记			US2001042712A1 设置浓度梯度	
	US6733645B1 核酸的定量分析			US6670153B2 等温介导反应	
	US2001046701A1 核酸扩增			US7723123B1 WESTERN BLOT印记	
	US6632629B2 连续酶在线标记			US2004048299A1 梯度诱导蛋白质	US7247274B1 防沉淀堵塞
	US7238323B1 微流体测序系统			US2003036206A1 增强信号	
	US2004045827A1 基于基底筛选核酸				
2004年	US2005176071A1 蛋白质均相检测				
		US7932190B2 可控光聚合物树脂			
				US2009186344A1 核酸扩增子大小筛选,定量检测	
2008年					

图 6-10-2 卡钳微流控芯片的技术演进路线

在检测原理方面：从生化类检测（涉及多指标、高通量、生化检测的专利 US6399023B1）到免疫类检测（基于免疫蛋白反应的专利 US6613581B1、涉及蛋白质在线标记的专利 US6468761B2），再进一步到核酸分子检测（基于芯片的链式聚合反应 PCR 的申请 US2001046701A1），再发展到微流体测序技术（涉及微流体测序系统的专利 US7238323B1）。综观检测原理，在线连续比较酶和核酸检测是研发重点，分子诊断和 DNA 测序是其主要研发方向。

从检测原材料来说，从硅、玻璃发展到聚合物（与聚合物基底结合的专利 US6238538B1），再发展到亲和性更好的材料（涉及聚丙烯酰胺凝胶的专利 US6475364B1），再发展到可控性材料（涉及可控光聚合物树脂的专利 US7932190B2）。

就驱动力和控制阀方面而言，从最初的毛细、电泳控制（专利 US6267858B1），进一步发展到无外加泵（专利 US6743399B1）、电渗流控制（专利 US6394759B1）、表面张力无源阀（专利 US2002003001A1）方向。

从混合、反应、筛选的过程来说，从多样品简单混合（专利 US5876675A）发展到多层流结构（专利 US6416642B1）、共轴流结构（专利 US6167910B1）等，进一步发展到对过程进行控制，如原位浓缩或稀释（专利 US6475441B1）、设置浓度梯度（专利 US2001042712A1）。由于核酸检测技术的兴起，卡钳逐渐朝着在微流控芯片上实现核酸扩增、等温介导反应（专利 US6670153B2）等方向发展。

此外，随着技术的更迭，卡钳也进行了改进附件方面的布局，例如电流加热、温度控制、信号增强、防沉淀堵塞等。总体而言，高精度、稳定性、低消耗样品是发展趋势。卡钳一直强调，要将其技术推向快速增长的新一代测序和分子诊断市场，而这两个市场也正是 PerkinElmer 的目标。于是，2011 年，PerkinElmer 以每股 10.50 美元，折合 6 亿美元收购卡钳，从而丰富 PerkinElmer 在生命科学研究领域的产品线，添加了卡钳的成像、微流体、自动化以及样品制备平台和技术。

6.11 本章小结

不同类型的企业具有不同的专利布局策略。中国专利制度起步较晚，企业在技术开发过程中未意识到如何进行专利保护、如何实现技术布局。随着企业知识产权意识的不断提升，专利保护、专利布局意识逐渐深入企业内部，完整的专利布局能够为企业市场竞争服务，维护、巩固和提升企业市场竞争地位，为企业带来利益。外国企业起步早，掌握了 POCT 大部分核心专利技术，不但在本国维持着相当的专利数量，同时注重开拓国际市场，率先在欧美和中国等主要市场进行了一系列专利布局。

（1）"中间开花"——全面布局

以基础专利为核心，多角度、多层次、网络化地对核心专利进行保护，形成一张强大的保护网，使后续的专利运用得心应手。

1）以 PCT 申请的形式进行多地域全面布局

由于美国、欧洲是技术的主要来源国家/地区，在多国以 PCT 的形式进行多地域全面专利布局，如罗氏的 US4683202A 在美国、日本、澳大利亚、德国等多个国家/地区进行布局，同族数高达 546 件。

2）以核心专利为主导进行多技术主体的专利布局

同样以罗氏为例，US4683202A 是在核酸扩增和测序方面的重要专利之一，被引证次数高达 1 万余次。围绕该专利，罗氏先后进行了高达几百件专利的申请布局，能够很好地确立罗氏在核酸检测方面的龙头位置，使竞争对手不得不避开或以授权的方式进行技术研发。

（2）"取长补短"——全面收购

以市场为导向，以企业的核心技术与市场占有率为基准，全面收购行业重点企业的核心技术。

以雅培为代表，收购 POCT 领域的重要申请人美艾利尔，将美艾利尔的重要专利收入囊中，从而直接奠定了雅培在 POCT 领域的市场地位。

（3）"强强联合"——多方合作

基于高校、研究所的较强研发能力，中国企业与高校、研究所强强联合，提升企业的研发能力，有助于增强企业的竞争力与市场占有率。

中国以博奥生物为代表，以清华控股有限公司作为最大股东，依托于清华大学的较强研发能力，在微流控芯片、恒温扩增核酸分析仪、高通量恒温扩增核酸分析仪等多种 POCT 领域开发了产品。其重点专利 CN101126715A 是一种微纳升体系流体芯片的检测系统及检测方法，奠定了博奥生物开发中国首创的台式恒温扩增微流控芯片核酸分析仪的基础。同时，为应对新冠病毒，博奥生物联合清华大学、四川大学华西医院共同设计开发的包括新冠病毒在内的"六项呼吸道病毒核酸检测试剂盒（恒温扩增芯片法）"获国家药品监督管理局第 2 批新冠病毒应急医疗器械审批批准，迅速应用到疫情防控前线，博奥生物通过多方合作的方式提升企业的研发能力，使企业在该领域掌握关键性技术，也为企业应对突发公共卫生事件奠定了行业基础。

（4）"适合才好"——布局多选择

不同的专利类型在保护客体、授权条件、审查方式、保护期限以及费用上都存在区别，企业在进行专利布局时，可根据自身的情况选择不同类型的专利。

以中国 POCT 代表性企业为例，明德生物、万孚生物和基蛋生物在 POCT 领域各技术分支的专利申请量均不同，如万孚生物在干化学分析技术方面申请较多，而明德生物则相对较少；针对生化检测，明德生物的专利申请量较万孚生物、基蛋生物呈现差异化申请。各企业的研发重点不同，侧重点不同，根据自身战略需求进行专利布局。

（5）"硝烟四起"——专利纷争

企业之间专利诉讼策略的应用，目的在于获得更多的商业利益，提升企业的商业竞争力。

综上，国内外重点企业均以市场为导向，外国重点企业通常是专利先行开拓市场，通过频繁并购来实现技术积累与业务拓展，并通过积极的专利诉讼来打击竞争者和维护自身地位。中国企业则缺乏相应专利优势，重点企业则只在部分领域进行专利布局，所申请专利大多是与公司主营产品相关，较少实现领域全覆盖，有较为明确的技术发展方向。但同时，由于专利期限的问题，中国企业也迎来新机遇。如何迅速布局，持续稳定发展，通过技术优势体现差异化优势，对于中国企业来说是机遇也是挑战。

第 7 章　新型冠状病毒检测专利概览

7.1　免疫检测

7.1.1　概　　况

新冠病毒的诊断主要集中于病毒核酸的检测，由于病毒核酸检测过程对实验室环境、检测人员、仪器要求比较高，并且通常需要通过鼻拭子、咽拭子、肛拭子进行采样，采样人员在操作过程中需严格控制感染风险。随着疑似病例数量增多，只靠病毒核酸检测工作量太大，并且由于样本采集手法、样本保存条件、PCR 操作过程等因素，假阴性和假阳性结果可能出现。通过增加新冠病毒抗体、扩展抗原检测的方法进行辅助诊断，与核酸检测手段相互补充，可弥补核酸检测时出现的假阴性和假阳性，提高疑似病例检测的准确率。

目前多家企业相继推出了基于免疫学诊断的新冠病毒抗体检测和抗原检测试剂盒，其中抗体检测试剂盒居多。免疫检测是通过抗体抗原之间的特异性反应原理，检测体内病毒蛋白（抗原），或者体内特异性针对病毒蛋白的抗体。

抗体检测是通过特定的抗原与待检样品中产生的抗体产生免疫反应从而实现对样品中的抗体进行检测。抗体是免疫球蛋白，由浆细胞产生，广泛存在于血液、组织液、外分泌液等体液中。免疫球蛋白约占血浆蛋白总量的 20%。血清中发现的免疫球蛋白一共有 5 种，按照重链的不同，分为 IgG、IgM、IgA、IgE、IgD。其中 IgG 是最丰富的免疫球蛋白，大约占总免疫球蛋白的 75%，是体液中最重要的抗病原微生物的抗体。IgM 是一种五聚体蛋白，是人体发生感染后第一种产生的抗体，约占免疫球蛋白总量的 10%。IgM 体内浓度随着 IgG 的浓度上升而下降。IgA 主要存在于黏膜表面、唾液、初乳、泪液、汗液等体液当中，参与局部黏膜感染的免疫反应。IgE 存在于血液中，是正常人血清中含量最少的免疫球蛋白，可以引起 I 型超敏反应。IgD 的体内含量也很低，可作为膜受体存在于 B 细胞表面，作用可能是参与启动 B 细胞产生抗体。IgG 和 IgM 是最常用的传染病抗体标志物，其中 IgM 作为感染过程中首先出现的抗体，通常用作急性感染的标志物。随着感染的发展，IgG 出现后，IgM 浓度逐渐降低消失，而 IgG 通常会长时间在体内存在，即使体内病毒已经完全清除。因此 IgG 阳性无法判断病人处于既往感染还是感染期。如已治愈的新冠病毒肺炎患者体内依然存在 IgG，但是体内病毒已经被清除。一般认为患者被感染 7 天后，可在患者血清中检测到特异性的 IgM，10 天后可检测到 IgG。由于重组抗原技术相对于抗体制备更容易，所以抗体检测方法研发周期相对更短。

抗原检测是基于抗体与样本中病毒携带的蛋白质产生免疫反应，通过对感染部位的取样进行免疫分析从而对是否感染新冠病毒进行判断。新冠病毒包含刺突蛋白（Spike protein，S 蛋白）、包膜蛋白（Envelope protein，E 蛋白）、膜蛋白（Membrane protein，M 蛋白）和核衣壳蛋白（Nucleocapsid，N 蛋白）4 种蛋白。S 蛋白是新型冠状病毒最重要的表面膜蛋白，含有两个亚基 S1 和 S2。S1 能够促进病毒与宿主细胞受体的结合，含有一个重要的受体结合区（Receptor – binding Domain，RBD），正是这个区域负责和受体 ACE2 结合。N 蛋白是新型冠状病毒中含量最丰富的蛋白，具有高度保守性。在病毒体组装过程中，N 蛋白与病毒 RNA 结合形成螺旋核衣壳，且与病毒基因组复制和调节细胞信号通路有关。抗原检测的关键是制备适用于抗原检测的抗体，包括单克隆抗体和多克隆抗体，大多数抗体必须利用免疫动物产生免疫反应获得，制备过程相对烦琐耗时。

从适用场景来说，免疫检测速度快，操作简单，对于疑似病人快速检测排查具有重要意义，更适用于基层医疗机构、社区和乡镇卫生院发热人群的筛查，对有效控制新冠病毒的大规模传播具有重要意义。

7.1.2 全球专利申请量趋势

如图 7 – 1 – 1 所示，自新冠肺炎疫情发生以来，2019 年 12 月～2020 年 11 月，全球有关新冠病毒免疫检测的专利申请量共计 267 件，自 2020 年 1 月开始，专利申请量激增，2020 年 3 月达到最大申请量 73 件，专利申请主要集中在 2020 年 2 月～8 月。受限于专利申请公开原因，在 2020 年 9 月～11 月无新专利申请公开。

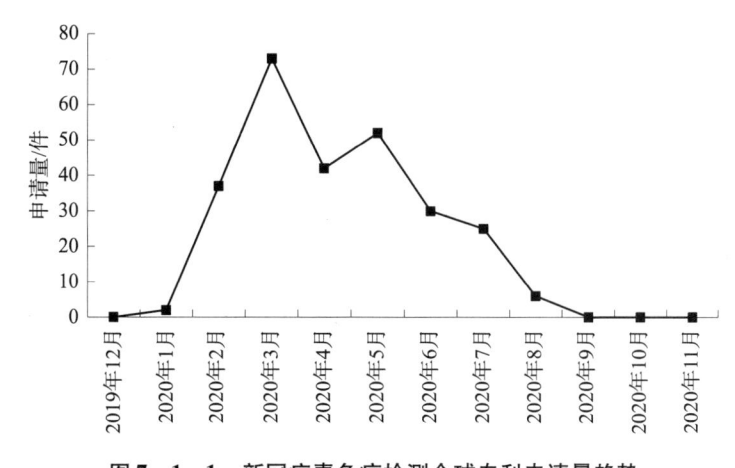

图 7 – 1 – 1　新冠病毒免疫检测全球专利申请量趋势

随着中国知识产权强国理念深入各行业，针对新冠病毒，各单位反应迅速，启动应急预案，提前做好相关专利布局。如图 7 – 1 – 2 所示，中国关于新冠病毒免疫检测技术申请量远远高于全球其他国家/地区的专利申请量，表明中国企业在专利布局上的先知先行。由于检测体量的原因，相关检测试剂、免疫层析装置、多联检测卡等需求量较大，这也为企业带来了巨大商机。

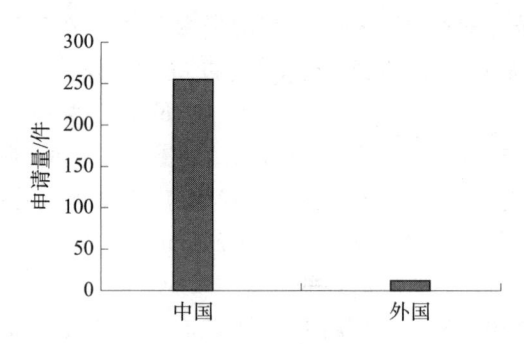

图 7-1-2　新冠病毒免疫检测中国与外国专利申请量对比

7.1.3　中国专利申请的区域分布

图 7-1-3 展示的是免疫检测技术中国专利申请主要区域分布情况。由图可知，专利申请量较多的区域为江苏、广东、北京、浙江等，专利的申请量与经济发展水平具有一定的关系，经济发展水平好的省份，企业较多、创新能力相对较强，专利申请量也相应较多。这也和企业在相对发达的地区布局有一定关系。同时，地区的经济基础好了，又进而促进企业的研发投入，鼓励创新，进一步促进专利申请量的增加。

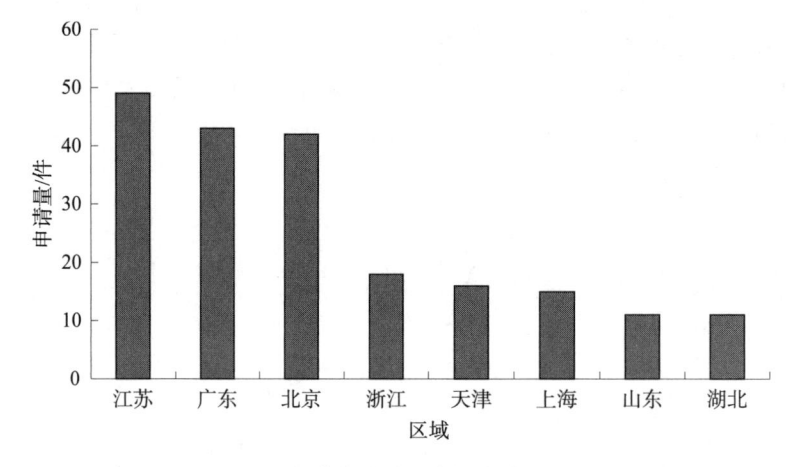

图 7-1-3　新冠病毒免疫检测专利申请的主要区域分布

7.1.4　中国专利申请类型及法律状态

图 7-1-4 展示的是新冠病毒免疫检测中国专利申请类型及法律状态。其中中国专利申请中，发明专利申请占比 96%，实用新型专利申请仅占 4%。而发明专利中，8% 获得授权，其中最早授权的发明专利为中山生物工程有限公司于 2020 年 3 月 25 日申请的专利 CN202010218543.6（联合检测新冠病毒 IgM/IgG 抗体的胶体金试剂盒及制备方法），该申请于 2020 年 5 月 1 日公告授权。另有 91% 处于待审阶段，1% 的专利申请处于无效状态。该无效专利主要是北京新创生物工程有限公司、江苏省疾病预防控

制中心（江苏省公共卫生研究院）两家单位主动撤回申请。从其中可以看出，企事业单位针对新冠病毒检测的专利申请主要涉及发明专利，且从专利申请到获得授权，专利审查周期明显缩短，能够有效保障企业尽快获得专利权并将产品应用于市场，快速占领市场。

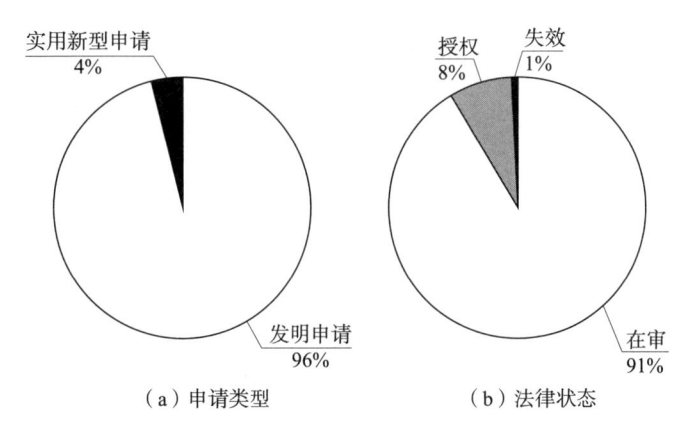

（a）申请类型

实用新型申请 4%
发明申请 96%

（b）法律状态

授权 8%
失效 1%
在审 91%

图7-1-4　新冠病毒免疫检测中国专利申请类型及法律状态

7.1.5　中国重点申请人

图7-1-5、图7-1-6展示的是新冠病毒免疫检测中国重点申请人及申请人类型。由图可知，江苏省疾病预防控制中心（江苏省公共卫生研究院）专利申请量最大，其次是博奥赛斯（天津）生物科技有限公司和重庆医科大学；在中国专利申请中，企业占比远远高于其他单位，占比高达61%，体现了企业在新冠肺炎疫情来临时的反应敏捷性，能够快速回应市场需求，积极布局相关专利技术应用于产业。

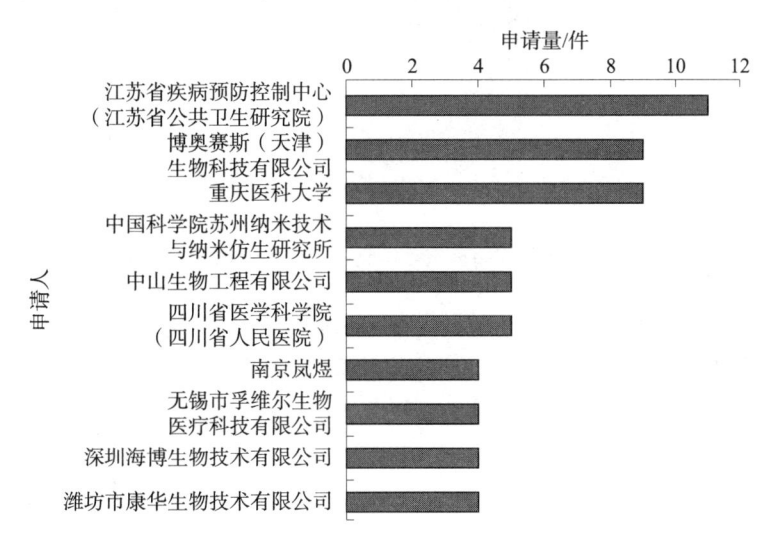

图7-1-5　新冠病毒免疫检测中国重点申请人

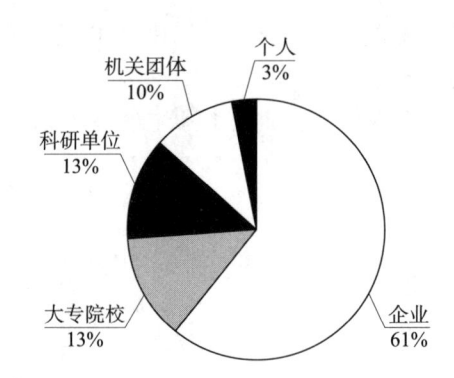

图7-1-6 新冠病毒免疫检测中国重点申请人类型

7.1.6 关键技术

7.1.6.1 检测方法

关于新冠病毒免疫检测方法，全球相关专利申请量分布如图7-1-7所示。由图7-1-7可知，新冠病毒的免疫检测方法主要有免疫层析法、酶联免疫法、免疫化学发光法，特别是免疫层析法，占比为42%，为新冠病毒免疫检测的主力军，适应了免疫检测快速、简便的需求。而免疫电化学方法和免疫拉曼法在新冠病毒免疫检测中占比相对较小。[1]

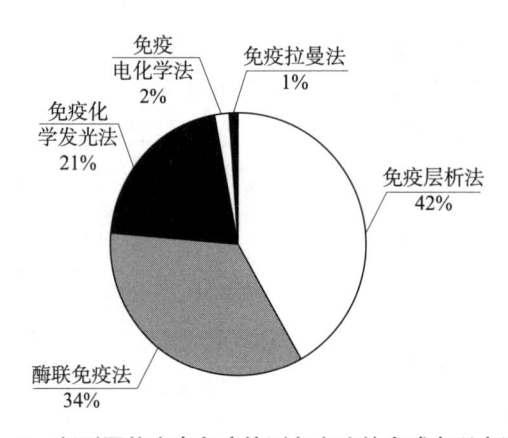

图7-1-7 新型冠状病毒免疫检测各方法的全球专利申请量占比

新冠病毒检测方法的专利申请趋势如图7-1-8所示。免疫层析法和酶联免疫法作为检测抗原/抗体的成熟方法，当检测新冠病毒的原料被制备成功后，基于相同的原理，最早被应用于新冠病毒的检测中，并一直保持较热的态势。随后，免疫电化学方法、免疫拉曼法也进行了检测新冠病毒的检测。

---

[1] 此处分类均以新冠病毒免疫检测数据为基础，即在新冠病毒免疫检测数据中分别利用免疫层析技术、酶联免疫技术、免疫化学发光技术、免疫电化学技术、免疫拉曼技术的检测方法。

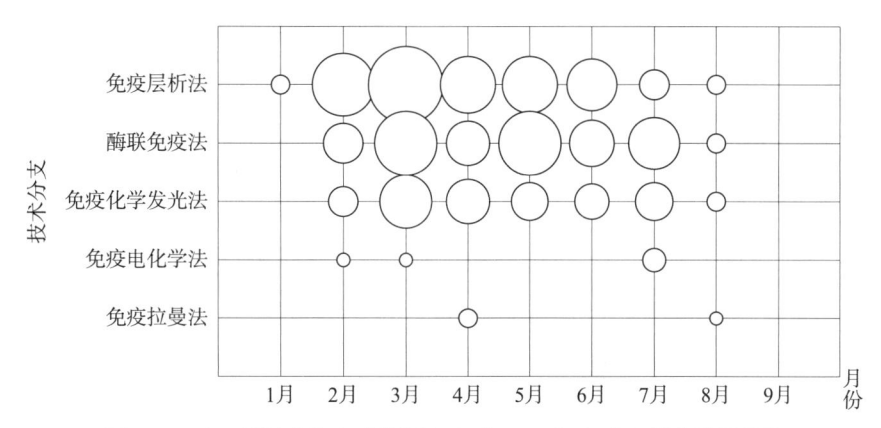

图 7-1-8　新冠病毒免疫检测各方法 2020 年全球专利申请量趋势

注：气泡大小代表专利申请量多少。

7.1.6.2　抗原抗体的技术演进路线

由于相当比例的标本不同程度地含有内源性（如嗜异性抗体、补体、溶菌酶）、外源性（如标本溶血、细菌污染、标本凝固）的各种干扰物质，基于抗原抗体的免疫学检测存在假阳性情况，因此较多的专利申请通过各种方式改善这一问题。另外，避免漏检，提高检测的稳定性也是免疫检测中一直追求的目标，具体参见图 7-1-9。

降低假阳性，包括对抗原的处理和对抗体的处理。抗原处理方面，例如通过修饰 N 蛋白的 C 末端，实现其对目标抗体的定向偶联来提高检测的特异性（CN111233985A）；再如通过去除非表位相关的氨基酸序列，来减少融合蛋白和检测样本的非特异性反应（CN111393532A），或者通过合成 S 蛋白 RBD 片段，实现特异性抗体检测；CN111337673A 和 CN111423496A 均通过合成多肽类抗原物质并筛选得到具有良好的抗原特异性且不与血清产生反应的多肽抗原。针对检测抗体，研究者们通过现有的单克隆抗体合成方法，例如通过杂交瘤细胞技术、活噬菌体展示技术合成 S 蛋白或 N 蛋白特异性单克隆抗体，并进一步合成靶向 S 蛋白的 RBD 区的全人源单克隆抗体。总体来说，通过提高检测抗原/抗体原料与目标抗原/抗体之间结合的特异性来降低检测假阳性。

降低假阴性，即提高检测灵敏度，主要分为对靶标的选取和对检测原料的处理。在靶标的选取方面，例如选取最先分泌到唾液中的 IgA 来检测新冠病毒，或者同时检测抗体和抗体等多种目标物，来避免漏检。在检测原料方面，通过合成多优势表位融合蛋白或者合成高亲和力的抗体以及高敏感性的 N 蛋白等方式，提高目标物识别能力，从而提高检测灵敏度。CN111647055A 则通过一种基于增强的化学发光的均相免疫检测技术，结合 NC 蛋白多克隆抗体和 N 蛋白单克隆抗体，利用双抗体夹心法光激化学发光检测新冠病毒 N 蛋白，达到较高的灵敏度。

在提高稳定性方面，通过亲水柔性连接臂连接多个抗原表位，合成对电解质不敏感的抗原，利用性质稳定的抗体、热稳定性高的抗原等方式提高检测原料的稳定性，避免检测原料的变性造成检测结果不稳定。CN111423486A 则通过直接挂柱流动复性方法（镍螯合柱）对 RBD 重组蛋白或 N 重组蛋白包涵体进行复性，得到新冠病毒 RBD

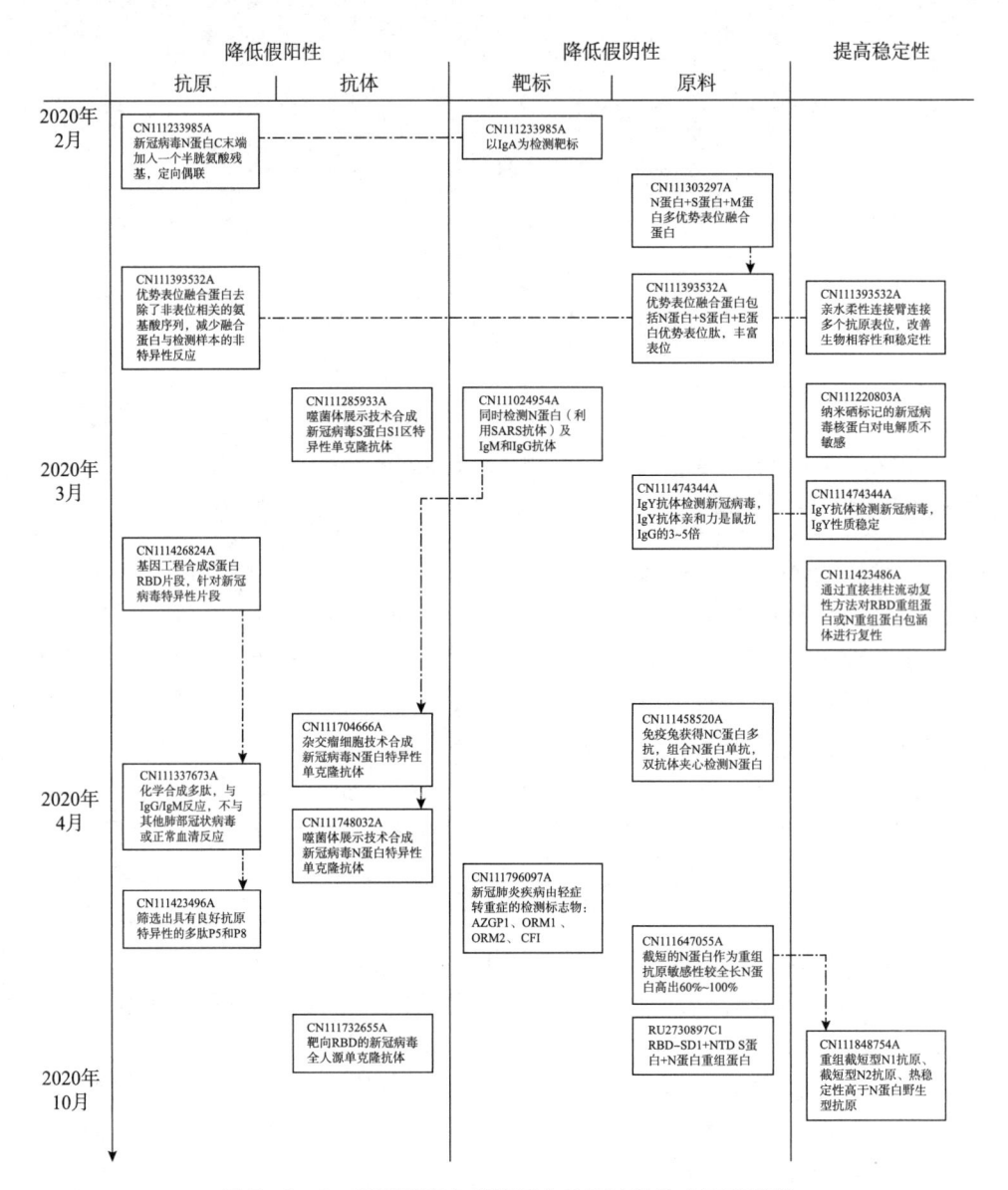

图 7-1-9　新冠病毒免疫检测中抗原抗体技术演进路线

重组蛋白，且制得的蛋白纯度高、稳定性强，适于大规模操作。

7.2　分子诊断

7.2.1　概　况

新冠病毒是单股正链 RNA 病毒，其核酸检测在各版诊断标准中均属于确诊的金标准。《新型冠状病毒肺炎诊疗方案（试行第六版）》中，确诊病例须有病原学证据阳性结果。该阳性结果包括实时荧光 RT-PCR 检测新冠病毒核酸阳性或病毒基因测序，与已知的新冠病毒高度同源。

新冠病毒的基因组长度在29903bp，测序耗费的时间较长，需要构建文库、上机检测再进行数据分析，虽然能够准确诊断病毒的种类并进行精确的分型，有利于流行病学溯源，但难以纳入即时检测的范围。因此，本节主要针对除测序技术外的新冠病毒的分子检测手段进行分析。

7.2.2 专利申请量趋势

在专利库中对新冠病毒分子诊断技术相关专利进行检索和人工标引，获得全球专利申请共223件，其中中国申请210件，外国申请13件。将上述专利按最早申请日进行统计，结果如图7-2-1所示。

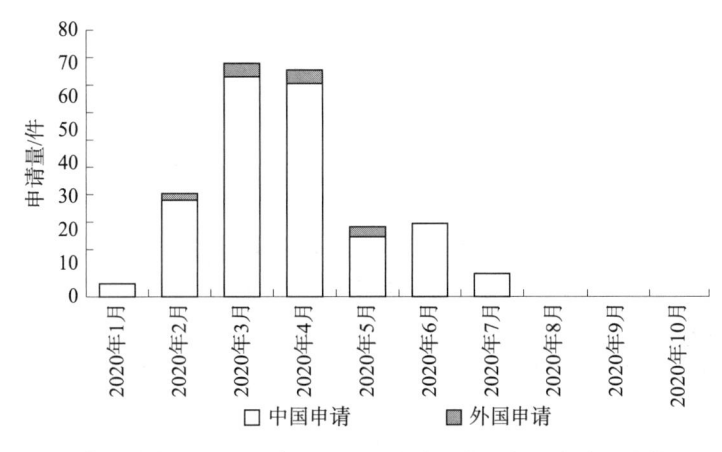

图7-2-1 新冠病毒分子诊断全球及中国专利申请量趋势

由于专利的延迟公开特性，对于上述专利申请态势仅基于目前已经公开的信息进行分析。最早的专利申请出现在2020年1月，是由西安博睿康宁生物医学中心有限公司（以下简称"博睿康宁"）在1月17日申请的一种检测新冠病毒的双靶位点反转录荧光PCR引物、探针及试剂盒。最早的外国专利来自Bionics在2020年2月12日申请的针对新冠病毒的LAMP引物，该专利现已授权。根据上面的信息可以看出，中国的创新主体在新冠疫情下反应迅速，有责任、有担当，在3~4月疫情尚不明朗的情况下，已经能够大规模输出专利，可见在疫情严峻的1~2月即开始了紧锣密鼓的研发工作。

而外国的专利分布较零散，具体数据见图7-2-2。虽然目前公开的外国专利申请量不大，但是可以明显看出传统欧美国家的专利申请态势不理想，亚洲国家的专利申请量明显占据了主导。这可能是由于传统欧美国家的申请人不倾向于提前公开专利，且新冠疫情的扩散和爆发持续了一定的时间，亚洲以外的国家/地区一开始对疫情不够重视，科研工作蓄力较晚。

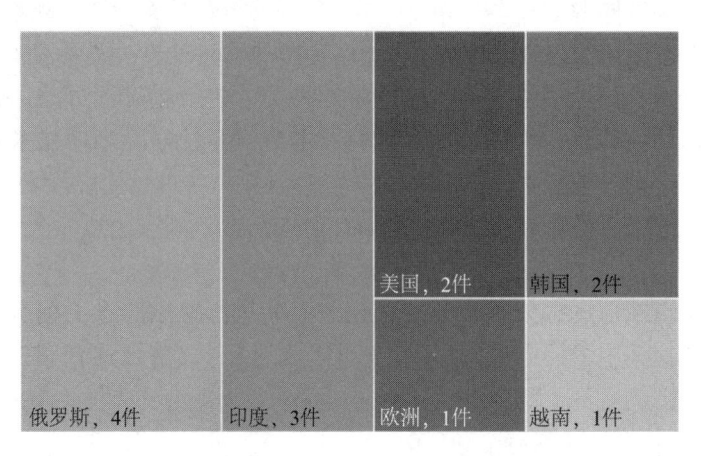

图 7-2-2　新冠病毒分子诊断外国专利申请量的国家/地区分布

7.2.3 重点申请人

7.2.3.1 重点申请人类型

不同类型的申请人在此次新冠疫情中有不同的表现。根据申请人的性质将它们分为三类：个人、企业、科研主体（高校、医院、研究所等），并对专利申请量进一步分析，得到图 7-2-3。从图 7-2-3 可以看出，在中国，企业申请占据了主导，个人申请较少；而在外国，个人申请较多，企业与科研主体缺乏合作，整体构成上明显不同。

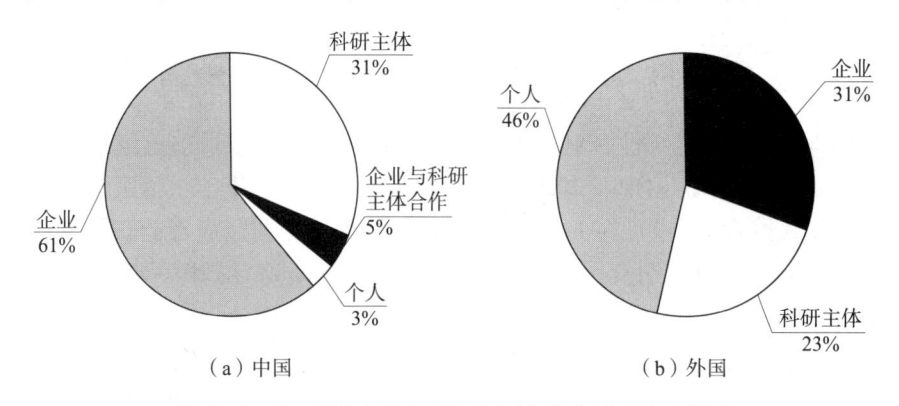

图 7-2-3　新冠病毒分子诊断国内外专利申请人类型

按照最早申请日所在月份对不同创新主体进行整理，得到图 7-2-4。可以更清晰地看到，中国的企业和科研主体在此次疫情中反应迅速，体现了很好的社会担当，而外国企业反应速度较慢，申请的热情不如个人。中国的企业与科研主体以"挑大梁"的姿态，持续不断地在新冠病毒检测中投入。按照专利申请量趋势，可以预期后续中国的企业和科研主体还将持续加码，助力新冠病毒的快速、准确检测。具体来说，2020 年 1 月 17 日，博睿康宁申请了第一件新冠分子检测专利申请，针对新冠病毒 N 基因涉及了两对荧光 PCR 引物；2020 年 1 月 19 日，上海市公共卫生临床中心、华中科技大学同济医学院附属同济医院也申请了利用 qPCR 检测新冠病毒的专利；2020 年 1 月 20 日复旦大学附属华山医院申请了利用 LAMP 检测新冠病毒的专利。而外国的最早申请是 2020 年 2 月由韩国 Bionics 申请的 2 件利用 LAMP 检测新冠病毒的专利。最早授权的中国专利是 2020 年 5 月 22 日公告的圣湘生物的利用荧光 PCR 法检测新冠病毒并分型的组合物、试剂盒、方法及用途；值得一提的是，4 天后圣湘生物另一件关于新冠病毒检测的预处理方法也被公告授权。

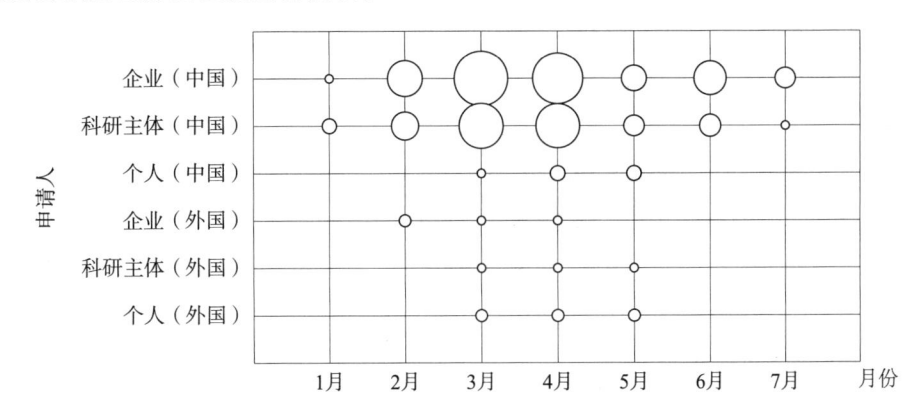

图 7-2-4　新冠病毒分子诊断国内外不同类型申请人 2020 年专利申请量趋势

注：气泡大小代表专利申请量多少。

7.2.3.2　中国重点申请人

新冠病毒分子诊断专利申请人主要排名如图 7-2-5 所示，全球专利申请量大于 3 件的排名前九位申请人均为中国申请人，表明针对这次新冠疫情，中国相较于其他国家/地区反应更加迅速。其中，前四位申请人均为企业，高校/研究所排名靠后。可以看出，中国企业成为这次新冠疫情相关技术研发的主力军，高校/研究所作为补充力量。圣湘生物以 7 件专利申请量排名第一，深圳微远排名次席，为 6 件专利申请，达安基因、申联生物医药均以 5 件专利申请排名第三。上海科技大学、中国医学科学院病原生物学研究所、亚能生物、中国检验检疫科学研究院和清华大学均以 3 件专利申请排名第四。

另外，通过分析发现，各申请人的研发方向不同，各有特点。对于企业申请人，圣湘生物的 7 件专利申请主要基于 qPCR 技术进行研发，1 件涉及检测单靶点新冠病毒，1 件涉及检测新冠病毒突变，4 件涉及多靶点检测多种呼吸道病毒并分型，1 件涉及核酸检测的预处理；在深圳微远的 6 件专利申请中，2 件涉及新冠病毒标志物（1 件宿主，1 件菌种），2 件涉及基于基因分析的新冠病毒分析方法，1 件涉及基于 CRISPR 技术检测新冠病毒，1 件涉及基于宏基因组（mNGS）技术检测新冠病毒；达安基因的 5 件专利申请主要涉及针对新冠病毒不同靶点进行单靶点、双靶点和三靶点检测；申联生物医药 5 件申请均涉及 PCR 检测的内参基因及其检测产品；亚能生物 3 件申请均涉及基于 CRISPR 技术检测。

对于高校/研究所申请人，上海科技大学的 1 件申请涉及 CRISPR 技术检测，2 件涉及 Cpf1 检测；中国检验检疫科学研究院主要涉及基于 dPCR、LAMP 和 RPA 恒温扩增技术检测；清华大学主要涉及基于 dPCR 和 RPA 恒温扩增技术检测。

申请人	申请量/件
圣湘生物	7
深圳微远	6
达安基因	5
申联生物医药	5
中国医学科学院病原生物学研究所	3
中国检验检疫科学研究院	3
亚能生物	3
上海科技大学	3
清华大学	3

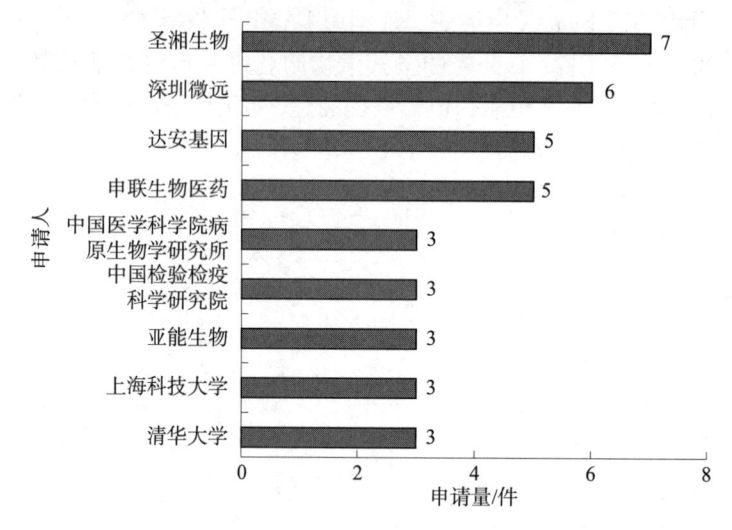

图 7-2-5 新冠病毒分子诊断中国重点申请人排名

7.2.3.3 外国重点申请人

如表 7-2-1 所示，对于外国申请专利，企业、高校、个人均有涉及，但非常分散，专利申请量都较少。

表 7-2-1 新冠病毒分子诊断的外国申请人

外国申请人	申请量/项
Bionics	2
Rai G	1
越南军事医科大学	1
全印卫生与公共卫生研究所	1
Chikobava Merab Georgievich	1
DRK – Blutspendedienst Baden – Württemberg – Hessen gemeinnützige GmbH	1
Drozd Sergej Feliksovich	1
Obshchestvo S Ogranichennoj Otvetstvennostyu "SISTEMA BIOTEKH"	1
Ramu Dubey、Puneet Tomar、Dr Tejpal Singh Chundawat、Ramesh Kumar；Dr Dipika Mal、Dr Khushboo Kathayat	1
Rubalskij Evgenij Olegovich	1
Sensiva Health	1
迈阿密大学	1

7.2.4 专利申请的技术分解

7.2.4.1 不同技术主题

针对申请的不同技术主题进行人工标引和统计后,得到图7-2-6。从结果可以看出,试剂/试剂盒与检测方法不论在中国还是外国都是创新主体最关注的技术主题,这也是分子检测领域的特点。在中国专利申请中,有大量专利申请关注了传统检测技术之外的各种辅助技术,这些辅助技术能够从不同角度提高分子检测的灵敏度、准确性和稳定性等。

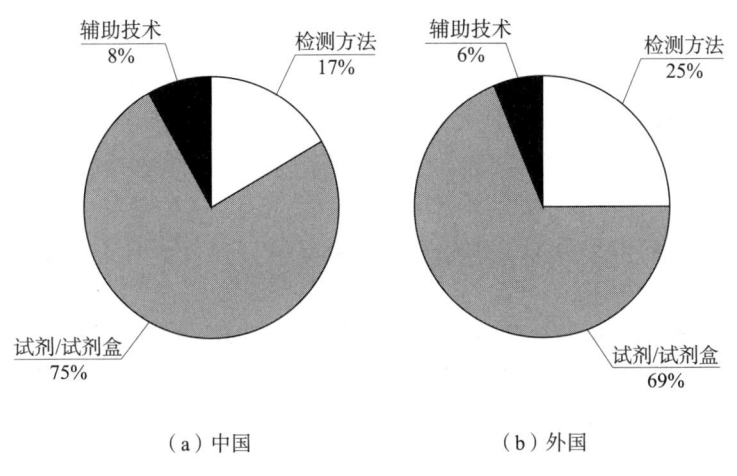

(a) 中国　　　　　　(b) 外国

图7-2-6　新冠病毒分子诊断中国和外国专利申请的技术主题分布

7.2.4.2 不同的技术原理和手段

基于前期技术和产业现状调研、行业报告、书籍和网上资料的查询以及与企业技术专家的交流,结合行业标准与专利检索数据以及标引的结果最终形成新冠病毒分子诊断技术分解表,主要从PCR扩增、恒温扩增和辅助技术3个方面进行新冠病毒检测分子诊断分析,具体参见表7-2-2。

表7-2-2　新冠病毒分子诊断技术分解表

分子诊断	PCR扩增	qPCR
		dPCR
	恒温扩增	酶促重组恒温扩增(ERA)
		重组酶介导等温核酸扩增检测(RAA)
		实时荧光核酸恒温扩增(SAT)
		NASBA
		RCA
		RPA
		LAMP

续表

分子诊断	辅助技术	Crispr/Cas 技术
		预处理
		样品保存
		参比试剂

基于目前检索的新冠病毒分子诊断专利标引统计结果（图 7-2-7 和图 7-2-8）可以看出，PCR 扩增技术为新冠病毒分子检测主要的扩增手段，专利申请量达到 125 件。其中传统的 qPCR 仍然是研究的主流。另外，相较于 qPCR，dPCR 能够直接数出分子的个数，是对样品的绝对定量，部分研究者也对 dPCR 进行了相关研究。恒温扩增技术由于反应过程始终维持在恒定的温度下，无需复杂的变温操作，简单、快速，不依赖任何专门的仪器设备，因此，也成为分子诊断领域的研究重点，专利申请量达到 62 件。各种恒温扩增技术均有涉及，其中，LAMP 和 RPA 为采用的主要恒温扩增技术，专利申请量分别达到 29 件和 22 件。此外，有关分子诊断的辅助技术专利申请量为 45 件。从不同申请人主体来看，qPCR 仍是主要的研究方向。对于恒温扩增技术，科研院所更注重 LAMP，企业偏重于 RPA 技术的研发。此外，RAA 虽然专利申请量少，但是各申请主体均有涉及，表明该技术有可能成为除 LAMP 和 RPA 之外的另一重点研究方向。

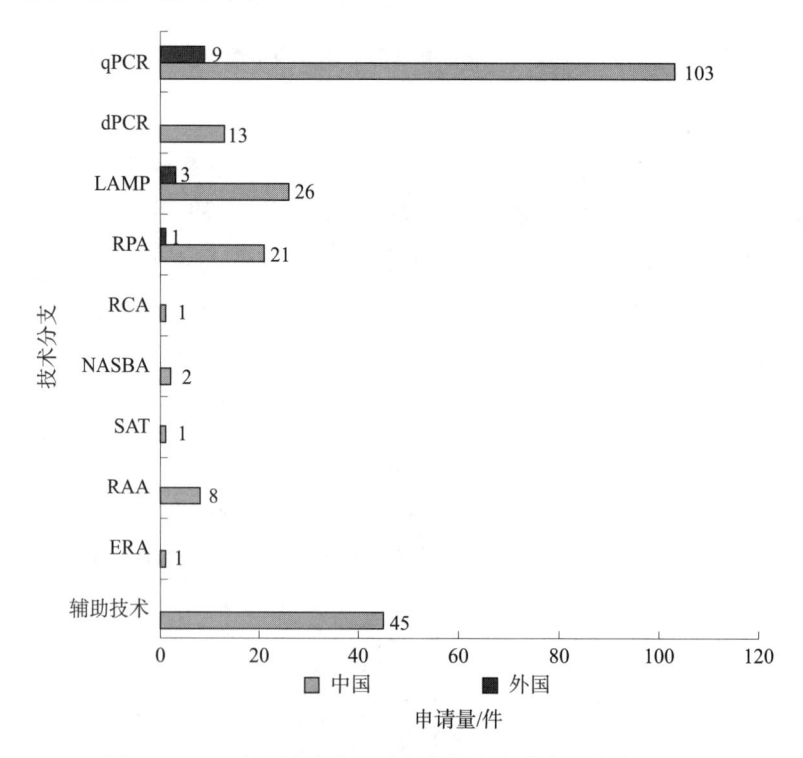

图 7-2-7 新冠病毒分子诊断各技术分支专利申请量分布

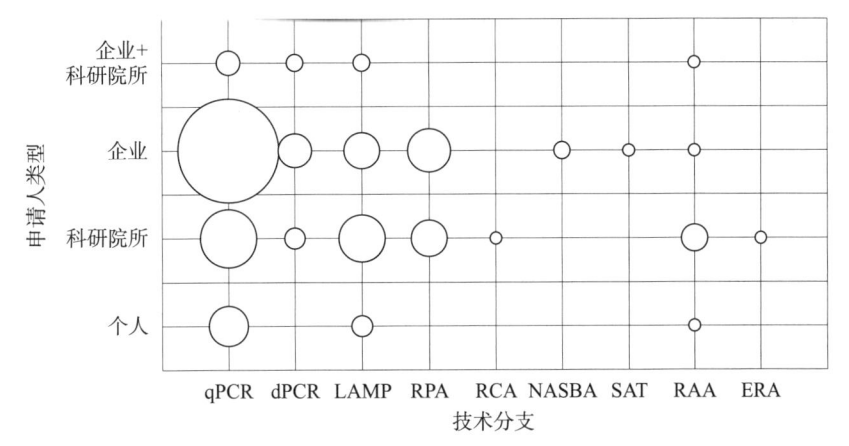

图 7-2-8 新冠病毒分子诊断不同类型申请人在技术分支专利申请量分布

注：气泡大小代表专利申请量多少。

7.2.4.3 靶点的选择

新冠病毒属于单正链的 RNA 病毒，与 SARS-CoV 以及 MERS-CoV 具有较高的同源性。新冠病毒的基因组中功能较为重要的 5 个基因分别是：ORF1ab 基因、S 基因、E 基因、M 基因、N 基因。E 基因的同源性最高（98.7%），可作为 β-冠状病毒属初步筛选的靶位之一。ORF1ab 基因的同源性较低（86%），可作为区分新冠病毒与其他冠状病毒的重要靶位。在 CoV 的结构蛋白中，N 蛋白是最保守和最稳定的蛋白，检测序列特异性的 N 基因可进一步辅助诊断新冠病毒的感染。图 7-2-9 为新冠病毒检测靶点分布图，可以看出，检测靶点主要集中在 ORF1ab 基因和 N 基因，其次为 E 基因和 S 基因，M 基因和 ORF3a 基因涉及较少。

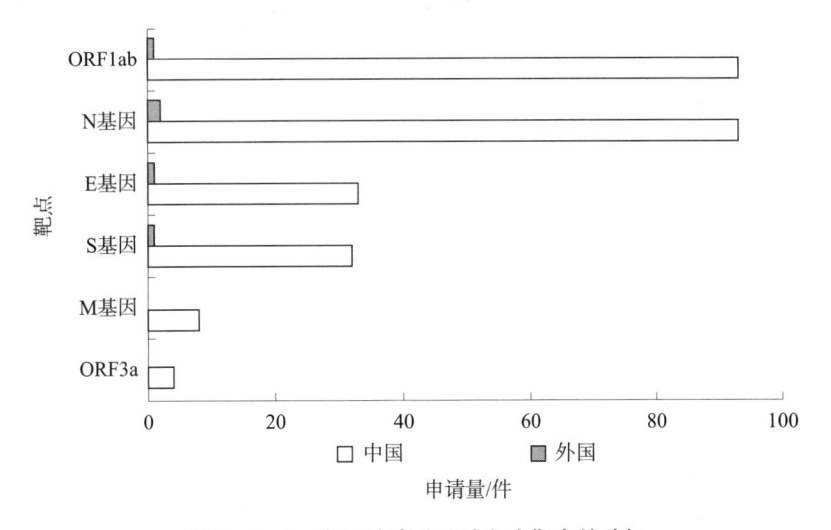

图 7-2-9 新冠病毒分子诊断中靶点的选择

图 7-2-10 为新冠病毒检测不同数目靶点分布。可以看出，2 个靶点检测为主要检测方式，单靶点次之，3 个靶点的检测也达到了 20 件申请，少量专利申请涉及大于 3

个靶点的检测。新冠病毒为单链 RNA 病毒，基因组突变较为频繁，相对于单靶点，采用多靶点检测，不同靶点检测结果相互验证，可以有效减少因突变引起的漏检以及交叉反应引起的假阳性。

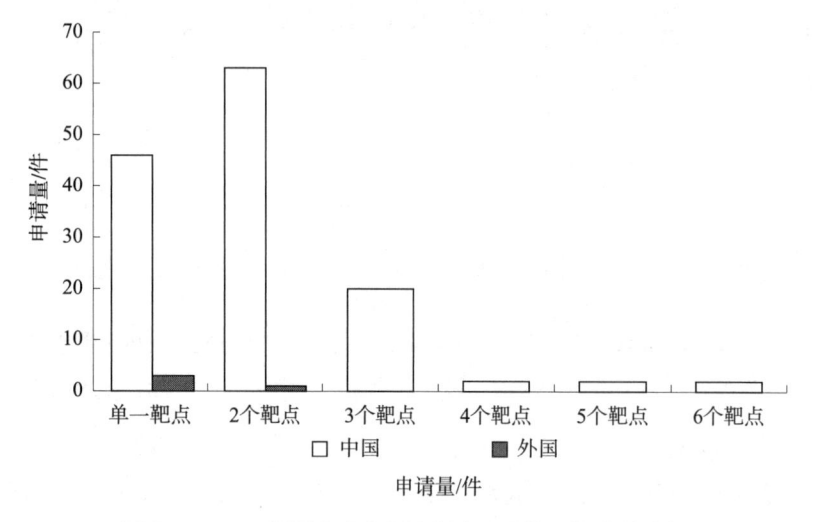

图 7-2-10　新冠病毒分子诊断中不同数目靶点的选择

如图 7-2-11 所示，对于 2 个靶点检测分布可以发现，目前主要集中在"ORF1ab 基因＋N 基因"双靶点检测，这可能与国家卫生健康委员会发布的《新型冠状病毒感染的肺炎实验室检测技术指导》（第二版）中，核酸检测方法推荐的对新冠病毒 ORF1ab 基因和 N 基因同时检测有关。

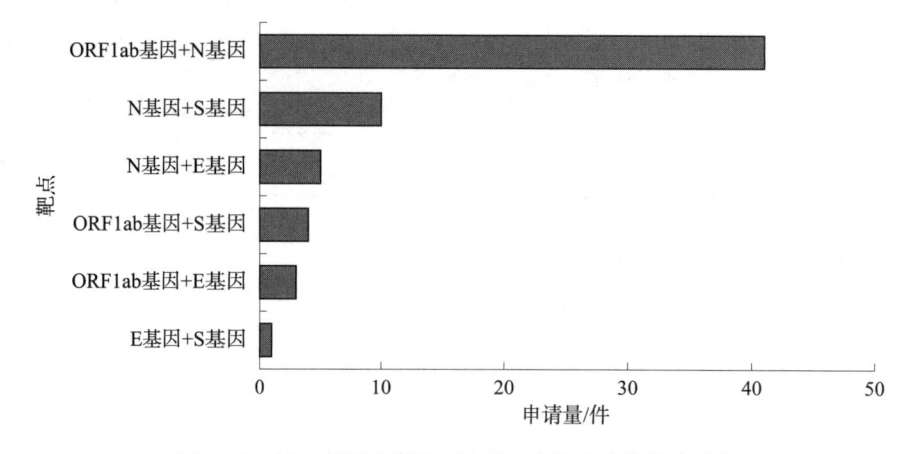

图 7-2-11　新冠病毒分子诊断 2 个靶点中的靶点选择

如图 7-2-12 所示，对于 3 个靶点检测分布可以看出，主要集中在"ORF1ab 基因＋N 基因＋E 基因"检测。

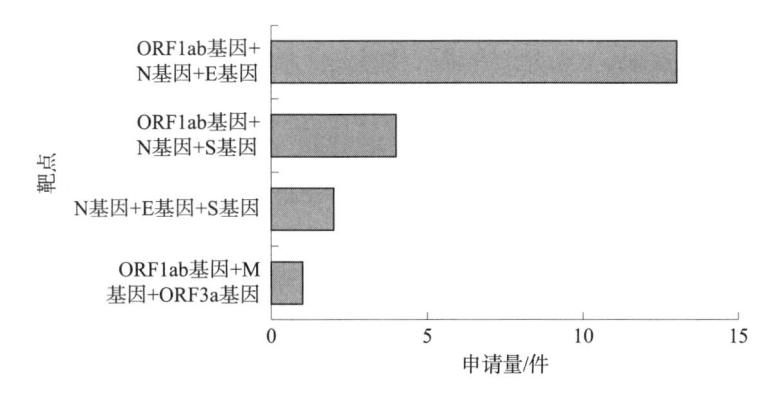

图 7-2-12　新冠病毒分子诊断 3 个靶点中的靶点选择

7.2.5　PCR 扩增

新冠病毒是包膜的单链正链 RNA 病毒，病毒含量感染初期高，直接核酸检测灵敏度较高，可在患者潜伏期内确诊，因此，核酸检测是新冠病毒感染检测的"金标准"。在核酸检测方面，目前上市的核酸检测试剂中绝大多数利用基于热循环的 PCR 法，少数利用恒温扩增法。在检索到的用于新冠病毒核酸检测的相关专利中，PCR 法占"半壁江山"，重要性和普及度可见一斑。

PCR 扩增产物需要通过电泳、荧光等方式检出。其中，电泳法需要制备凝胶、点样、电泳和照相分析，烦琐、费时，不适用于临床检测尤其是传染病病原体的应急检测。而荧光 PCR 法则相对简单，在 PCR 体系中加入荧光染料或探针，利用荧光 PCR 仪器进行热循环和自动收集、分析荧光信号，操作者根据是否出现阳性扩增曲线即可判断样品中是否存在目标病原体，辅以标准曲线还可实现其定量分析，因而荧光 PCR 法也被称为"qPCR 法"。可见，荧光 PCR 法具有操作简单、快速、自动化的优点，因而新冠病毒的 PCR 检测基本上均为荧光 PCR 法。由于新冠病毒是 RNA 病毒，故在 PCR 之前需要先进行逆转录反应，由 RNA 得到可作为 PCR 模板的 cDNA，因此，新冠病毒的 PCR 检测本质上均属于逆转录 PCR（RT-PCR）。对于新冠病毒的 qPCR 检测而言，不论是称为"RT-PCR"，还是"qPCR""qRT-PCR"等，其本质上属于同一类技术，依赖于荧光定量 PCR 仪实现。

在新冠病毒的核酸检测中，无症状感染者体内的病毒含量相对较少，或者有时取样方法不规范也会导致样本中目标病毒的含量稀少，故采用传统的 qPCR 法有时会出现假阴性结果。随着 PCR 技术的发展，出现了一种新型的 dPCR 法，采用 dPCR 平台，相比于传统的荧光定量 PCR 具有所需样本少、可实现绝对定量、灵敏度更高等优点，因而在微量靶标的检测中极具优势。在新冠病毒核酸检测中，dPCR 能够弥补传统 PCR 法的不足，提高检出率，对于无症状感染者的早期检出具有重要意义。

在新冠病毒的 PCR 检测方面，qPCR 法独占鳌头，不过 dPCR 法也开始崭露头角。因此，本报告重点对采用 qPCR 或 dPCR 检测新冠病毒的专利进行分析。

7.2.5.1 qPCR

核酸检测是新冠病毒的检测金标准，灵敏度、特异性、准确性属于其重要的性能指标。2020年5月23日，李克强总理参加中国人民政治协商会议第十三届全国委员会第三次会议时，强调要尽快研发出无需实验室环境、检测时间更短、手段更便捷、准确率更高、更安全的核酸检测迭代技术。2020年8月初，在国务院政策例行吹风会上，科学技术部、国家卫生健康委员会、国家药品监督管理局领导对提高新冠病毒检测能力有关情况进行了介绍并指出，加快各类检测新技术、新产品研发进度，特别是检测时间短、灵敏度高、操作简便的产品，提升检测准确率和效率。关于后续的检测试剂和研发工作的安排，科学技术部成果转化与区域创新司司长包献华明确指出：一是加快核酸快检产品的研发攻关，重点是关注检测时间在30分钟左右的检测产品。二是加快更高灵敏度、更大通量的检测产品的研发。在灵敏度方面，重点关注检测下限在100拷贝/mL的产品，以及dPCR的检测技术产品，以满足无症状感染等低病毒载量检测的需求。由上可知，在核酸检测方面，检测耗时和灵敏度是评估新冠病毒核酸检测试剂的2项重要指标和所需突破的瓶颈。因此，本报告对现已公开的新冠病毒核酸检测相关专利进行了分析，重点分析了PCR检测的灵敏度、检测耗时两方面的效能。

（1）灵敏度

在相关专利中，关于灵敏度的表征方式不一而同，主要存在以下几种情况：①拷贝/体积（如拷贝/mL、拷贝/μL、CFU/mL）；②拷贝/反应；③质量/体积（如皮克pg/mL），不过相应的专利体量很少；④仅明确所能检测的拷贝数下限，但其并未明确是在一个反应体系中还是一定体积下检出的拷贝数。其中，③、④情况的专利体量很少，且④中不便于横向比较。因此，针对以上①、②两种情况，本报告分别统计了所检出专利的灵敏度检测水平。

1）灵敏度表征方式之"拷贝/体积"

据国务院政策例行吹风会的报道，截至2020年8月，根据国家卫生健康委临床检验中心对相关上市产品的测评，中国核酸检测试剂的最低检出限已经由原来的1000拷贝/mL降低到100个拷贝/mL，总体的检出率已经达到95%以上。因此，本报告以100拷贝/mL、1000拷贝/mL为界，将灵敏度划分为≤100拷贝/mL、101~999拷贝/mL、≥1000拷贝/mL 3个级别，分别统计落入其范围的专利申请量，具体参见图7-2-13。

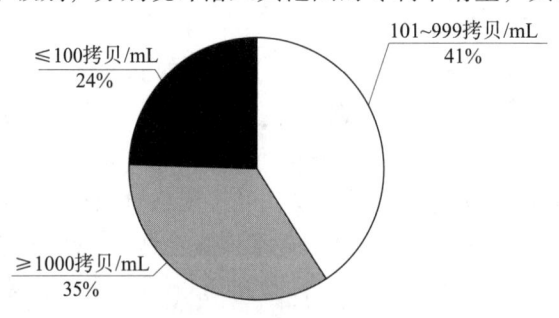

图7-2-13 以拷贝/体积方式表征qPCR检测灵敏度的专利量
（≤100拷贝/mL 24%；101~999拷贝/mL 41%；≥1000拷贝/mL 35%）

根据获得灵敏度的着力点和灵敏度评价方式，本报告将表7-2-3中所列的专利分为3类。

表7-2-3 qPCR检测灵敏度≤100拷贝/mL的专利

公开号	申请人	灵敏度/（拷贝/mL）
CN111500777A	嘉兴实践医学科技有限公司	4
CN111394522A	圣湘生物	5
CN111057797A	华中科技大学同济医学院附属同济医院	5
CN111635960A	温州医科大学附属眼视光医院 温州瓯佳生物科技有限公司	15
CN111206123A	珠海丽珠试剂股份有限公司	20
CN110982945A	珠海丽珠试剂股份有限公司	20
CN111593142A	山东艾克韦生物技术有限公司	100
CN111206119A	拜澳泰克（沈阳）生物医学集团有限公司	100
CN111206121A	江苏达伯药业有限公司	100
CN111172327A	杭州丹威生物科技有限公司	100
CN111004870A	达安基因	100
CN110982943A	达安基因	100

A. 着力于筛选高灵敏度引物、探针序列

在相关专利中，并未着重强调对检测产品或方法进行何种方面的改进以提高其灵敏度水平，而仅陈述评估灵敏度的方式和结果。因此，核酸检测试剂的核心主要在于引物和探针序列，灵敏度效果实质主要归因于引物、探针序列的优化选择。此外，辅以反应体系、反应条件的优化，例如CN111206119A采用高保真DNA聚合酶进行目的片段扩增，能在一定程度上取得灵敏的检测效能。

如表7-2-3所示，在灵敏度评估方法方面，CN111394522A是对新冠病毒样本（或病毒培养液，或肺泡灌洗液样本类型、病毒培养液、血浆样本）5~10拷贝/mL进行联合检测，因而此处"拷贝/mL"中的"mL"的含义不同于CN111500777A（详见本节第C点），其指代的是原始样品的体积，而非可直接用于PCR反应的模板液的体积。由于原始样本可能采用多于1mL的样本提取核酸并全部用于后续的RT-PCR，使得可供扩增的病毒基因组拷贝数多于1个，所以该案中不存在CN111500777A中存在的疑问（详见本节第C点）。据报道，圣湘生物提出的磁珠法系列产品拥有超高灵敏度，填补了中国核酸检测技术空白，不过其申请的CN111394522A中并未提及磁珠法。

与CN111394522A采取相似的灵敏度评估方式的还有CN111593142A、CN111206123A、CN110982945A等。具体而言，CN111593142A在灵敏度评估中也是采用目标病毒的稀释液作为检测样本；CN111206123A、CN110982945A尽管是采用阳性质粒而非病毒样本验证灵敏度水平,但是,也进行了核酸提取并用于后续的 PCR 反应,实际上模拟了临床样本的检测,故该灵敏度评估思路与 CN111394522A 实质相同。

由于从原始样本到 PCR 产物中间需要经历取样、提取核酸、将核酸加入 PCR 反应体系中进行反应等流程,因而 PCR 检出限实际上受到采样体积、核酸提取效率、模板用量、PCR 扩增效率等多个因素的影响。这其中重要参数的调整可能改变最终的检出限水平。因此,检测灵敏度水平不仅取决于检测试剂(引物、探针等)本身,也需要从采样到 PCR 整套流程中操作细节的保驾护航。这也就意味着,比较不同产品的灵敏度水平难以直言高下,因为这其中受到诸多因素的影响。

B. 着力于改进配套试剂

值得一提的是,在提高检测灵敏度方面,CN111635960A 进行了独特的尝试,提供了一种用于稳态速效检测新冠病毒的保护序列、引物、探针及相应的产品和检测方法,通过样本的有效处理释放出靶向基因。其自主开发的新型裂解液/保护液能特异有效识别多个新冠病毒靶点基因位点并形成复合物试剂,能够稳定新冠病毒 RNA 而无须再提取纯化。基于上述改进,该专利申请的检测灵敏度较上海"之江生物"的产品提高 100 倍,同时提高了检测速度(从样本处理到出结果 60~70 分钟)。

CN111172327A 公开了一种基于免提取荧光 PCR 技术检测新冠病毒的方法和试剂盒。其在综合考虑特异性和扩增效率从而选择合适的引物和探针序列的基础上,还对 DNA 聚合酶用量、尿嘧啶糖基酶(UNG)用量、4 种核苷酸的比例、镁离子浓度等反应体系中涉及的因素进行了全方位的优化,以减少样本中存在多种抑制剂对 PCR 反应的干扰。

C. 其他

不同于 CN111394522A 中采用原始样本进行检测和灵敏度的表征,CN111500777A 等采用包含新冠病毒基因片段的质粒标准品溶液来评价检测试剂/方法的灵敏度。

CN111500777A 采取的灵敏度评估方法具体如下:将新冠病毒的阳性标准品质粒按一定拷贝数倍比稀释后,每一个稀释度平均分为 20 个样本进行检测,出现 19 次及以上阳性的该拷贝数即为最低检测限,据此得出最低检出限为 4 拷贝/mL。可见,该专利申请是直接以稀释后的质粒作为模板进行 PCR 反应的,而对于 4 拷贝/mL(0.0004/μL)浓度的质粒,取 2μl 为模板进行 RT-PCR 时,能够取得质粒模板的概率仅有 0.08%,而缺乏模板的情况下必然无法进行 PCR 扩增。CN111057797A 中的灵敏度评估方式和水平与 CN111500777A 相似。

CN111206121A 中记载的灵敏度水平是 100 拷贝/mL,其灵敏度检测中:"将质粒用 DEPC H$_2$O 分别稀释至 1.0×10^4 拷贝/mL - 1.0×10^2 拷贝/mL 即制得标准品;试剂准备:取 RT-PCR 反应液 17μL 和 RT-PCR 反应酶系 3μL 充分混匀后备用;加样:向三个 PCR 反应管中,分别加入 5μL 的阴性质控品、5μL 阳性质控品和 5μL 标准品溶液,盖紧管盖"。可见,该专利申请也是直接用质粒标准品作为模板进行 PCR 反应的。然而,即便质粒浓度高至 100 拷贝/mL,如果按其所述仅取 5μL 进行 PCR 反应,按概率计算 5μL 中仅有 0.5 拷贝质粒(低于 1 个拷贝的最低标准),不满足 PCR 扩增需要至少 1 拷贝初始模板的刚性要求。CN111004870A、CN110982943A 中的灵敏度评估方式和水平与 CN111206121A 相似。

综合以上分析，对于采用质粒标准品溶液直接进行 PCR 反应以评估检测灵敏度的这类案件，记载的灵敏度水平的合理性仍值得考究。不排除上述问题是专利撰写时的纰漏所造成的，不过，鉴于新冠病毒检测灵敏度事关重大，建议相关人士对此类发明进行灵敏度水准评估时采取谨慎怀疑的态度。

2）灵敏度表征方式之"拷贝/反应"

如图 7-2-14 所示，涉及新冠病毒检测的专利中，一小部分采取"拷贝/反应"方式表征灵敏度，其水平低至个位数，高至 100 拷贝/反应，大部分在 10 拷贝/反应的灵敏度水平。

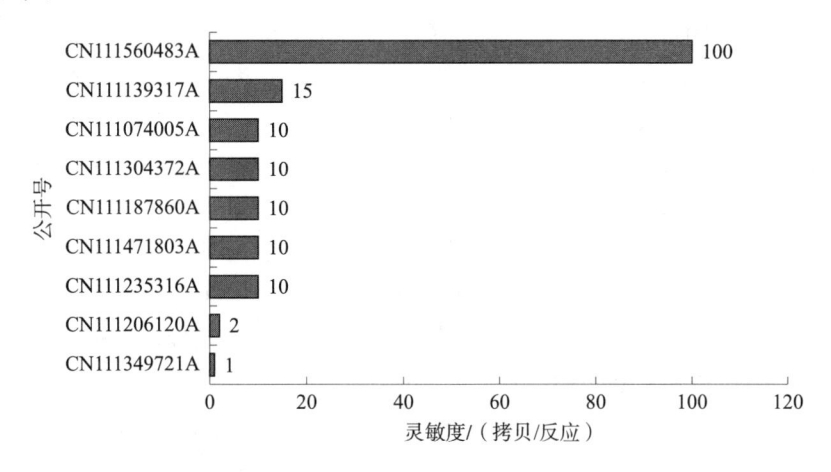

公开号	灵敏度/(拷贝/反应)
CN111560483A	100
CN111139317A	15
CN111074005A	10
CN111304372A	10
CN111187860A	10
CN111471803A	10
CN111235316A	10
CN111206120A	2
CN111349721A	1

图 7-2-14　以拷贝/反应方式表征 qPCR 检测灵敏度的专利申请披露的灵敏度水平❶

就理论而言，PCR 扩增的前提是反应体系中至少存在 1 拷贝的模板，而 IVD 产业中结合统计学知识（如泊松分布），计算出反应体系中至少需要 3 拷贝以上的模板才能获得稳定的检出结果。也就是说，产业上认为的核酸检测下限是 3 拷贝/反应的目标物。

3）灵敏度表征方式之其他类型

针对其他灵敏度表征方式之质量/体积，采用该写法的专利有 CN111394431A（灵敏度 8.2ng/μL）、CN111334614A（灵敏度 9~10fg/μL）、CN111118228A（灵敏度 2pg/mL），经统一换算成 pg/μL，前述 3 件专利的灵敏度水平依次增高。

针对灵敏度表征方式之仅明确拷贝数下限，相关专利有滨州医学院提交的 CN111074009A、CN111074010A，由于并未明确是在一个反应体系中还是一定体积下检出拷贝数，故不便于横向比较。

综合以上分析可知，对于核酸检测试剂产品，有必要制定统一、合理的灵敏度检

---

❶　CN111235316A 中，对 N 基因、E 基因的检测灵敏度均为 100 拷贝/反应，对 S 基因的检测灵敏度在 10 拷贝/反应以内，该图中以最低灵敏度即 10 拷贝/反应进行表征。

测标准，以提高可信度和便于横向比较。

(2) 检测耗时

如前所述，针对新冠病毒的核酸检测，国家指导的攻关方向之一是缩短检测时间（期望缩短在 30 分钟左右），这对 PCR 检测而言具有一定难度。在 RT－PCR 检测流程中，通常需要在 RT－PCR 扩增前进行样品前处理（核酸提取、纯化），该步骤需要数十分钟不等，而 RT－PCR 的反转录阶段也需要数十分钟，开展 PCR 热循环全套流程通常需要 1 小时左右，此外还要考虑各阶段衔接的耗时。因此，整个检测流程的耗时取决于样品前处理的自动化和简便程度、RT－PCR 升降温的速率和各步骤的耗时，以及不同阶段的连贯性，缩短 PCR 检测时间需要攻破上述几个方面。

1）针对样品前处理

温州医科大学附属眼视光医院与温州区佳生物科技有限公司开发了一种稳态速效检测新冠病毒的保护序列、引物、探针、组合物、试剂盒及应用和方法（CN111635960A）。通过样本的有效处理释放出靶向基因，自主开发的新型裂解液/保护液能特异有效识别多个 2019－nCoV 靶点基因位点并形成复合物试剂，使新冠病毒 RNA 更为稳定而无须提取纯化 RNA，检测耗时缩短到 40～45 分钟。

圣湘生物开发了一种病毒核酸检测的预处理方法、预处理液（CN110982876A），用于处理样本后，能够直接进行 qPCR，提高检测效率，缩短检测时间。免提取 qPCR 技术应用于临床病原体检测时能够简化操作，节省用时，有助于推动分子诊断向 POCT 发展。

2）针对 RT－PCR 扩增反应

改进方向之一为提高 PCR 升降温速率。北京亿森宝生物科技有限公司开发了一种新冠病毒双重荧光冻干微芯片，优点之一为采用较小的反应体系可以保证在 PCR 扩增过程中体系受热更加均匀，升降温速率更快（该发明的升温速率为 10～12℃/s，常规 qPCR 检测系统的升降温速率为 3～5℃/s），因而 qPCR 整个过程（包括加样）可在 30 分钟内完成，缩短了检测耗时。

改进方向之二是缩短 PCR 各步骤的耗时。拜澳泰克（沈阳）生物医学集团有限公司（CN111206119A）通过优化 PCR 反应程序来缩短检测耗时，以提取出来的 cDNA 作为标本可在 50 分钟左右完成 PCR 扩增。不过，由此也可以看出，单纯通过优化 PCR 反应参数很难对检测耗时起到质的提高。华中科技大学同济医学院附属同济医院提供了基于高效率酶的解决方案（CN111057797A）。其在新冠病毒 qPCR 检测中，采用高效逆转录酶，在 10 分钟完成逆转录。同时采用了快速 taq 酶，在 15 分钟内完成 PCR，从而保证在 30 分钟内完成检测，比一般 qPCR 检测耗时缩短了 2 小时，满足了快速和准确检测诊断的需求。

改进方向之三是降低抑制剂对 PCR 反应的干扰。杭州丹威生物科技有限公司公开了一种基于免提取荧光 PCR 技术检测新冠病毒的方法和试剂盒（CN111172327A）。该技术无须进行昂贵又费时的核酸抽提过程，采用优化的 PCR 缓冲液体系和特殊的 DNA 聚合酶，减少样本中存在的多种抑制剂对 PCR 反应的干扰，动物标本或病原体保存液即可直接用于 qPCR 扩增鉴定，极大地简化了操作步骤和缩短了检测时间。

改进方向之四是改善 RT-PCR 程序的连贯性。RT-PCR 实质上包括两个阶段，即恒温进行的 RT 阶段以及变温循环的 PCR 阶段，故传统的 RT-PCR 为"两步法"。随着检测领域的发展，目前可以实现在不开盖添加试剂的情况下，在一台仪器上顺序进行逆转录和 PCR 扩增，称为"一步法"，相比于"两步法"可以节省时间。在新冠病毒的 PCR 检测中，绝大多数专利中采取"一步法"RT-PCR。

改进方向之五是采用多重 PCR。在需要检测多个靶标的情况下，针对不同靶标进行多重 PCR 扩增在一定程度上也可缩短总耗时。实际上，在新冠病毒多个靶基因的检测中，采用多重 PCR 同时进行扩增是研究者们常用的一种技术手段。

（3）其他方面

1）特异性

PCR 法本身具有特异性好的优点，并且在引物、探针开发过程中，研究者们往往通过 BLAST 比对预先进行了特异性序列的筛选。在选定引物、探针后，再采用其他类似病毒进行 PCR 以验证其特异性。常用的病毒有同属于冠状病毒的人冠状病毒 OC43、人冠状病毒 229E、人冠状病毒 NL63、人冠状病毒 HKU1、SARS 病毒、MERS 病毒，以及其他呼吸道常见病毒如甲型流感病毒、乙型流感病毒、腺病毒、呼吸道合胞体病毒等。因此，一般而言，新冠病毒核酸检测的特异性方面不存在问题和难点。

2）多重检测

如表 7-2-4、表 7-2-5 所示，在新冠病毒检测中，大量专利采取了多病毒检测或者同一病毒的多靶点检测的方式，而通常又采取多重 PCR 的方法进行同步检测以减少操作步骤和耗时。涉及多重 PCR 法的专利申请中大约有 30 件。

表 7-2-4 采用多重 PCR 法检测多病毒的中国专利申请

公开号	申请人	标题
CN111593142A	山东艾克韦生物技术有限公司	一种同时检测包括 SARS-CoV-2 的 9 种呼吸道病毒的检测试剂盒
CN111206123A	珠海丽珠试剂股份有限公司	用于血液筛查的核酸组合物和试剂盒
CN111440897A	江苏硕世生物科技股份有限公司	一种快速检测 7 种冠状病毒和其他呼吸道病原体的探针及引物组合物
CN111074011A	圣湘生物	检测引起呼吸道感染的病毒并分型的组合物、试剂盒、方法及其用途
CN111378789A	广州凯普医药科技有限公司 上海市浦东新区周浦医院 上海凯普医学检验所有限公司	一种呼吸道感染病原体核酸联合检测试剂盒
CN111349720A	中国医学科学院病原生物学研究所 北京卓诚惠生生物科技股份有限公司	用于检测呼吸道感染病毒的核酸试剂、试剂盒、系统及方法

续表

公开号	申请人	标题
CN111349721A	北京卓诚惠生生物科技股份有限公司 中国医学科学院病原生物学研究所	用于检测呼吸道感染病原体的核酸试剂、试剂盒、系统及方法
CN111518960A	河北省儿童医院 河北省人民医院 宁波海尔施基因科技有限公司	一种用于冠状病毒分型检测的多重RT-qPCR试剂盒、引物探针组合物及其使用方法
CN111100954A	中华人民共和国无锡海关 新疆国际旅行卫生保健中心（乌鲁木齐海关口岸门诊部） 中国疾病预防控制中心病毒病预防控制所	同时检测包括2019-nCoV在内的4种人冠状病毒的四重荧光定量检测试剂盒

表7-2-5　采用多重PCR法检测新冠病毒多靶标的中国专利申请

公开号	申请人	标题
CN111549175A	中华人民共和国北京海关	一种检测口岸输入2019新型冠状病毒多重荧光RT-PCR检测试剂
CN111304372A	圣湘生物	检测2019新型冠状病毒突变的组合物、用途及试剂盒
CN111500768A	中国检验检疫科学研究院	鉴定新型冠状病毒的引物探针及在双重数字PCR的用途
CN111471800A	海关总署（北京）国际旅行卫生保健中心	检测新型冠状病毒的试剂盒及其扩增引物组合物
CN111471803A	武汉生命之美科技有限公司	一种新型冠状病毒COVID-19感染检测试剂盒
CN111471804A	浙江迪谱诊断技术有限公司	一种高灵敏、高通量检测新型冠状病毒的试剂盒及其应用
CN111454943A	领航基因科技（杭州）有限公司	一种新型冠状病毒检测试剂盒
CN111455114A	深圳华大智造科技有限公司	SARS-CoV-2的高通量检测试剂盒
CN111440897A	江苏硕世生物科技股份有限公司	一种快速检测7种冠状病毒和其他呼吸道病原体的探针及引物组合物

续表

公开号	申请人	标题
CN111118228A	上海邦先医疗科技有限公司	一种用于新型冠状病毒COVID-19核酸检测试剂盒及其使用方法
CN111363849A	深圳市梓健生物科技有限公司	一种新型冠状病毒核酸检测试剂盒及检测方法
CN111349721A	北京卓诚惠生生物科技股份有限公司 中国医学科学院病原生物学研究所	用于检测呼吸道感染病原体的核酸试剂、试剂盒、系统及方法
CN111334608A	北京亿森宝生物科技有限公司	用于检测新型冠状病毒2019-nCoV的双重荧光冻干微芯片、试剂盒及方法
CN111334615A	上海星耀医学科技发展有限公司 上海复星长征医学科学有限公司	一种新型冠状病毒检测方法与试剂盒
CN111187858A	四川省医学科学院（四川省人民医院） 迈克生物	新型冠状病毒检测试剂盒
CN111020064A	达安基因	新型冠状病毒ORF1ab基因核酸检测试剂盒
CN111004870A	达安基因	新型冠状病毒N基因核酸检测试剂盒
CN111621594A	贵州医科大学	检测新型冠状病毒S基因的引物和探针及其试剂盒和方法
CN111518960A	河北省儿童医院 河北省人民医院 宁波海尔施基因科技有限公司	一种用于冠状病毒分型检测的多重RT-qPCR试剂盒、引物探针组合物及其使用方法
CN111334868A	福州福瑞医学检验实验室有限公司 中国医学科学院	新型冠状病毒全基因组高通量测序文库的构建方法以及用于文库构建的试剂盒
CN111304369A	达安基因	新型冠状病毒双重检测试剂盒
CN111270013A	宁波海尔施基因科技有限公司 中国科学院大学宁波华美医院	一种检测2019新型冠状病毒的多重实时荧光定量PCR试剂盒、方法及引物探针组合物

续表

公开号	申请人	标题
CN111235320A	达安基因	新型冠状病毒2019-nCoV核酸检测试剂盒
CN111218501A	新羿制造科技（北京）有限公司 清华大学	基于双荧光探针的多重数字PCR的核酸定量检测试剂盒
CN111187860A	深圳闪量科技有限公司	新型冠状病毒多重PCR快速检测试剂盒
CN111139317A	欧陆分析技术服务（苏州）有限公司	一种SARS-COV-2病毒多重荧光定量PCR检测试剂盒及检测方法

多靶点检测结果的不同利用方式将带来不同的检测效能。如果基于所有靶基因均为阳性来判断新冠病毒感染，则具有高准确性，但可能导致假阴性（漏判）；如果基于靶基因中至少有一个为阳性为判断新冠病毒感染，则具有高检出率，但可能导致假阳性。因此，根据检测需求，本领域技术人员可以灵活利用不同靶点进行诊断。

关于利用PCR法检测新冠病毒的专利，本报告以上分析中所列举的均为中国申请人提交的专利。实际上，其他国家/地区的申请人也提交了少量专利申请，但数量与中国相比相去甚远，一方面可能是由于其他国家/地区对新冠病毒检测的需求和关注度略低于中国，另一方面则可能由于专利延迟公开的因素，其他国家/地区申请的涉及新冠病毒检测的专利还未全面公开，故无法被查得。已公开的几件涉及PCR检测的专利中（US2020291490A1、RU2731390C1、RU2727054C1、IN202011020968A、RU2720713C1、IN202011013176A），大部分不能阅读全文，也未体现出在检测新冠病毒的灵敏度或特异性等方面具有何种显著优势，故在此不作重点分析。

7.2.5.2 dPCR

qPCR检测结果只能反映靶基因的阴阳性，要辅以标准曲线才能对其进行粗略的定量，而无法给出精确的拷贝数。而dPCR则能在不依赖标准品和标准曲线的情况下检测低病毒载量的样本，因而在对新冠病毒检测效能要求提高的局面下，dPCR法愈加受到研究者的青睐。如表7-2-6所示，截至2020年11月5日，共有13件采用dPCR技术检测新冠病毒的专利被公开。

表7-2-6 采用dPCR法检测新冠病毒的中国专利申请及其灵敏度水平

公开号	申请人	灵敏度水平
CN111647687A	广州达健生物科技有限公司 安徽达健医学科技有限公司	1拷贝/mL
CN111363851A	大连晶泰生物技术有限公司 江苏宏微特斯医药科技有限公司	50拷贝/mL
CN111621601A	绍兴同创医疗器械有限公司	100拷贝/mL

续表

公开号	申请人	灵敏度水平
CN111621593A	中国科学院大学宁波华美医院	2000 拷贝/mL
CN111454943A	领航基因科技（杭州）有限公司	1000 拷贝/mL
CN111088405A	苏州行知康众生物科技有限公司	1000 拷贝/mL
CN111500768A	中国检验检疫科学研究院	10 拷贝/反应
CN111270017A	深圳华因康基因科技有限公司	3 拷贝/反应（20μL 体系）
CN111676314A	清华大学 新羿制造科技（北京）有限公司	10 拷贝/反应
CN111394519A	南京实践医学检验有限公司	5 拷贝/反应
CN111118225A	苏州锐讯生物科技有限公司	ORF1ab 基因：22.1 拷贝 N 基因：39.2 拷贝
CN111218501A	新羿制造科技（北京）有限公司 清华大学	/
CN111378783	杭州美中疾病基因研究院有限公司	/

由于不同专利中采用的灵敏度表征方式、评估方法不尽相同，且灵敏度水平还受到开发的引物、探针序列的影响，因而采用 qPCR 或 dPCR 法检测新冠病毒的不同专利中记载的灵敏度水平不具有完全的可比性，故 dPCR 的灵敏度高于 qPCR 通常是基于相同的引物、探针和反应条件而言的。

一般而言，数字 RT-PCR 法最低检测限低至个位拷贝数（如 CN111394519A），同比情况下，灵敏度比荧光 RT-PCR 法高一个数量级。因此，为了进一步提高新冠病毒检测效能，引进和利用 dPCR 平台将是一种有益的尝试。

7.2.5.3 巢式 PCR

巢式 PCR，是一种变异的 PCR，使用"两对"（而非"一对"）PCR 引物扩增完整的片段。第一对 PCR 引物扩增片段和普通 PCR 相似。第二对引物称为巢式引物结合在第一次 PCR 产物内部，使第二次 PCR 扩增片段短于第一次扩增。巢式 PCR 的好处在于，如果第一次扩增产生了错误片段，则第二次能在错误片段上进行引物配对并扩增的概率极低，因此，巢式 PCR 的扩增非常特异。通常巢式 PCR 的反应步骤包括：第一步是目标的 DNA 模板蓝色的第一对引物结合。第一对引物也可能结合到其他具有相似结合位点的片段上并扩增多种产物，但只有一种产物是目的片段。第二步，使用第二套引物对第一轮 PCR 扩增的产物进行第二轮 PCR 扩增。由于第二套引物位于第一轮 PCR 产物内部，而非目的片断包含两套引物结合位点的可能性极小，因此第二套引物不可能扩增非目的片断。这种巢式 PCR 扩增确保第二轮 PCR 产物几乎或者完全没有引物配对特异性不强造成的非特异性扩增的污染。

巢式 PCR 主要针对操作较复杂、费时较长、扩增效率低、PCR 产物容易污染、假阳性等问题，对引物探针进行改进。例如，专利申请CN111394518A首先根据新冠病毒核酸ORF1ab基因序列合成一对特异的外侧引物和一对特殊的巢式引物及巢式引物的互补引物，其次将各引物等摩尔混合成引物混合物并复性形成引物复合物，最后将引物复合物、逆转录酶、耐热DNA聚合酶、脱氧核糖核苷三磷酸（dNTPs）、镁离子、PCR缓冲液、sybrgreen荧光染料、超纯水以及待测RNA等混合成新冠病毒核酸反应体系，在荧光定量热循环仪上进行逆转录反应合成模板cDNA，再进行高温、低温、中温的反复热循环，使内外侧引物同时引导新链合成，获得分别由内内、外外、内外侧引物界定的PCR产物。由于每一循环中合成的由外外、内外侧引物界定的PCR产物都可以作为内内引物附加的模板，使内内引物引导的PCR产物以超过2倍的速度增加，经过n个循环，其理论值为初始模板量的$1/4$ (n^2+3n) 2^n倍，由于设计了互补的双链引物，显著降低引物二聚体和非特异性扩增。其设计的NCA-qPCR反应的Ct值显著小于对应的只用P3、P4所进行的qPCR的Ct值，NCA-QPCR的扩增效率显著高于普通QPCR的扩增效率，灵敏度更高。

7.2.6 恒温扩增

核酸恒温（等温）扩增技术是区别于PCR方法的一大类核酸扩增技术。恒温扩增通常在恒定的温度下进行，无需特殊仪器。由于没有变温程序，所需时间通常低于PCR。但恒温扩增难以鉴别非特异性扩增，对目标序列长度有一定要求，并且在产物的回收、鉴定等方面比PCR稍为逊色。

目前主流的核酸恒温扩增技术包括LAMP、RPA、HDA、实时荧光核酸恒温扩增检测（SAT）、SDA、RCA、转录依赖的扩增系统（TAS）、NASBA、转录介导的扩增（TMA）、QB复制酶扩增（Q-beta replicase-amplified assay）、切口酶核酸恒温扩增（NEMA）等。总的来说，恒温扩增技术在初期被认为是PCR技术的有力挑战者，但目前还不够成熟，仅作为PCR技术的补充。

在新冠肺炎疫情相关的专利申请中，利用恒温扩增技术来识别新冠病毒的相关专利为数不少，主要集中在LAMP、RPA。以下主要从这两个技术入手，对用于新冠检测的核酸恒温扩增技术进行分析。为了便于对比各专利技术的效果，主要分析了技术方案的灵敏度、反应时间这两个重要指标。

不同专利申请对灵敏度的表征方式存在以下几种情况：①拷贝/体积，主要为拷贝/μL和拷贝/mL；②拷贝/反应；③摩尔浓度；④质量浓度。由于以摩尔浓度和质量浓度表示的灵敏度数据仅为个例，且无法与其他专利对比，因此，本报告主要对比了以拷贝/体积和拷贝/反应的形式出现的灵敏度数据。

7.2.6.1 LAMP

LAMP技术利用具有链置换活性的Bst DNA聚合酶，通过识别靶序列上6段特异区域的4条引物，在恒温条件下催化新链的合成。

（1）灵敏度

如表7-2-7、表7-2-8大部分专利的灵敏度集中在10拷贝/反应、100拷贝/反应、100 拷贝/mL、1000 拷贝/mL、5 拷贝/μL 这几个档次,可见 LAMP 具有较高的灵敏度。

对于以拷贝/反应表示的灵敏度,反应体系的具体体积一般为 20~50μL,10~100 拷贝/反应对应的拷贝/体积灵敏度位于 200 拷贝/mL 至 5 拷贝/μL,两种表示方式的灵敏度大致是相符的。

表 7-2-7 以拷贝/反应表示的 LAMP 灵敏度

标题	公开号	申请人	灵敏度/(拷贝/反应)
用于检测低丰度新型冠状病毒的反应体系及方法和用途	CN111560483A	元码基因科技(北京)股份有限公司	10
多靶点双染料等温扩增快速检测方法和试剂盒	CN111172325A	北京天恩泽基因科技有限公司	10
一种 SARS-CoV-2 干粉化 LAMP 快速检测试剂盒	CN111154922A	广东环凯生物科技有限公司 广东环凯生物技术有限公司	10
新型冠状病毒环介导等温扩增快速检测试剂盒及使用方法	CN111411173A	中国检验检疫科学研究院	100
一种使用双重实时荧光等温扩增技术检测核酸的方法	CN111394431A	尹秀山	100
一种检测新型冠状病毒 2019-nCoV 的 LAMP 引物组及应用	CN111440899A	北京勤邦 贵州安为天检测技术有限公司	100

表 7-2-8 以拷贝/体积表示的 LAMP 灵敏度

标题	公开号	申请人	灵敏度
检测新型冠状病毒的引物组合物和检测方法	CN111621592A	吴涛	100 拷贝/mL
一种新型冠状病毒(2019-nCoV)核酸检测胶体金层析试剂盒及其应用	CN111455099A	武汉中帜生物科技股份有限公司	100 拷贝/mL

续表

标题	公开号	申请人	灵敏度
一种 SARS-CoV-2 的环介导等温扩增检测引物组、试剂盒及方法	CN111321249A	济南市中心医院	500 拷贝/mL
一种检测新型冠状病毒的 LAMP 引物组合和试剂盒	CN111057798A	复旦大学附属华山医院	1000 拷贝/mL
新型冠状病毒环介导等温扩增检测芯片及制备和使用方法	CN111719018A	北京航空航天大学 四川大学华西医院	1000 拷贝/mL
一种基于 RT-LAMP 技术检测新冠病毒用引物组及检测试剂盒	CN111394520A	上海国际旅行卫生保健中心（上海海关口岸门诊部）	2 拷贝/μL
新型冠状病毒可视化恒温快速检测试剂盒	CN110982944A	中国农业科学院北京畜牧兽医研究所	5 拷贝/μL
用于检测 SARS-CoV-2 的 LAMP 引物组及试剂盒	CN111549176A	广州再生医学与健康广东省实验室 广州普世利华科技有限公司	5 拷贝/μL
用于检测 SARS-CoV-2 的 gRNA 及试剂盒	CN111549177A	广州再生医学与健康广东省实验室 广州普世利华科技有限公司	5 拷贝/μL
一种检测 2019-nCoV 的环介导等温扩增检测引物组及其应用	CN111270010A	苏州卫生职业技术学院	50 拷贝/μL
基于可视化 LAMP 的新型冠状病毒检测试剂盒及其检测方法	CN111154921A	青岛国际旅行卫生保健中心（青岛海关口岸门诊部）	1200 拷贝/μL

（2）反应时间

反应时间是恒温扩增技术相对于 PCR 的主要优势之一。如表 7-2-9 所示，LAMP 技术的最短反应时间全部都在 1 小时以内，最短的反应时间甚至可以是 10 分钟，可见相比于传统核酸扩增技术，由于省略了变温程序且反应并不以循环间隔，LAMP 技术确实大大提升了反应速度。

表7-2-9　LAMP相关专利的反应时间

标题	公开号	申请人	反应时间/分钟
多靶点双染料等温扩增快速检测方法和试剂盒	CN111172325A	北京天恩泽基因科技有限公司	10
一种呼吸道传染病毒核酸快速富集扩增方法	CN111394425A	中山大学	15
一种使用双重实时荧光等温扩增技术检测核酸的方法	CN111394431A	尹秀山	20
一种SARS-CoV-2的环介导等温扩增检测引物组、试剂盒及方法	CN111321249A	济南市中心医院	20
用于检测低丰度新型冠状病毒的反应体系及方法和用途	CN111560483A	元码基因科技（北京）股份有限公司	30
新型冠状病毒可视化恒温快速检测试剂盒	CN110982944A	中国农业科学院北京畜牧兽医研究所	30
新型冠状病毒环介导等温扩增快速检测试剂盒及使用方法	CN111411173A	中国检验检疫科学研究院	30
新型冠状病毒SARS-CoV-2核酸目视检测试剂盒	CN111378784A	齐鲁工业大学	35
基于双重环介导恒温扩增技术检测新型冠状病毒的探针、引物、试剂盒及检测方法	CN111088406A	深圳麦科田生物医疗技术有限公司	40
一种基于RT-LAMP技术检测新冠病毒用引物组及检测试剂盒	CN111394520A	上海国际旅行卫生保健中心（上海海关口岸门诊部）	40
一种新型冠状病毒（2019-nCoV）核酸检测胶体金层析试剂盒及其应用	CN111455099A	武汉中帜生物科技股份有限公司	45
用于检测新型冠状病毒的引物组合物、试剂盒和方法	CN111218529A	湖南融健基因生物科技有限公司	45

续表

标题	公开号	申请人	反应时间/分钟
一种封闭式 SARS-CoV-2 等温扩增核酸检测试剂盒	CN111270014A	广东省人民医院（广东省医学科学院） 中山市华南理工大学现代产业技术研究院	45
一种检测 2019-nCoV 的环介导等温扩增检测引物组及其应用	CN111270010A	苏州卫生职业技术学院	50
一种 SARS-CoV-2 干粉化 LAMP 快速检测试剂盒	CN111154922A	广东环凯生物科技有限公司 广东环凯生物技术有限公司	50
一种检测新型冠状病毒的 LAMP 引物组合和试剂盒	CN111057798A	复旦大学附属华山医院	60
一种检测新型冠状病毒 2019-nCoV 的 LAMP 引物组及应用	CN111440899A	北京勤邦 贵州安为天检测技术有限公司	60

（3）特异性

LAMP 相关专利描述了用于验证检测新冠病毒特异性的其他病毒：fluA、fluB、MERS、229E、HKU1、NL63、OC43。这些也是用于验证新冠病毒检测特异性的常规病毒。LAMP 技术的特异性表现良好。

（4）部分重要专利

在新冠病毒检测的 LAMP 技术专利申请中，元码基因科技（北京）股份有限公司于 2020 年 7 月 13 日申请的 CN111560483A（用于检测低丰度新型冠状病毒的反应体系及方法和用途）将恒温扩增与定量 PCR 两个独立反应过程在同一个反应体系中依次进行，通过对反应试剂和反应条件的修改和优化，避免两个反应之间的影响。灵敏度比单独恒温扩增和定量 PCR 都要高，达到 10 拷贝/反应。整合两组反应的特异性信号放大和高灵敏度荧光检测的"一管法"设计，缩短检测时间至半小时以内。

武汉中帜生物科技股份有限公司于 2020 年 3 月 24 日申请的 CN111455099A（核酸检测胶体金层析试剂盒及其应用）引入特异探针 CES 系列和特异探针 LES 系列，两种探针将试纸条上的包被探针和 RNA 核酸扩增片段以及金探针串联结合到一块，实现指标 RNA 核酸片段的特异检测。两套探针的使用，使其中任何一套探针和指标核酸扩增片段杂交失败都不能够被成功地固定在试纸条上,也就出现不了阳性检测结果,保证了检测的特异性。其中每套探针都可以设计 2 条以上,这样的设计有利于提高试纸条的灵敏度,对新冠病毒 ORF1ab 和 E 基因 RNA 拷贝的最低检测限为 100 拷贝/mL。阳性符合率、阴性符合率、总符合率都在 95% 以上。通过试纸条检测核酸,只需 10 分钟左右即可判读结果。

北京航空航天大学和四川大学华西医院于 2020 年 6 月 12 日联合申请了 CN111719018A(新型冠状病毒环介导等温扩增检测芯片及制备和使用方法),设计了新冠病毒的 LAMP 检测芯片,整合了磁珠法前处理、LAMP 扩增,检测结果可直接以肉眼读取。在芯片上还增加了阳性控制和阴性控制,检测灵敏度达到 1000 拷贝/mL。

7.2.6.2 RPA

RPA 技术主要依赖于 3 种酶:能结合单链核酸(寡核苷酸引物)的重组酶、SSB 和链置换 DNA 聚合酶。这 3 种酶的混合物在常温下也有活性,最佳反应温度在 37℃ 左右。

其基本原理为:重组酶与引物结合形成的蛋白 – DNA 复合物,并使引物与双链 DNA 中的同源序列配对。一旦引物定位了同源序列,就会发生链交换反应形成并启动 DNA 合成,在 DNA 聚合酶作用下,在引物 3' 端开始合成互补链,对模板上的目标区域进行指数式扩增。被置换的 DNA 链与 SSB 结合,防止进一步替换。

(1)灵敏度

如表 7 – 2 – 10、表 7 – 2 – 11 所示,RPA 技术的灵敏度总体上低于 LAMP 技术,主要落于 10 ~ 100 拷贝/μL。

表 7 – 2 – 10 以拷贝/反应表示的 RPA 灵敏度

标题	公开号	申请人	灵敏度/(拷贝/反应)
基于 RPA 的恒温可视化新型冠状病毒快速检测试剂盒及检测方法	CN111593141A	商城北纳创联生物科技有限公司	1
一种病毒重组酶 – 聚合酶扩增检测方法	CN111621597A	清华大学	4
一种检测呼吸道病原的核酸的试剂盒、检测方法及应用	CN111534643A	上海科技大学	5
一种检测 SARS – COV – 2 病毒的恒温扩增试剂盒及引物探针组	CN111074007A	上海迪飞医学检验实验室有限公司	100

表 7－2－11　以拷贝/体积表示的 RPA 灵敏度

标题	公开号	申请人	灵敏度
新型冠状病毒 2019－nCoV 荧光 RPA 检测引物和探针、试剂盒和方法	CN111500776A	湖南润美基因科技有限公司	5 拷贝/mL
一种 CRISPR－based 核酸检测试剂盒及其应用	CN111378786A	上海邦先医疗科技有限公司	1 拷贝/μL
一种用于新冠病毒核酸快速检测的 Cpf1 试剂盒及其制备方法与应用	CN111187856A	上海科技大学	4 拷贝/μL
一组检测新冠病毒基因的引物及 CRISPR 序列组合及其应用	CN111560469A	广州和盛医疗科技有限公司	10 拷贝/μL
新型冠状病毒 RPA 试纸条检测试剂盒	CN111635962A	成都海之元生物科技有限公司	100 拷贝/μL
新型冠状病毒实时荧光 RPA 检测试剂盒	CN111621606A	成都海之元生物科技有限公司	100 拷贝/μL
一种双酶法恒温扩增检测 COVID－19 的试剂盒和检测方法	CN111187863A	广州达正生物科技有限公司	1000 拷贝/μL

（2）反应时间

如表 7－2－12 所示，RPA 法检测新冠病毒相关专利的反应时间主要集中在 30 分钟左右，这也体现了 RPA 技术相对于传统核酸扩增技术的优势。

表 7－2－12　RPA 相关专利的反应时间

标题	公开号	申请人	反应时间/分钟
新型冠状病毒 RPA 试纸条检测试剂盒	CN111635962A	成都海之元生物科技有限公司	10
恒温扩增检测新型冠状病毒的引物对、试剂盒、试剂盒的制备方法及应用	CN111187857A	深圳市芯思微生物科技有限公司	10
一种病毒重组酶－聚合酶扩增检测方法	CN111621597A	清华大学	15
一种 CRISPR/Cas12 一步核酸检测方法及新型冠状病毒检测试剂盒	CN111593145A	亚能生物技术（深圳）有限公司	15

续表

标题	公开号	申请人	反应时间/分钟
基于CRISPR/Cas和核酸试纸的检测方法和人乳头瘤病毒检测试剂盒	CN111560482A	亚能生物技术（深圳）有限公司	15
一种双酶法恒温扩增检测COVID-19的试剂盒和检测方法	CN111187863A	广州达正生物科技有限公司	15
一种检测SARS-COV-2病毒的恒温扩增试剂盒及引物探针组	CN111074007A	上海迪飞医学检验实验室有限公司	15
新型冠状病毒实时荧光RPA检测试剂盒	CN111621606A	成都海之元生物科技有限公司	15
一种可提高准确率的COVID-19新型冠状病毒核酸检测方法	CN111074008A	南京申基医药科技有限公司	15
新型冠状病毒2019-nCoV荧光RPA检测引物和探针、试剂盒和方法	CN111500776A	湖南润美基因科技有限公司	20
新冠病毒核酸重组酶介导等温扩增侧向层析胶体金快速检测方法及试纸条	CN111257555A	安徽省疾病预防控制中心（省健康教育所）	20
基于RPA的恒温可视化新型冠状病毒快速检测试剂盒及检测方法	CN111593141A	商城北纳创联生物科技有限公司	20
一种用于新冠病毒核酸快速检测的Cpf1试剂盒及其制备方法与应用	CN111187856A	上海科技大学	25
一组检测新冠病毒基因的引物及CRISPR序列组合及其应用	CN111560469A	广州和盛医疗科技有限公司	30

（3）特异性

RPA相关专利描述了用于验证检测新冠病毒特异性的其他病毒：SARS、MERS、229E、OC43、NL63和HKU1。与PCR技术类似，新冠病毒的RPA核酸检测的特异性一般较好。

（4）部分重要专利

清华大学于 2020 年 5 月 9 日申请的 CN111621597A（一种病毒重组酶 – 聚合酶扩增检测方法）采用了两步 RPA 技术进行扩增，即第一步 RPA 或 RT – RPA 反应和第二步 RPA 反应。第二步 RPA 反应的引物对位于所述第一步 RPA 或 RT – RPA 反应引物对扩增获得的模板内，且与第一步 RPA 反应引物对不重叠或具有小于 10bp 的重叠。通过其设计的特定引物以及两步 RPA 反应，可以进一步对原有的模板进行扩增，提高扩增倍数，有效检验极低浓度的核酸信号。在不纯化核酸的前提下，只对新冠病毒样本进行简单的裂解，无需核酸提取纯化的过程，即可输入扩增反应中进行检测，因此可以大大降低核酸检测的复杂程度。该方法的灵敏度可达 4 拷贝/反应，反应时间达到 15 分钟。

上海科技大学于 2020 年 2 月 13 日申请的 CN111187856A（一种用于新冠病毒核酸快速检测的 Cpf1 试剂盒及其制备方法与应用）根据 Cpf1 识别特定 PAM 序列特点，在 ORF1a、ORF1b、N 和 E 基因靶序列上设计 9 条特异性 crRNA。先对 RNA 进行反转录获得 DNA，再进行 RPA 反应，随后进行 Cpf1 检测。针对同一待检样品，同时对新冠病毒 4 基因 ORF1a、ORF1b、N 和 E 的检测，提高检测准确性和可信性。该方法的灵敏度可达 5 拷贝/反应，RPA 反应和 Cpf1 识别各需 25 分钟。

（5）LAMP 与 RPA 小结

现阶段公开新冠检测的 LAMP、RPA 专利申请的改进集中在对引物本身、引物的组合的改进，技术方案多限于引物、探针及其组成的试剂盒。对扩增程序本身和所用到其他试剂的改进涉及较少。这可能是创新主体为了对疫情及时反应，只来得及在现有技术的基础上对新冠病毒检测进行适应性的调整。而在其他因素相同的情况下，引物、探针本身对检测技术的效果，尤其是反应时间的影响是有限的。事实上，灵敏度、反应时间均受多因素的共同影响，包括检测仪器、操作人员、具体的反应试剂及其保存状态等。灵敏度数据与引物、探针的关联较深，但也并非引物、探针能够决定的。而上述专利所描述的反应时间，可能只能部分反映 LAMP、RPA 技术的总体状况。

只有部分专利如 CN111394425A 涉及针对呼吸道传染病的特定采样技术，CN111257555A 涉及基于 RPA 技术的胶体金试纸条，CN111719018A 涉及基于 LAMP 技术的微阵列芯片，CN110951605A 涉及基于 RPA 技术的纸基微流控芯片。虽然这些技术可解燃眉之急，但随着疫情的进一步发展，在新冠疫苗得到大规模应用之前，亟待发展的技术可能会集中在更高通量、更低成本的检测，以及基于 LAMP 等技术的检测平台上。而这些技术正是中国大部分企业专利布局的弱势所在。因此，基于已有的扩增技术发展下一代的检测平台，可能是将来疫情常态化下的关键技术。

7.2.6.3 RAA

RAA 是重组酶介导等温核酸扩增检测（Recombinase Aided Amplification）的简称，是一种利用重组酶、单链结合蛋白、DNA 聚合酶在等温条件下（最佳温度37℃）进行核酸扩增的技术。具体原理为：重组酶、单链结合蛋白、引物形成复合体扫描双链 DNA，在与引物同源的序列处使双链 DNA 解旋，SSB 防止单链 DNA 复性，在能量和

dNTP 存在的情况下，由 DNA 聚合酶完成链的延伸，5~20 分钟就可实现仪器扩增。

如表 7-2-13 所示，目前采用 RAA 技术检测新冠病毒的专利申请布局在于探针、引物、试剂盒等方面，主要利用了恒温扩增反应时间短（通常为 5~30 分钟）的特点，适用于传染性疾病的快速检出结果的需求，主要包括设计修饰基团的探针和省去探针构思。例如，CN111074007A 采用包括设计带有修饰基团的探针与带有生物素的产物结合，通过侧向层析技术，利用胶体金等显色技术，快速确认是否存在特异性扩增产物。CN111647690A 针对新冠病毒的 N 基因设计特异性 RAA 引物，建立了新冠病毒 RAA 检测方法，可对单拷贝每微升 N 基因进行定性检测，无须使用探针即可检测新冠病毒。

表 7-2-13 新冠病毒分子诊断采用 RAA 技术的专利文献

公开号	申请人	灵敏度/精确度/检出时间
CN111074007A	上海迪飞医学检验实验室有限公司	ct 值 35 的样本，使用标准质粒检测可稳定检出 100 拷贝模板，检出时间 30 分钟
CN111270012A	中国人民解放军军事科学院军事医学研究院	灵敏度为 10 拷贝/反应
CN111206120A	江苏奇天基因生物科技有限公司 中国疾病预防控制中心病毒病预防控制所	灵敏度为 2 拷贝/反应
CN111534636A	中国人民解放军东部战区疾病预防控制中心	检出时间为 20 分钟
CN111270021A	齐永	检出时间 20 分钟
CN111455112A	中山大学孙逸仙纪念医院	
CN111518951A	首都儿科研究所	反应时间 5~15 分钟
CN111647690A	华侨大学 厦门大学	反应时间 25 分钟

7.2.6.4 RCA

RCA 是近年来发展起来的一种新型的核酸扩增技术。该技术是基于连接酶连接、引物延伸、与链置换扩增反应的一种等温核酸扩增方法。在恒温的条件下，可以产生大量的与环型探针互补的重复序列。与传统的核酸扩增方法相比，它具有扩增条件简单、特异性高、能在恒温条件下进行等特点。RCA 结合荧光、电化学、电化学发光等检测技术可以实现高灵敏的生物分子检测。例如，CN111154919A 公开了一种 RCA 产生大量 G4 链体纳米线，进而催化显色反应的生物传感技术，该过程被 2019-CoV RNA 保守序列特异性识别并驱动，实现在复杂的生物样本中对新冠病毒核酸的快速直接检测与分析。

7.2.6.5 CPA

交叉引物恒温扩增技术（CAP）由杭州优思达生物公司（以下简称"优思达"）研发，是中国首个具有自主知识产权的体外核酸扩增技术（参见授权专利CN101638685B）。根据体系中交叉引物数量的不同，这种技术可以分为单交叉扩增（Single crossing CAP）和双交叉扩增（Double crossing CAP）两种。引物扩增体系主要包括交叉引物、剥离引物、探针，以及具有链置换功能的 DNA 聚合酶等。目前暂无公开的针对新冠病毒检测的相关专利，可积极关注优思达等公司的专利布局。

7.2.6.6 ERA

ERA 反应体系类似于 RPA，通过模拟生物体遗传物质自身扩增复制的原理，将来源于细菌、病毒和噬菌体的特定重组酶、外切酶、聚合酶等多酶体系进行改造突变并筛选其功能，通过不同的核酸扩增反应体系进行优化组合，从而获得核心的重组恒温扩增体系，建立特殊扩增反应体系，在 37～42℃ 恒温条件下，可将微量 DNA/RNA 的特异性区段在数分钟内扩增数十亿倍。该技术是由苏州先达基因科技有限公司团队研发，并且进行相应的专利布局（CN109971834A）。目前，针对新冠病毒检测的相关专利申请 CN111560472A 为 exo 荧光探针实现了对 N 基因低至到 1ag（约 4 拷贝）的检测灵敏度，基于 RT-ERA 扩增对 RNA 提高检测灵敏度。同时，基于全程闭管 RNA 指数扩增法（WEPEAR 法）使用检测 N 基因的绿色荧光 exo 探针搭配检测 S 基因的红色荧光 exo 探针，实现了基于 RT-ERA 或 RT-RPA 对病毒核酸 RNA 的双基因同时检测。

7.2.6.7 其他扩增（SPIA/HAD/SDA/NASBA）

单引物恒温扩增（SPIA）技术是在同一温度（42℃）下，M-MLV 逆转录酶与一条引物的相互作用，首先合成模板的互补 DNA 单链，互补 DNA 单链自身成环形成钥匙结构，并在 M-MLV 酶的作用下形成 T7 RNA 聚合酶的启动子识别区域，T7 RNA 聚合酶识别转录出多个 RNA 拷贝。每一个 RNA 拷贝再从反转录开始进入下一个扩增循环。同时，带有荧光标记的探针和这些 RNA 拷贝特异结合，产生荧光。该荧光信号可由荧光检测仪器实时捕获，直观反映扩增循环情况。

HDA 是由美国 NEB 研究人员 Vincent 等于 2004 年发明的一种新型核酸恒温扩增技术。该技术模拟自然界生物体内 DNA 复制的自然过程，在恒温条件下利用解旋酶解开 DNA 双链，同时 DNA 单链结合蛋白稳定地解开单链，并为引物提供结合模板，然后由 DNA 聚合酶催化合成互补链。新合成的双链在解旋酶的作用下又解成单链，并作为下一轮合成的模板进入上述的循环扩增反应，最终实现靶序列的指数式增长。

SDA 是近几年发展起来的一种酶促 DNA 体外恒温扩增方法。在靶 DNA 两端带上被化学修饰的限制性核酸内切酶识别序列，核酸内切酶在其识别位点将 DNA 链打开缺口，DNA 聚合酶继之延伸缺口 3'端并替换下一条 DNA 链。被替换下来的 DNA 单链可与引物结合并被 DNA 聚合酶延伸成双链。该过程不断反复进行，使靶序列被高效扩增。基本系统包括一种限制性核酸内切酶、一种具有链置换活性的 DNA 聚合酶、两对引物、dNTP 以及钙、镁离子和缓冲系统。基本过程包括准备单链 DNA 模板、生成两端带酶切位点的目的 DNA 片段、SDA 循环 3 个阶段。

NASBA 是一项以 RNA 模板进行等温核酸扩增并能实时观测结果的检测方法。NASBA 是一种扩增 RNA 的新技术，是由一对引物介导的、连续均一的、体外特异核苷酸序列恒温扩增的酶促反应过程。反应在 42℃ 进行，可以在 2 小时左右将模板 RNA 扩增 $10^{9\sim12}$ 倍，不需特殊的仪器。NASBA 已经广泛应用于细菌、病毒等多种病原微生物的检测。

例如专利 CN111172325A，适用于上述 4 种恒温扩增过程，并且在 10～30 分钟出结果（取决于病毒浓度），逆转录和恒温扩增一步完成，比 RT-PCR 快 1 小时。

7.2.7 辅助技术

在新冠病毒的分子检测方面，针对检测对象 RNA 易降解以及运送保存过程中造成的假阴性，以及恒温扩增方法在常温下扩增引发的特异性等普遍性问题，在扩增环节外申请人还提出了诸多辅助性的技术。这些模块化的技术可以和其他扩增技术相结合，保留扩增技术的原有扩增倍数和灵敏度，并发挥其改进效果。通过梳理相关专利，典型的辅助技术包括 CRISPR 技术、样品/试剂保存技术、预处理技术、参比试剂设计，以及恒温扩增和 PCR 联用。

7.2.7.1 CRISPR/Cas

基于 CRISPR 系统蛋白的靶分子结合的特异性，以及无差别切割的高切割效率，CRISPR 蛋白被认为有潜力引发研究和全球公共卫生变革。常见的 Cas9、Cas12、Cas13a 和 Cas14 蛋白都属于是 CRISPR/Cas 的第二大类系统中的蛋白亚型，单个蛋白可以与 gRNA 结合，通过识别和切割机制对双链 DNA 进行切割。其中，Cas12、Cas13a 以及 Cas14 蛋白都具有侧支切割活性。在目前申请中关于新冠病毒的分子检测诊断专利的 223 项相关中文专利中有 23 项采用了 CRISPR 技术进行辅助检测，并且全部基于 Cas12a 蛋白，或 Cas13a 蛋白。

CRISPR 相关蛋白 Cas12a（以前称为"Cpf1"）所组成的 Cas12a/crRNA/DNA 靶标三元复合物具有非特异性的单链 DNA（ssDNA）反式切割活性，这是迄今为止第一个表征的具有 ssDNA 反式切割活性的 Cas 蛋白。Cas12a/crRNA 复合物与 ssDNA 或 dsDNA 靶标结合后，会释放出不加区分 ssDNA 切割活性，从而降解周围 ssDNA。Cas12a 的这种反式切割活性，常被用于辅助扩增方式进行信号输出。其典型做法是通过 Cas12a 的特异性结合作用识别并组合扩增产物，激活 Cas12a 的侧支切割活性，导致体系中的 ssDNA 报告分子被切割而产生荧光。该方式在 37℃ 恒定温度下进行，灵敏度可实现 aM 级别，显著提高了核酸检测的速度、特异性和灵敏度。

Cas13a 蛋白靶向 RNA。2017 年 4 月 13 日在 *Science* 期刊上的一篇论文 *Nucleic Acid Detection with CRISPR-Cas13a/C2c2* 中，美国研究人员将一种靶向 RNA（不是 DNA）的 CRISPR 相关酶（Cas13a）改造为一种快速的、廉价的和高度灵敏的诊断工具。这种 Cas13a 能够在切割它的靶 RNA 之后保持活性，而且可能表现出不加区别的切割活性，在一系列被称作"附带切割"（Collateral Cleavage）的作用当中，继续切割其他的非靶 RNA。Cas13a 检测系统还包括一种 RNA 信标分子。当 Cas13a 检测到靶 RNA 序列时，无区分的 RNA 酶活性（附带切割活性）会切割这种 RNA 报告分子，从而释放可检测到的荧光信号。

从表 7-2-14 中可以看出，除了典型的采用 Cas12 或 Cas13 系列蛋白进行单个体系恒温扩增过程中灵敏度和特异性的改进之外，还有相关文献 CN111560469A、CN111426666A、提供了针对不同的监测目标物以及扩增产物，选择不同的 CRISPR 检测系统和报告分子，以进一步累积多重检测技术效果的检测思路。

表 7-2-14 新冠病毒分子诊断采用 Cas 系列蛋白酶的专利申请

公开（公告）号	申请人	辅助技术
CN111534643B	上海科技大学	Cpf1/Cas12a
CN111690720A	山东舜丰生物科技有限公司	Cpf1/Cas12a
CN111593141A	商城北纳创联生物科技有限公司	Cpf1/Cas12a
CN111593145A	亚能生物	Cpf1/Cas12a
CN111560469A	广州和盛医疗科技有限公司	Cas13a + Cas13b（多重检测）
CN111560482A	亚能生物	Cas12 或 Cas13 系列中的一种
CN111549176A	广州再生医学与健康广东省实验室 广州普世利华科技有限公司	Cpf1/Cas12a
CN111549177A	广州再生医学与健康广东省实验室 广州普世利华科技有限公司	Cpf1/Cas12a
CN111534514A	宿迁市第一人民医院	Cas13a
CN111534641A	上海科技大学	Cpf1/Cas2a
CN111534643A	上海科技大学	Cpf1/Cas12a
CN111521781A	广州医科大学附属第一医院（广州呼吸中心）	Cpf1/Cas12a
CN111500771A	上海国际旅行卫生保健中心（上海海关口岸门诊部）	Cpf1/Cas12a
CN111500792A	亚能生物	Cas12 系列蛋白中的一种
CN111455112A	中山大学孙逸仙纪念医院	Cpf1/Cas12a
CN111440793A	武汉博杰生物医学科技有限公司 中国人民解放军总医院第五医学中心 武汉大学中南医院	Cpf1/Cas12a
CN111426666A	中国科学院上海技术物理研究所	4 种病毒对应的 CRISPR 试剂
CN111378786A	上海邦先医疗科技有限公司	Cas13a
CN111363847A	广州微远基因科技有限公司 广州微远医疗器械有限公司 广州微远医学检验实验室有限公司 深圳微远	Cas13a
CN111363860A	吴江近岸蛋白质科技有限公司	Cas13a

续表

公开（公告）号	申请人	辅助技术
CN111270012A	中国人民解放军军事科学院军事医学研究院	Cas13a
CN111235313A	深圳市创新医学科技有限公司	Cas13a
CN111187856A	上海科技大学	Cpf1/Cas12a

7.2.7.2 样品/试剂保存技术

新冠病毒是一个单股正链 RNA 病毒。病毒基因的模板是从病人样品中通过核酸提取的办法获得的。在进行检测前，还需要经过灭活和/或提取步骤。如何保证样品在取样过程中的生物活性，避免样品内病毒核酸的降解而引发的灵敏度降低和假阴性问题是病毒核酸的临床检测程序中另一个关键问题。

在目前申请中关于新冠病毒的分子检测诊断专利的 223 项相关中文专利中有 4 项涉及样品/试剂保存技术。对新冠病毒分子诊断领域的专利涉及样品/试剂保存方面改进的具体措施整理如表 7-2-15 所示。

表 7-2-15　新冠病毒分子诊断中涉及样品/试剂保存的专利申请

公开（公告）号	申请人	保存措施
CN111304366A	深圳市众循精准医学研究院	冷冻干燥技术进行常温运输和保存
CN111304367A	深圳市赛格诺生物科技有限公司	冷冻干燥技术进行常温运输和保存
CN111172239A	上海思路迪医学检验所有限公司	直接用具有裂解作用的拭子保存液，可提高在 qPCR 反应中病毒核酸的起始量
CN111304175A	南京尧顺禹生物科技有限公司	采用包含有核酸降解抑制剂的、专门用于在病毒核酸临床检测程序中保存病毒样品的病毒样品保存液

其中，CN111172239A 提出直接用具有裂解作用的拭子保存液。保存液同时具有裂解液的功能，可以裂解病毒，在病毒核酸提取程序中无须再另外添加裂解液，避免了进一步稀释。该专利在普通核酸提取仪上可实现通过增加样本投入量来提高病毒核酸的回收量，提高灵敏度且不增加检测成本。与传统方法相比得到的病毒核酸总量均在 3 倍以上，且稳定性较好。

7.2.7.3 预处理技术

样本免提取的核酸释放及扩增技术（Extraction Free Nucleic Acid Release and Amplification Technology，EFNART），简称"一步法技术"，是指在不需要对样本进行核酸提取或纯化的情况下，直接搭配强碱性质下的样本核酸释放剂和高兼容性的扩增体系，直接进行样本核酸扩增检测。这样的"一步法"操作将大大节省病毒核酸检测尤其是

RNA 病毒的检测时间，相比较传统的核酸提取后的扩增方法，预计可以节省 60% 以上的时间，检测效率提升 50%。

在发生重大疫情的时候，更加倾向于"一步法"检测，可以节省检测时间，提高效率，会对整个疫情的攻克带来巨大贡献。

新冠病毒分子诊断领域涉及"一步法"步骤的相关专利如表 7 – 2 – 16 所示。其中，专利 CN110982876A，对样本保存液进行了改进，预处理液具体包括：Tris – HCl、EDTA – 2Na、氯化钠、核糖核酸酶抑制剂和抗生素。其中，预处理液的 pH 为 6.5 ~ 8.0。该专利通过试验数据证明，这种基于生理盐水基质在室温下预处理 24 小时的预处理方式很适合梯度稀释的病毒样本。只有在长时间预处理后会影响扩增效率，可以和扩增方法有效融合。并且，发明中的有效组分（核糖核酸酶抑制剂以及抗生素）能够消化 RNA 酶，减少 RNA 酶对实验检测的影响，能够保证对 RNA 病毒直接检测的有效率。

表 7 – 2 – 16　新冠病毒分子诊断中涉及预处理的专利申请

预处理技术专利	申请人	核酸提取措施
CN110982876A	圣湘生物	很好适配于基于免核酸提取过程的"一步法"的病毒核酸检测的样本预处理液
CN111270014A	广东省人民医院（广东省医学科学院）中山市华南理工大学现代产业技术研究院	免提取，直接进行 qPCR，"一步法"检测
CN111454839A	蔡祥胜	核酸提取和实时荧光定量 PCR 一体化，通过将整只标本放入样品台后自动进行。只需要提取 20 分钟；扩增半小时
CN111304368A	杭州艾康	手工磁珠法进行核酸提取
CN111172327A	杭州丹威生物科技有限公司	免提取新型冠状病毒核酸检测的方法和试剂盒，缩短 PCR 检测时间
CN110982944A	中国农业科学院北京畜牧兽医研究所	可视化恒温（免核酸提取）快速检测

此外，有相关专利申请对核酸提取方面具体操作方式和集成方式进行了改进，如专利 CN111454839A 以及 CN111304368A。

7.2.7.4　参比试剂设计

在核酸分子检测过程中，内参基因可对样本提取和扩增整个过程进行质量监控，能监控 RNA 是否成功提取、后续的逆转录和 RPA 是否顺利进行，以及监控是否出现人为操作失误。

如表7-2-17所示，申联生物医药的一组专利CN111455103A、CN111394516A、CN111394517A、CN111363848A提出中国目前普遍采用的质控方式是，在样品运输到实验室后，在核酸提取之前或在RT-qPCR之前加入外源基因或含外源基因的假病毒。该方法并不能有效监控到上游样本采集和运输保藏过程，且增加额外的实验操作步骤和物料成本。另一方面，美国疾病控制与预防中心（CDC）在SARS期间（2004年）提出的内参基因RPP30是一段DNA序列，对RNA的丢失不能有效对照，不适合用作反转录过程的监控。该发明人通过基因筛选方法，筛选出一系列新的内参基因及相关引物和探针序列，分别提出TBP、SF3A1、POLR2A、DDX5、CYC1、HUWE1、TFRC、IPO8内参基因均可作为针对呼吸道RNA病毒PCR检测的内参基因。与美国CDC用的内参基因RNase P（RPP30）及对应引物和探针相比，该组专利申请所设计和筛选的内参基因的引物和探针高度特异仅对mRNA扩增，而不对基因组DNA扩增。

表7-2-17 新冠病毒分子诊断中涉及参比试剂设计的专利申请

公开号	申请人	发明重点
CN111500776A	湖南润美基因科技有限公司	检测体系中加入内参基因，通过内参基因的检测结果对样本的提取和扩增过程进行质量监控
CN111455103A	申联生物医药	筛选一个新的内参基因TBP及相关引物和探针序列，用于监控呼吸道RNA病毒RT-qPCR的实验过程
CN111455114A	深圳华大智造科技有限公司	一种检测SARS-CoV-2的试剂盒，包括SARS-CoV-2引物组、括内参引物组和/或外参引物组
CN111394516A	申联生物医药	适用于多种呼吸道病毒检测的内参基因，可以提高检测的准确性
CN111363848A	申联生物医药	针对呼吸道病毒检测的内参基因
CN111057797A	华中科技大学同济医学院附属同济医院	采用单管双荧光通道同时检测新冠病毒2019nCoV和内参基因Rnase P的存在，排除假阳
CN111286560A	申联生物医药	针对呼吸道病毒检测的内参基因
CN111394517A	申联生物医药	针对呼吸道病毒检测的内参基因

7.2.7.5 恒温扩增和PCR联用

针对核酸检测的各种方法，由于各方法本身的局限，因此出现了多种方法联用的专利布局。例如CN111560483A，将恒温扩增与定量PCR两个独立反应过程在同一个反应体系中依次进行，通过优化设计避免两个反应之间的影响。该方法不需要多次开盖转运反应液，减少交叉污染发生概率，缩短全流程反应时间至半小时内，检测灵敏度下限为10拷贝以下，实现高灵敏度、快速、准确、定量的目的。

7.3 重点申请人

新冠肺炎疫情爆发以来，国内外相关诊断企业纷纷投入大量资金用于检测试剂和仪器的研发，并进行了相关专利布局，其中外国主要代表企业有罗氏、雅培、丹纳赫、西门子和赛默飞等，中国主要代表企业有万孚生物、博奥生物、圣湘生物、优思达、卡尤迪生物、华大基因和达安基因等。本节将围绕这些重点企业进行分析，梳理其代表性产品及核心专利技术。

7.3.1 外国重点申请人

7.3.1.1 罗氏

2020年3月13日，美国FDA授予罗氏Cobas新冠病毒测试紧急使用授权，用于定性检测符合CDC COVID-19临床标准患者的鼻咽和口咽拭子样本。该检测可以在世界各地已广泛使用的罗氏全自动Cobas 6800/8800高通量系统上运行。

Cobas新冠病毒检测是一款单孔双靶点检测试剂，包括新冠病毒的特异性检测和包含新冠病毒在内的Sarbecovirus亚属的泛Sarbecovirus检测。用于运行该检测的Cobas 6800/8800系统可在3.5小时内提供检测结果。而且，它具有高度的灵活性，最高通量可在3小时内提供多达96个检测结果。另外，在24小时内，Cobas 6800系统可以提供1440个检测结果，Cobas 8800系统可提供4128个结果。该检测还可与用于Cobas 6800/8800系统的其他检测试剂盒同时运行。

仪器小型化与便携化同样是罗氏的一个重要研发方向，Cobas ® Liat ® PCR系统是罗氏的下一代PCR技术。Cobas ® Liat ® PCR系统的大小相当于一台咖啡机，在最需要的时候提供快速、可靠的结果，包括链球菌a结果的周转时间约为15分钟，SARS病毒和甲型流感、呼吸道合胞病毒（RSV）或难辨梭状芽胞杆菌（C. difficile）结果的周转时间为20分钟。这款紧凑的PCR解决方案经过专业设计，可优化尺寸、速度和易用性，提供分子诊断领导者所期望的卓越性能，非常适合在卫星实验室或即时医疗点使用。

根据罗氏官网数据，Cobas ® Liat ® PCR系统的相关专利见图7-3-1。

7.3.1.2 雅培

雅培有2款产品获美国FDA批准，分别是Real Time SARS-CoV-2和ID NOW™ COVID-19。ID NOW™ COVID-19检测试剂在5分钟内可给出阳性结果，在13分钟内可给出阴性结果，是目前速度最快的即时检测之一。该测试在雅培的ID NOW™平台上运行，在医生办公室、紧急护理诊所和医院急诊科等医疗保健环境快速提供结果。该平台前身为美艾利尔的Alere i，其相关专利为US9352312B2。2017年美艾利尔被雅培

第7章 新型冠状病毒检测专利概览

- 2001年　US09782732B1用于核酸样品的PCR处理处理装置及处理方法
- 2002年　US10241816B1用于处理生物样品的装置
- 2004年　US10773775B1 样品处理装置　　US10863603B1 流体样品测试系统　　US10920134A1 用于处理生物样品的装置
- 2005年　US11280801B1将样品添加到样品容器中的热循环方法
- 2008年　US12036750B1流体样品测试系统
- 2010年　US12782354A1样品处理方法
- 2011年　US13022311A1样品容器

Cobas®Liat®PCR系统

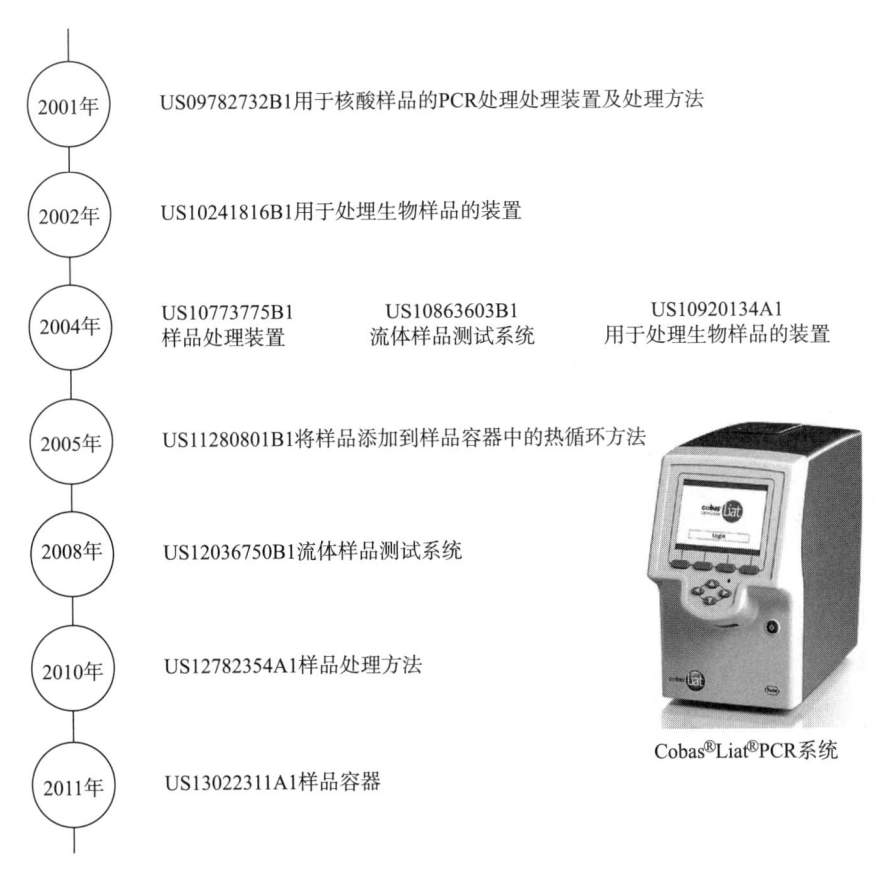

图 7-3-1　Cobas®Liat®PCR 系统产品及对应专利

以总价53亿美元的价格收购。这次收购让雅培超越西门子和丹纳赫，成为全球IVD领域仅次于罗氏的第二大供应商。参见图7-3-2、图7-3-3。

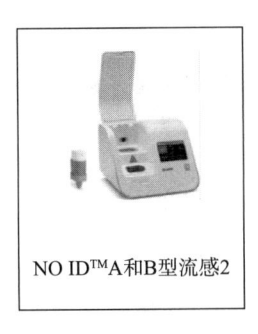

| ID NOW™COVID-19 | NO ID™A和B型流感2 | ID NOW™RSV | ID NOW™STEP A 2 |

图 7-3-2　ID NOW™平台相关产品

ID NOW™平台体积小、重量轻（约3千克）、便携（小型烤面包机的大小），并使用分子技术，由于其高度的准确性而受到临床医生和科学界的重视。ID NOW™是目前美国使用最广泛的分子即时检测平台之一。雅培与美国政府合作，将测试递送到可能产生最大影响的地区。该仪器的基本动作为：①将待测样品加入离心管A中；②用移

207

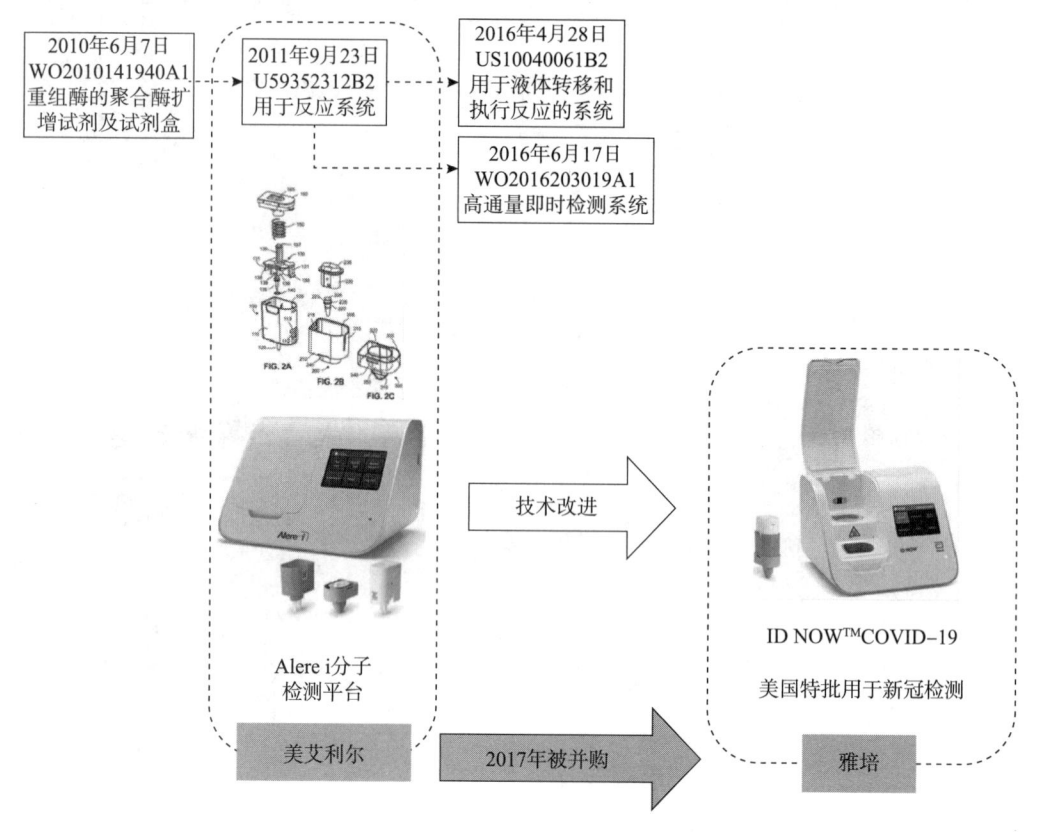

图 7-3-3 ID NOW™ COVID-19 技术演进路线

液枪取一定体积待测样品加入离心管 B 中，该离心管中有反应所需的各种试剂；③将离心管 B 放入检测仪器中进行反应，如 PCR 扩增仪等，反应一段时间后通过仪器检测得出结果。在整个反应过程中，有 2 个地方使用到了反应试剂，一个是样品管内使用了裂解细胞或病毒的裂解液，另一个是扩增管中使用了恒温扩增所需要的试剂。该仪器采用 Alere i 测试盒。根据美艾利尔官网介绍，Alere i 测试盒是采用 NEAR 来检测病毒核酸，使用特定捕获酶来驱动扩增反应，该试剂一般包括有切口酶、前向模板核酸、反向模块核酸和聚合酶等。

7.3.1.3 丹纳赫

赛沛公司是分子诊断产品供应商，建于 1996 年，总部位于美国加州。2019 年 4 月，SpeeDx 宣布与赛沛达成协议，以制造可在 GeneXpert 系统上使用的 ResistancePlus® 检测。赛沛的 FleXible Cartridge 项目中的首款检测是 ResistancePlus® MG，用于检测性传播感染（STI）生殖支原体（Mgen）和阿奇霉素耐药相关标记物。作为分子诊断高端设备，GeneXpert MTB/RIF 结核病诊断系统是赛沛的主打产品，因其检测效果成为全球广受认可的结核病检测系统。

2016 年丹纳赫以 40 亿美元收购赛沛，并先后通过并购整合了 20 多家公司，一举完善了在分子诊断和 POCT 的专利布局，能够与罗氏、雅培、西门子在临床诊断产品线全面竞争。

2020年3月21日，赛沛宣布Xpert Xpress SARS-CoV-2核酸检测试剂获得FDA的紧急使用授权，用于进行新冠病毒核酸的定性检测。该检测试剂适用于全球范围现有的23000台全自动GeneXpert系统。该系统运用现有的Xpert Xpress Flu/RSV Assay墨盒技术的qPCR法，以病毒基因组的多个区域为靶标，可在45分钟左右快速检测新冠病毒，特别是样本的制备时间不到1分钟，仅需简单培训即可操作，免去了医务人员往返专门中心实验室送检的费时过程。GeneXpert系统相关专利参见表7-3-1。

表7-3-1 GeneXpert系统相关专利

公开号	申请日	主题	被引次数	转让次数
US5958349A	1997年2月28日	用于热交换化学过程的反应容器	174	2
US6440725B1	1999年6月25日	一体式流体操纵盒	657	5
US6403037B1	2000年2月4日	反应容器和温度控制系统	167	4
US6818185B1	2000年5月30日	用于进行化学反应的装置	197	4
US6783736B1	2001年3月6日	用于分析流体样品的盒	104	0
WO2016069853A2	2015年10月29日	一种检测埃博拉病毒的方法	0	0

GeneXpert系统是世界上第一个整合全自动样品制备和检测程序的实时定量PCR仪。使用者直接加入采样样品，GeneXpert自动完成样品裂解、核酸纯化浓缩、定量PCR扩增检测，并输出分析结果，整个过程只需要30分钟。

GeneXpert的样品制备系统采用赛沛的完全独立的反应盒（cartridge）。盒体包含多达11个分离试剂室和1个废液室。这个反应盒内设计了一个专利超声装置（sonic horn），用于破碎原始样品使内含的DNA释放，然后通过内置滤膜捕获超声处理的和PCR分析的靶目标DNA。另外一个技术关键是PCR微珠试剂的设计。赛沛的试剂盒是将酶、dNTPs、缓冲液等全部浓缩在一个微珠中；而基因特异性引物、荧光探针、内参则包含于另一个微珠中（最多可容4对引物和4条探针以进行多重qPCR）。稳定、冻干PCR试剂在正常室温中保持稳定，独特的微珠试剂设计也便于精确操作，避免产生误差和交叉污染。

与传统定量PCR仪96孔板的设计不同，GeneXpert的PCR反应系统采用I-CORE模块的设计，每个样品槽都集成有自己独立的加热/冷却系统以及光学信号激发与检测系统，每个模块都可以独立地操控和运行。独一无二的独立设计使得模块反应之间互不干扰，消除了"边缘效应"和传统96孔板中孔与孔之间"不一致性"，可同时进行多个反应程序不同的定量反应，并且每个样品槽独立的4~6通道荧光激发检测系统扩展了应用空间。根据用户的需求可以配备从1~16个模块、32个模块，而最新推出的GeneXpert Infinity 48 PCR仪可以配备多达48个模块。

目前，该平台上开发的Xpert MTB/RIF、Xpert CT/NG等产品已通过FDA批准，分别用于结核分枝杆菌复合群（MTB复合群）和沙眼衣原体（CT）、淋球菌（NG）、

HIV、HPV 及埃博拉病毒的分子诊断。

7.3.1.4 西门子

西门子 IVD 产品线的迅猛发展起始于 2006 年和 2007 年，在这两年内，整个 IVD 领域具有轰动性的 3 起并购，即 2006 年 7 月以 15 亿欧元收购美国德普、2007 年 1 月以 42 亿欧元收购拜耳诊断和 2007 年 11 月以 70 亿美元收购德灵诊断，使其迅速地形成了最齐全的产品线。

2020 年西门子宣布推出 Fast Track Diagnostics（FTD）SARS – CoV – 2 分析检测试剂盒，可用于帮助诊断新冠病毒感染。2020 年 4 月 30 日，该试剂盒获得欧盟 CE – IVD 认证。2020 年 5 月 5 日，获得美国 FDA 紧急使用授权。

FTD SARS – CoV – 2 检测试剂盒由位于卢森堡的 Fast Track Diagnostics 研发的，该公司于 2017 年底被西门子医疗收购。FTD SARS – CoV – 2 试剂已在 Biomerieux EasyMag Extraction 系统和 Applied Biosystems 7500 qPCR 分析仪上进行了优化，并采用与西门子其他 FTD 呼吸道疾病试剂盒相同的工作流程，包括 PCR 配置文件。它可以与 FTD 多重呼吸道病原筛查试剂盒同时在实验室中运行。这是西门子的临床症候多联测试技术，可识别 21 种可引起急性呼吸道感染的不同上呼吸道病原体。西门子有关新冠病毒检测的相关专利申请见表 7 – 3 – 2。

表 7 – 3 – 2　西门子新冠病毒检测相关专利申请

公开号	申请日	主题
EP2252708A1	2009 年 3 月 19 日	非竞争性的内部控制用于核酸酸试验的用途
US2014308751A1	2013 年 4 月 12 日	分析物同系物的化验方法
WO2017074703A1	2016 年 10 月 12 日	夹心测定小分子的方法

7.3.1.5 赛默飞

美国当地时间 2020 年 3 月 13 日，赛默飞宣布其诊断检测方案获得 FDA 发布的一项紧急使用授权，立即被美国 CLIA 认证实验室用于新冠病毒核酸检测，该检测可用于任何其他病毒或病原体。

检测试剂盒采用了 Applied Biosystems 的微流控芯片 TaqPath Assay（TAC）技术，包括从样本制备到仪器分析，实验室在收到患者样本 4 小时之内即可提供检测结果。授权检测方案已经经过优化并可用于赛默飞 Applied Biosystems 7500 Fast Dx Real – time PCR System 仪。该仪器也在紧急使用授权范围内，并且已经在世界各地临床实验室中广泛使用。

试剂盒包含 3 组引物和探针，分别指向编码 Orf – 1ab、N 蛋白和 S 蛋白的新冠病毒基因组区域，吞噬体 MS2 引物和探针，以及吞噬体 MS2 控制试剂。同时，该试剂盒还具有 RNA 阳性对照，其中包含试剂盒靶向的新冠病毒基因组区域。试剂盒涉及专利为 US2012219957A1（制备反应混合物和相关产物的方法）和 EP2834357B1（Tal – efector 组装平台、定制服务、试剂盒和化验）。参见图 7 – 3 – 4。

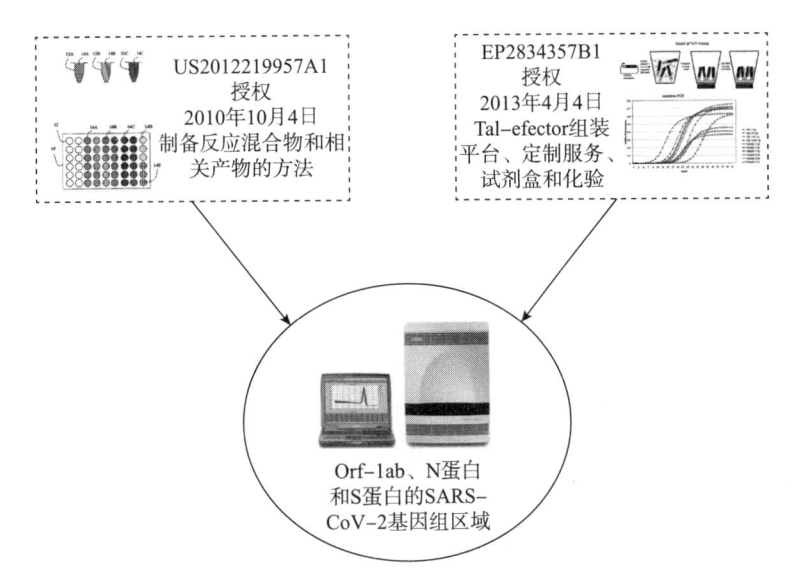

图 7-3-4 赛默飞新冠病毒检测相关专利

7.3.2 国内重点申请人

7.3.2.1 万孚生物

万孚生物新型冠状病毒抗体检测试剂盒（胶体金法）于 2020 年 2 月 22 日通过国家药品监督管理局应急审批，正式获得医疗器械注册证，成为首批正式获准上市的新冠病毒抗体现场快速检测试剂。产品用于体外定性检测人血清、血浆和全血样本中新冠病毒抗体（IgM/IgG），15 分钟出结果，为新冠肺炎的疑似患者、无症状患者、密切接触者、核酸检测阴性者提供快速、便捷的现场检测手段，是对核酸检测的补充或协同。

2020 年 3 月 5 日，万孚生物的 3 个新冠病毒抗体检测试剂获欧盟 CE 认证，进入欧盟市场。本次获准的 3 款新冠病毒抗体检测试剂为：2019-nCoV 新型冠状病毒抗体检测试剂（免疫层析法）、2019-nCoV 新型冠状病毒抗体检测试剂（荧光免疫层析法）、2019-nCoV 新型冠状病毒 IgM 抗体检测试剂（荧光免疫层析法）。万孚生物新冠病毒检测产品及相关专利参见图 7-3-5。

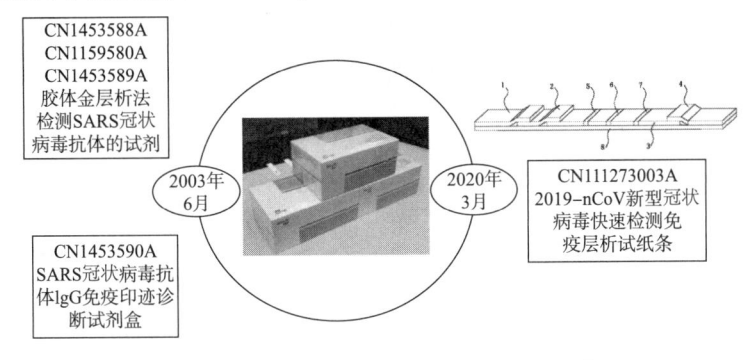

图 7-3-5 万孚生物新冠病毒检测产品及专利

7.3.2.2 博奥生物

2020年2月22日,由博奥生物联合清华大学、四川大学华西医院共同设计开发的"呼吸道病毒(6种)核酸检测试剂盒(恒温扩增芯片法)"获国家药品监督管理第2批新冠病毒应急医疗器械审批批准(注册证证书号:国械注准20203400178)。

该试剂盒的采用恒温扩增以及微流控芯片技术,基于高通量碟式芯片和自动化仪器,采集患者的鼻、咽试子等分泌物样本,1.5小时便可一次性检测多种呼吸道常见病毒,包括新冠病毒、甲型流感病毒、新型甲型H1N1流感病毒、甲型H3N2流感病毒、乙型流感病毒、呼吸道合胞病毒等。其特点在于,是一种含新冠病毒在内的呼吸道多病毒指标核酸检测试剂盒。多指标核酸检测试剂盒可以比其他已获批单一指标检测产品快一倍的速度,同时检测其他5种呼吸道常见病毒,不仅能帮助医务人员快速区分正常人和新冠肺炎病毒感染者,还能有效鉴别流感患者和新冠肺炎患者,从而同步排查其他引起相似症状的病毒,实现对患者的精准诊断、精准治疗。

晶芯® RTisochip™ – A 恒温扩增微流控芯片核酸分析仪集成核酸恒温扩增技术、微流控芯片技术和共焦荧光实时检测技术,具有快速高效的分子复制放大能力和特异序列分子片段互补匹配识别功能。该系统以临床常见呼吸道病原菌为检测对象,在一张24通道的微流控碟式芯片上,实现多指标快速并行检测。如图7-3-6所示,其奠基性专利为CN101126715A(一种微纳升体系流体芯片的检测系统及检测方法)、CN102886280A(一种微流控芯片及其应用)。

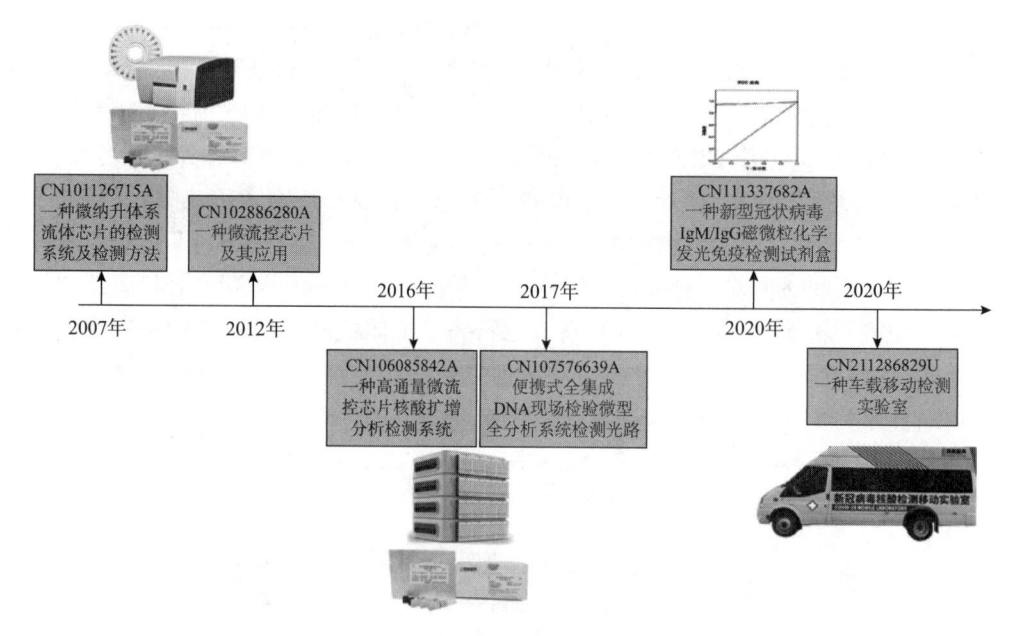

图7-3-6 博奥生物新冠病毒检测仪器及专利

每台晶芯® RTisochip™ – W 高通量恒温扩增核酸分析仪一次可检测4张芯片。在使用过程中,将从待测样本中提取的核酸与相关试剂混合后加入微流控芯片,通过加热膜对微流控芯片进行加热和恒温控制,核酸样品在恒温条件下进行扩增。扩增过程中,探测器将接收到的荧光信号输入计算机，配套软件会将接收到的信号进行相应处理并绘制成实时曲线，检测完成后自动进行结果判读和显示。其代表性专利为CN106085842A（一种高通量微流控芯片核酸扩增分析检测系统）、CN107576639A（便携式全集成DNA现场检验微型全分析系统检测光路）。

新冠病毒核酸检测移动实验室可实现多种需求场景下的"样品入－结果出"式高灵敏快速检测。该移动实验室适合在边境口岸、社区发生聚集性疫情和县乡村等医疗条件相对较差的应用场景下发挥重要作用。其代表性专利为CN211286829U（一种车载移动检测实验室）。

7.3.2.3 圣湘生物

圣湘生物在2020年新冠肺炎疫情防控工作中，快速研发出精准、快速、简便、高通量的新冠病毒核酸检测试剂盒，并获得国家药品监督管理局注册证书（中国获批上市的前6家企业之一）、欧盟CE认证、美国FDA紧急使用授权、巴西ANVISA注册证书等一系列权威认证。圣湘生物新冠核酸检测产品已供往全球120多个国家/地区疫情防控一线。2020年7月30日，圣湘生物发布基于qPCR技术获得NMPA三类注册证的分子诊断POCT产品iPonatic快速核酸检测系统。该产品可实现样本进、结果出快速检测，15~45分钟出结果，可搭载圣湘生物新冠病毒核酸检测试剂盒、六项呼吸道病原体核酸检测试剂盒、七项呼吸道病原菌核酸检测试剂盒等多个呼吸道病原体及其他感染性病原体项目，助力国家公共卫生防控体系建设。

圣湘生物此次发布的iPonatic快速核酸检测系统，2020年4月通过了国家药品监督管理局注册认证和欧盟CE认证。该产品针对以上痛点难点进行研发设计，打破了核酸检测应用场景限制瓶颈，无需专业实验室，样本进、结果出，推动核酸检测由以往的"小时级"提升到"分钟级"，新冠病毒核酸检测15~45分钟出结果，且灵敏度达到200拷贝/mL；也可延展应用到其他疾病的核酸检测。该产品对应专利有CN106554903A（一种药剂混匀装置及其使用方法）、CN106399053A（一种PCR反应装置及其使用方法）、CN106635785A（一种PCR荧光检测仪）、CN303285889S（"一步法"核酸检测前处理仪器）、CN304987563S（便携式核酸分析仪）。参见图7－3－7、图7－3－8。

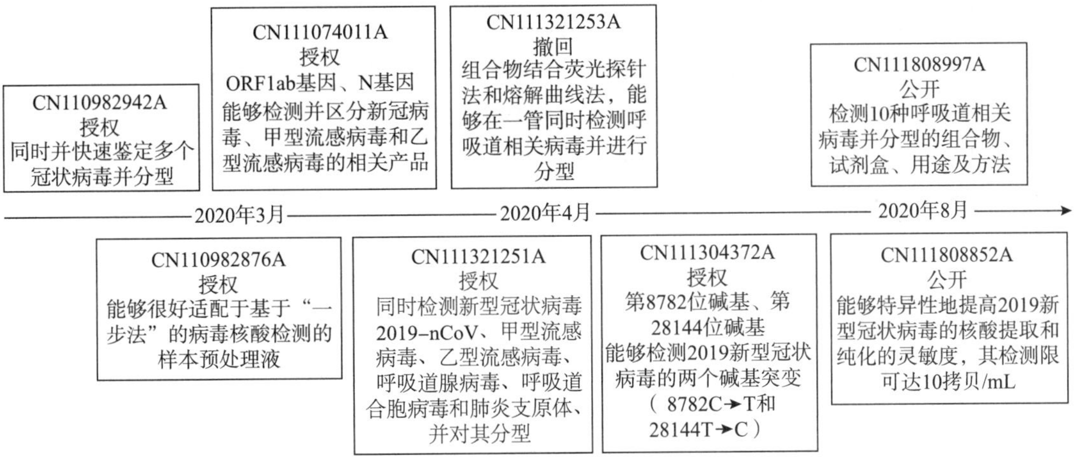

图7－3－7 圣湘生物新冠病毒检测相关专利

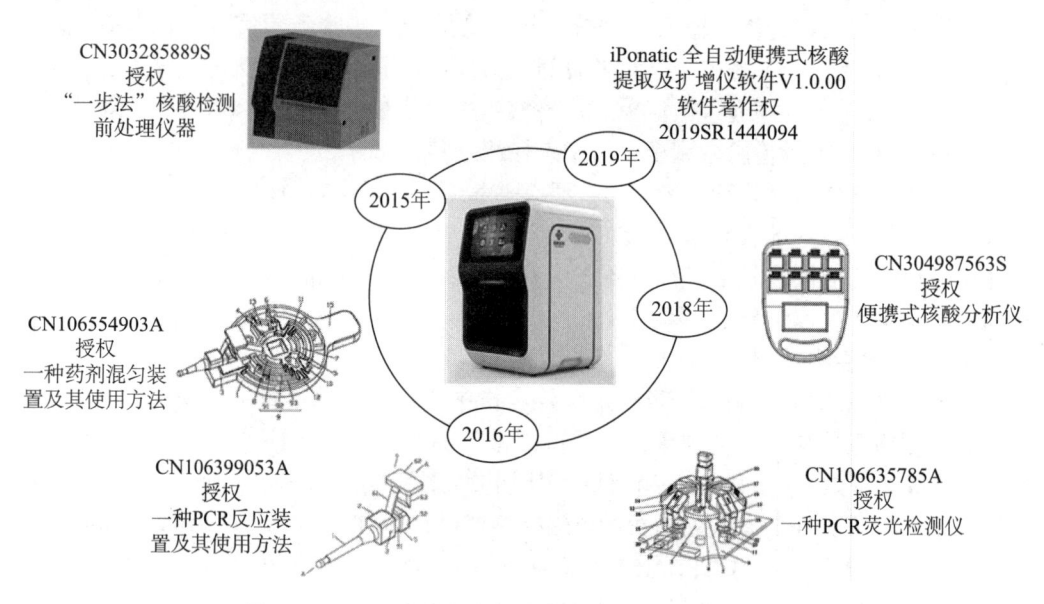

图 7－3－8 圣湘生物新冠病毒检测仪器及其相关专利

7.3.2.4 优思达

2020 年 3 月 16 日，国家药品监督管理局应急审批通过优思达的新冠病毒 2019－nCoV 核酸检测试剂盒（恒温扩增－实时荧光法）。该试剂盒用于体外定性检测新冠病毒感染的肺炎疑似病例、疑似聚集性病例患者、其他需要进行新冠病毒感染诊断或鉴别诊断者的咽拭子和痰液样本中的新冠病毒 ORF1ab 基因、N 基因。此试剂盒配套该公司生产的 EasyNAT® 全自动核酸分析仪使用，无需复杂的人员培训和昂贵的分子实验室，独立双通道，可现场进行快速检测。该试剂盒集核酸提取、扩增、检测全自动一体化，是国家批准的第一个新冠病毒核酸 POCT 试剂。

试剂盒相关专利有 CN101638685B（交叉引物扩增靶核酸序列的方法及用于扩增靶核酸序列的试剂盒及其应用）和 CN108796038A（一种核酸一体化检测方法及检测试剂管）。EasyNAT® 全自动核酸分析仪主要特点为：①将反应过程中的一些引物、探针、酶利用试剂玻璃化技术集成在全自动检测管当中，把加样、配体系的环节省略，实验之前仅需加入样本和提取液即可。全自动检测管在外加磁导的作用下，自动地完成样本的裂解结合、清洗、洗脱和扩增的过程。②采用交叉引物恒温扩增技术，能在恒定温度条件下，通过探针、引物、酶作用自动完成扩增，无需高精度的温控系统。参见图 7－3－9。

7.3.2.5 卡尤迪生物

卡尤迪生物最新研发的 qPCR 仪 Flash20 和新冠病毒核酸检测试剂盒（荧光 PCR 法）于 2020 年 7 月 13 日双双获得 NMPA 第三类医疗器械注册证。卡尤迪生物新冠病毒检测相关专利技术参见图 7－3－10。

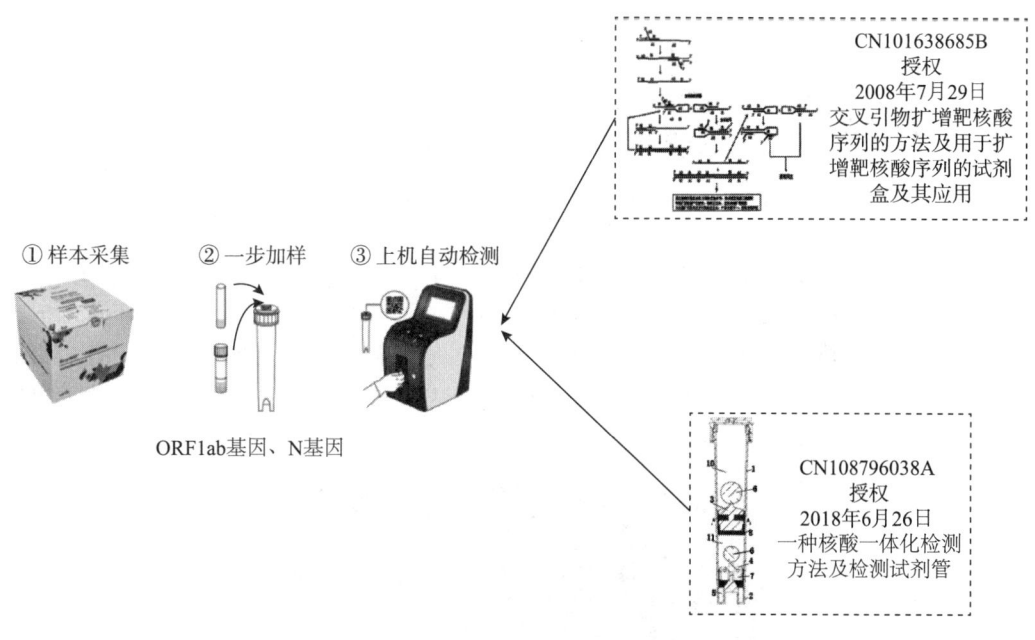

图 7-3-9 优思达 EasyNAT® 系统及其相关专利

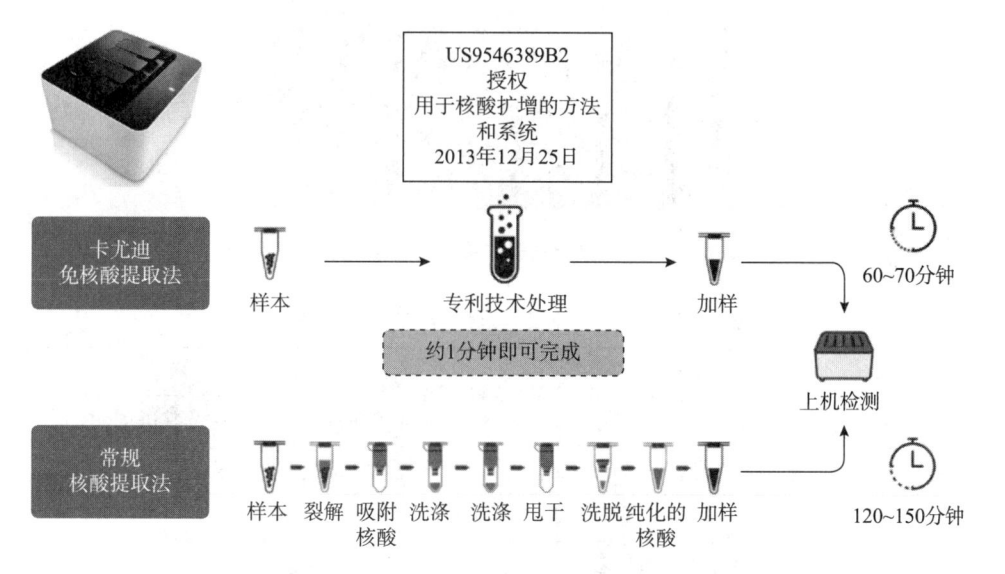

图 7-3-10 卡尤迪生物新冠病毒检测相关专利技术

卡尤迪生物的核酸快检系统由 qPCR 仪 Flash20 和新冠病毒核酸检测试剂盒构成，具有速度快、性能好、更安全的特点，现场无创采样，1 分钟加样，30 分钟即出结果，大大降低了感染风险，适应多种检测场景。该系统突破了从核酸提取到逆转录，再到 PCR 反应的时间极限。临床实验的灵敏度、特异性均≥95%，最低检出限为 400 拷贝/mL。

qPCR 仪 Flash20 型的温度控制采用陶瓷加热片加热和空气浴冷却方式，4 个检测孔模块独立控制温度，以实现聚合酶链反应所需的温度循环与温度保持，达到使样本扩增的目的。该仪器实现了 4 色光路系统设计，可同时检测 4 种不同波长范围的荧光染料，为多重 qPCR 检测提供了良好的硬件保障。仪器配有通用电脑，运行专用软件，可实现对 Flash20 型 qPCR 仪自动控制，在显示器上能显示各种数据和分析曲线，并具有对分析结果储存和调出功能。脱机时，电脑可独立使用。

7.3.2.6 华大基因

2020 年 1 月初，华大基因开始研制新冠病毒核酸检测试剂盒。2020 年 1 月 14 日，官方正式宣布试剂盒研发成功。2020 年 3 月 27 日，华大基因宣布试剂盒获得美国 FDA 紧急使用授权，可正式进入美国临床市场进行销售，成为中国首家获得该授权的企业。此前该新冠病毒核酸检测试剂盒已获得 NMPA 医疗器械注册证和欧盟 CE 认证。截至 2020 年 4 月 15 日，华大基因新冠病毒核酸检测试剂盒（荧光 PCR 法）已获得欧盟、美国、日本、澳大利亚的注册证书。参见图 7 – 3 – 11、表 7 – 3 – 3。

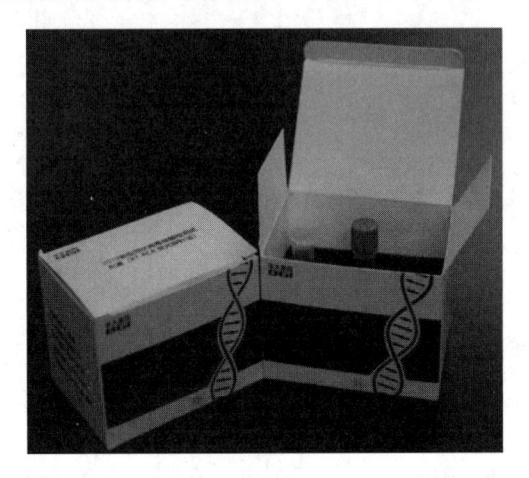

图 7 – 3 – 11　华大基因新冠病毒核酸检测试剂盒

表 7 – 3 – 3　华大基因新冠病毒检测相关专利申请

公开号	申请日	主题
CN1469126A	2003 年 4 月 26 日	检测 SARS 冠状病毒抗体的方法及其试剂盒
CN1177224A	2003 年 4 月 26 日	检测 SARS 冠状病毒抗体的方法及其试剂盒
CN111528928A	2020 年 7 月 13 日	取样口罩
CN211499949U	2020 年 8 月 7 日	气膜采样亭
CN111674318A	2020 年 8 月 13 日	用于病毒检测的车载折叠检测实验室以及车辆
CN211765160U	2020 年 9 月 15 日	用于病毒检测的车载抽拉检测实验室以及车辆

华大基因新冠病毒核酸检测试剂盒采用 RT – PCR 荧光探针法，具有以下特点：①灵敏度高，经过临床标本验证达 100 拷贝/mL；②特异性好，与 SARS 等冠状病毒无交叉反应；③检验过程全程质控，设置内参值监控取样质量和检测流程。

截至 2020 年 4 月底，华大基因累计生产新冠病毒核酸检测试剂盒上千万人份，日产能可达 200 万人份。国际方面，已驰援 60 多个国家/地区，国际订货量数百万人份。

7.3.2.7 达安基因

达安基因根据世界卫生组织（WHO）公布的新冠病毒基因组序列，研发出多种新冠病毒核酸检测试剂盒，旨在帮助各卫生相关部门全面筛查新冠病毒感染患者，例如单通道的 PCR-荧光探针法、双通道的荧光 PCR 法。根据疾病预防控制中心（CDC）相关报告指出，新冠病毒 ORF/ab 和 N 基因为主要筛查基因位点，双通道的检测能够有更高的灵敏性和准确性。达安基因自主研发的产品"新型冠状病毒 2019-nCoV 核酸检测试剂盒（荧光 PCR 法）"已获得国家医疗器械产品出口销售证明和欧盟 CE 认证。该试剂盒可在达安基因自主研发的安誉 AGS8830-8/AGS8830-16 荧光定量 PCR 仪上使用，30 分钟内实现新冠病毒检测。达安基因的新冠病毒检测相关专利参见图 7-3-12。

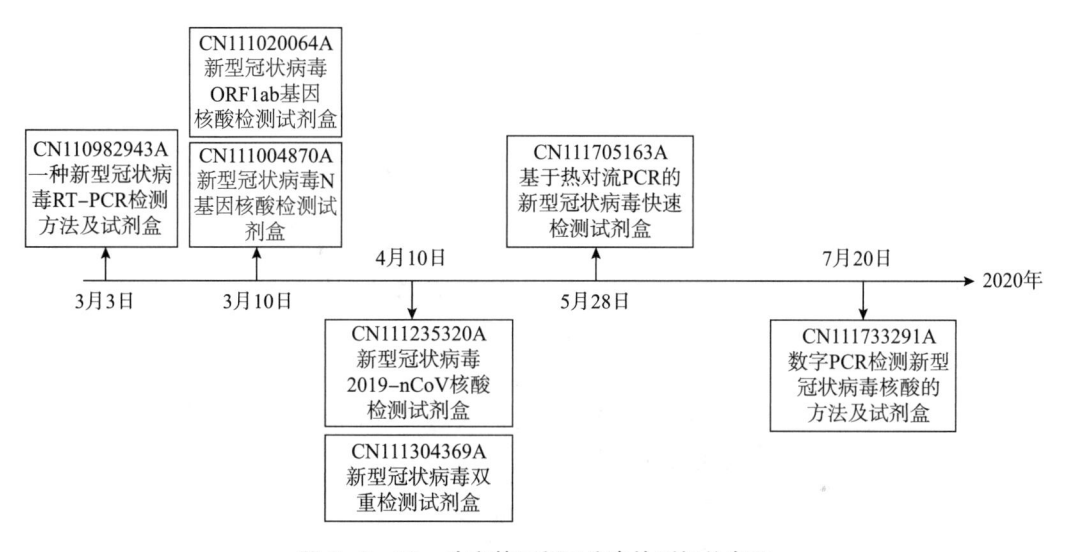

图 7-3-12 达安基因新冠病毒检测相关专利

7.3.3 国内外重点申请人对比

通过国内外对比可以发现，外国企业优势在于进入该领域早，通过并购或合作等对仪器和试剂盒进行了大量布局，在面对新冠病毒突袭时，依托于早期基础专利对仪器进行适应性改进，并推出配套试剂盒产品，在试剂盒和仪器均具有竞争优势。典型代表有雅培收购美艾利尔，获得 Alere i 检测平台技术，并在此基础上推出了 ID NOW™ 检测平台用于新冠病毒检测；丹纳赫收购赛沛，获得其 GeneXpert 系统相关技术，并结合 Xpert Xpress SARS-CoV-2 核酸检测试剂实现新冠病毒检测；西门子收购 Fast Track Diagnostics，并推出 FTD SARS-CoV-2 分析检测试剂盒，用于帮助诊断新冠病毒感染。

中国企业在新冠肺炎疫情来临时，反应迅速，在针对新冠检测试剂盒方面占得一定先机。以万孚生物为代表的多家企业率先获得中国新冠病毒检测资质，快速参与国际市场，先后取得欧盟 CE 认证和美国 FDA 紧急授权许可。虽然部分国内企业也推出了相应的检测仪器，但其相关专利多是在国外企业专利的基础上作出的改进，核心的检测平台技术仍然掌握在罗氏、雅培等国外企业巨头手中。

7.4 本章小结

在免疫检测方面，中国各企业对新冠肺炎疫情响应速度快，率先对免疫检测试剂和产品进行专利申请和布局。快速合成了相应的重组抗原以及特异性多克隆抗体或单克隆抗体，通过对抗原的修饰合成特异性抗原，并合成了针对新冠病毒抗原的特异性单克隆抗体，以降低检测假阳性；通过对靶标的选取与检测原料的亲和力和敏感性处理提高检测灵敏度；通过合成对电解质不敏感、在检测样本中稳定存在的检测试剂，提高了检测稳定性。

目前，新冠病毒免疫检测仍以胶体金免疫层析为主要检测手段，检测速度快，操作简单，对于疑似病人快速检测排查和新冠病毒补充诊断具有重要意义，特别核酸检测为阴性的疑似病例。但胶体金免疫层析灵敏度受限，而且因为临床样本中的内源性和外源性干扰物质，新冠免疫检测仍然存在一定比率的假阳性，须结合临床症状综合判断。

根据新冠免疫检测专利分析发现，中国针对新冠病毒免疫检测技术截止到检索日没有获得公开的向外国申请同族专利。中国在新冠病毒检测技术上走在了世界的前列，但中国专利对外布局、对外保护方面还有待加强。

在分子检测方面，新冠病毒是单股正链 RNA 病毒，其核酸检测在各版诊断标准中均属于确诊的金标准。《新型冠状病毒肺炎诊疗方案（试行第六版）》中，确诊病例须有病原学证据阳性结果。该阳性结果包括实时荧光 RT – PCR 检测新冠状病毒核酸阳性或病毒基因测序，与已知的新冠病毒高度同源。因测序难以纳入即时检测的范围，本章主要针对除测序技术外的新冠病毒的分子检测手段进行了分析。新冠病毒出现数月之内就能够看到仅在分子检测方面如此多已公开的专利申请，实属不易。

中国的创新主体在此次疫情面前放弃了春节安稳的团圆，许多科研工作者在疫情初期冒着未知的风险，临危受命，挑灯夜战，在极短的时间内完成了新冠病毒分子检测的引物设计与筛选，实现了新冠病毒的基本分子检测能力。

综观冠状病毒检测方法相关专利的申请主体，大专院校和科研院所占据了绝对的主导地位。这可能与 2003 年非典期间科研力量更加集中在大专院校和科研院所有关。但通过对新冠病毒的专利分析发现，企业专利申请占据了绝对主力。这既体现了改革开放后市场经济对行业的推动和促进，也体现了中国企业在困难面前的勇敢与担当。

通过重点申请人的分析，也能够看到行业内的龙头企业技术的实力。

近年来，核酸扩增技术也迎来了许多重大发展，例如，PCR 技术衍生出了 dPCR 等新的高灵敏度的细分技术，还出现了对仪器要求低的恒温扩增技术。恒温扩增技术在近 10 年来发展迅速，已经发展出了 10 余种细分技术，其中的 LAMP 和 RPA 已完成了初步的普及，走出了实验室，步入了市场。

在新冠病毒分子检测的特性应用场景上，荧光 PCR 仍然是研究工作的首选目标。

但是从专利分析的角度也能够看到，其他 PCR 技术以及多种多样的恒温扩增技术如雨后春笋般涌出，呈现百花齐放之态。在所有冠状病毒的分子检测中，等温检测技术占比较低。这可能是由于近年来等温检测技术的逐渐普及，也可能是由于申请人的研发意识更加具有前瞻性。

新冠病毒的检测靶点以 ORF1ab 和 N 基因为主，为了提高准确性，可以对双靶点进行检测，随着病毒的变异以及检测中遇到的许多实际问题，也有很多申请人关注了其他靶点的选择与联用。

虽然高通量测序已经渐渐普及，但其成本与核酸扩增、杂交的检测方式相比仍然高出太多，检测时间也过长，对样本的原始量要求高，仪器和数据分析设备也无法普及。因此，即使纳米孔测序技术进一步发展，也难以取代传统核酸检测在即时检测中的地位。可以预期，在今后的发展中，核酸扩增、杂交的分子检测方式与测序检测技术会在各自的场景中发挥不同的作用。

此次新冠肺炎疫情虽然给国民生产以及人民的日常工作生活带来了极大的负面影响，但对生物行业以及检测行业的促进作用确是史无前例的。在 2003 年非典疫情后，相关行业曾经历过一次迅猛的增长。此次疫情在世界范围内所带来的影响更大，可以预期大量资本会投入相关行业，迎来新一轮的增长和扩充，拓展更宽的应用场景。

第 8 章　措施建议

（1）强化专利创造保护以及运用意识，为企业发展保驾护航

考虑中国人口基数以及老龄化、分级诊疗制度实行等的因素，中国POCT市场前景巨大。但企业虽然是中国该领域专利申请的主力，但是排名并未靠前，也未形成有效布局，专利申请中的龙头企业没出现。虽然各家企业都针对主流产品进行了专利保护，已经根据自身战略需求进行了专利布局，但是POCT中国市场上较为知名企业的专利申请量并未名列前茅。深入分析发现，中国企业保护的是优势不明显的技术或者是周边技术，保护保护力度有限，和其市场地位不相匹配。特别是和行业标杆罗氏、雅培等有效布局大量专利，对核心产品进行全方位保护，形成专利布局网络，在竞争中占得先机，并通过积极的专利诉讼来打击竞争者和维护自身地位相比，中国企业还有较大的差距。

结合调研发现，这一方面是由市场需求和技术特点决定的，属于正常的发展阶段性问题。但需要注意的是，部分公司是由于在专利创造保护以及运用意识方面较为薄弱，存在市场和专利布局同时进行甚至市场先行的现象，其实已经错过了抢占申请日的优势。同时，POCT行业技术和产品的频繁迭代更新，也对不少企业在进行专利申请以及后续运用保护造成困扰。建议企业内部可针对科研成果建立技术专家和行业专家联合评价制度，对产品核心技术、关键技术或者市场前景巨大的技术尽早申请专利，并进行有效地布局，为后续的保护和运用提供有力武器。

（2）提高海外布局意识，及时保护合法权益并防范风险

虽然中国POCT领域专利申请量从2001年后开始迅速增长，并且远超其他国家/地区，但是，向外国输出较少，远远低于中国本土，而且和美国申请人在全球进行专利布局，以及外国跨国企业巨头在中国积极布局形成明显对比。这也会增加中国企业走出国门的难度，同时也可能使中国企业即使在掌握核心技术的情况下，却因为没有及时地进行海外布局而失去了应有的权利。这个问题在整个POCT行业比较普遍，很多企业虽然积极开拓外国市场，或者已经靠产品打开了外国市场，但相关专利布局不仅没有走在前头，甚至于还没有跟进。特别是针对新冠病毒的检测，从技术而言，在免疫方面中国企业在试剂盒方面占得一定先机，并已快速渗透国内外市场。在核酸检测小型仪器方面，中国专利多是在外国企业专利基础上作出的改进，核心的检测平台技术仍然掌握在罗氏、雅培等外国企业巨头手中，有被诉侵权的风险。这两种情况都提醒已经进入外国市场的中国企业，不论是保护自己的核心技术还是防止被诉侵权时无招架之功，充分利用制度优势，积极通过《保护工业产权巴黎公约》途径或者《专利合作条约》（PCT）途径，加快在外国的专利布局。

（3）多种方式加大基础技术研究，提升专利申请质量

目前的POCT技术越来越趋向于向中心实验室看齐，从低成本已经逐步向高通量、高精度方向发展，对技术提出了更高的要求，因此，建议企业等创新主体坚持以自我创新为主线，特别是针对中国薄弱或者有一定机会的基础技术、平台型技术进行研发，产生一大批高质量的核心专利技术。

基于报告分析，具体技术方向可以包括：光激化学发光材料，以及在此基础上的整套免疫检测系统；高品质层析膜；用于样品前处理基于浮力材料的标记和分离技术；微流控芯片的设计、加工（围绕驱动力和流体控制），以及检测平台；扩增芯片与液相芯片的设计、加工，以及检测平台。

具体研究方式包括校企合作、企企合作和企业并购等。

（4）着眼细分市场确定研发方向，提高差异化竞争力

除了基础技术和平台型技术之外，POCT技术针对不同的应用情境已经出现了多样化的发展。在这种情况下，着眼于细分市场，针对用户痛点开发某项技术或平台的关键或核心应用技术，可以作为大部分创新主体下一步技术发展的思路，也是提升企业竞争力的有效手段。

此外，一些平台类技术的早期核心专利已经失效或即将失效，业内人员也可以参考。

（5）和标准结合推广专利技术，提升话语权

建立POCT领域针对各种细分技术的国家或行业标准相对较慢。例如，在微流控芯片领域，欧洲在2018年起从提高微流控功能和制造工艺两方面着手建立微流控ISO标准。而中国在这一方面几乎是空白，以制造工艺为例，在流道设计、加工要求等方面还没有为同一目的形成一个共识，因此芯片生产多采用高成本的定制模式，商用芯片仅为非常简单原始的类型。再如，在新冠病毒检测灵敏度评价方面，各家申请人自定义多种表述，缺乏统一性和规范性。因此建议中国企业在掌握核心技术的基础上，要逐步开始考虑将专利技术和标准制定相结合，提升行业话语权。

（6）涉疫专利申请绿色通道效果显著，可建立涉公共卫生绿色通道预案

自疫情发生以来，国家知识产权局积极为涉及疫情的专利申请开辟绿色通道。2020年2月15日，国家市场监督管理总局、国家药品监督管理局和国家知识产权局发布了《市场监管总局 国家药监局 国家知识产权局支持复工复产十条》（国市监综〔2020〕30号），其中第三条规定，对涉及防治新冠肺炎的专利申请、商标注册，依请求予以优先审查办理。申请人提出优先审查请求后，国家知识产权局认为其符合优先审查标准，按优先审查程序进行办理。从对新冠肺炎即时检测的专利分析中可以看出，相关政策得到了很好的执行，中国创新主体表现十分突出，也很好地体现了中国在防疫抗疫中的责任和担当。建议国家知识产权局可发挥自己的专业优势，参考此次疫情设置相关预案，将今后的突发公共卫生事件中设置绿色通道变为常态化工作，加快相关专利审查的公开、审查和授权，既保障疫情防治工作中科研人员和企业的权益，也展现大国责任担当。

附录1　外国申请人名称约定表

约定名称	申请人的中文名称	申请人的外文名称
罗氏	罗氏公司 豪夫迈-罗氏有限公司 弗·哈夫曼·拉罗切有限公司 赫孚孟拉罗股份公司 罗切格利卡特公司 罗赫诊断器材股份有限公司 福·赫夫曼·拉瑞奇股份有限公司 上海罗氏制药有限公司 罗氏格黎卡特股份公司 罗切诊断学有限公司 霍夫曼-拉罗奇有限公司 F. 霍夫曼-拉罗驰股份公司 罗切维他命股份公司 罗氏创新中心哥本哈根有限公司 F. 霍夫曼-拉罗奇股份有限公司 罗什诊断学股份有限公司 罗奇诊断公司 弗·哈夫曼·拉罗彻公司 罗氏血液诊断股份有限公司 豪夫迈-罗氏公司 F·霍夫曼-罗氏股份公司 罗氏中国药品研发中心 罗氏制药（上海）创新中心 罗氏诊断产品（上海）有限公司	F HOFFMANN LA ROCHE AG ROCHE DIAGNOSTICS GMBH HOFFMANN LA ROCHE F HOFFMANN LA ROCHE AKTIENGESELLSCHAFT ROCHE DIAGNOSTICS OPERATIONS INC GENENTECH INC ROCHE MOLECULAR SYSTEMS INC HOFFMANN LA ROCHE INC ROCHE DIABETES CARE INC ROCHE GLYCART AG ROCHE DIABETES CARE GMBH ROCHE DIAGNOSTICS CORP ROCHE DIAGNOSTICS CORPORATION F HOFFMANN LA ROCHE ACCESSION CHEN GESELISCHAFT F HOFFMANN LA ROCHE & CO AG HOFFMANN LA ROCHE AG F

续表

约定名称	申请人的中文名称	申请人的外文名称
雅培	雅培制药有限公司 艾博特公司 艾博特心血管系统公司 雅培糖尿病护理公司 雅培心血管系统有限公司 ABBVIE 公司 雅培医护站股份有限公司 艾伯维公司 艾博特健康公司 艾博特股份有限两合公司 艾博特生物技术有限公司 雅培股份有限两合公司雅培实验室 阿伯特有限及两合公司 雅培分子公司 雅培心血管系统公司 ABBVIE 德国有限责任两合公司 ABBVIE 公司 艾伯维生物技术有限公司 艾伯维巴哈马有限公司 艾伯特糖尿病护理公司等 雅培实验室 雅培心血管系统公司 雅培制药有限公司 美艾利尔公司 美艾利尔瑞士公司 美艾利尔瑞士股份有限公司 美艾利尔圣地亚哥公司 美艾利尔（上海）诊断产品有限公司	ABBOTT LABORATORIES ABBOTT LAB ABBOTT DIABETES CARE INC ABBOTT POINT OF CARE INC ABBOTT MOLECULAR INC ABBOTT GMBH CO KG ABBOTT BIOTECHNOLOGY LTD ABBOTT BIOTECH LTD ABBOTT LABORATORIES ABBOTT PARK ILL US ABBOTT BIOTHERAPEUTICS CORP ABBOTT LABORATORIES ABBOTT PARK ABBOTT JAPAN CO LTD ABBOTT POINT OF CARE INCORPORATED ABBOTT LABORATORIES NORTHCHICAGO ILL US ABBOTT LABORATORIES INC ABBOTT LAB BERMUDA LTD ABBOTT GMBH & CO KG ABBOTT LAB SA ABBOTT CARDIOVASCULAR SYSTEMS INC ABBOTT LABORATORIES INVERNESS MEDICAL SWITZERLAND GMBH ALERE (SHANGHAI) DIAGNOSTICS CO LTD ALERE SAN DIEGO INC

续表

约定名称	申请人的中文名称	申请人的外文名称
丹纳赫	丹纳赫（上海）工业仪器技术研发有限公司 丹纳赫工具（上海）有限公司 丹纳赫西特传感工业控制（天津）有限公司 丹纳赫传动有限责任公司 丹纳赫传动公司 香港商亚洲丹纳赫工具有限公司台湾分公司 贝克曼考尔特公司 雷迪奥米特医学公司 贝克曼库尔特有限公司 拜克门寇尔特公司 雷迪奥米特巴塞尔股份公司 徕卡仪器（新加坡）有限公司 莱卡生物系统里士满股份有限公司 贝克曼库尔特公司 贝克曼考尔特生物医学有限公司 贝克曼·库尔特有限公司 赛沛公司	DANAHER SHANGHAI IND INSTRUMENTATION TECHNOLOGIES R & D CO LTD DANAHER SHANGHAI IND INSTR TECHNOLOGIES DANAHER SENSORS & CONTROLS（Tianjin）CO LTd DANAHER MOTION LLC DANAHER MOTION CO HONGKONG DANAHER TOOL LTD TAIWAN BRANCH CO BECKMAN COULTER INC BECKMAN INSTRUMENTS INC RADIOMETER AS RADIOMETER MEDICAL APS BECKMAN COULTER INCORPORATED RADIOMETER A/S RADIOMETER MEDICAL A/S RADIOMETER MEDICAL AS BECKMAN COULTER INCORPORATED ROYALTY DE REI BECKMAN INSTRUMENTS INC FULLERTON CALIF US LEICA MICROSYSTEMS CMS GMBH BECKMAN RES INST CITY HOPE BECKMAN COULTER INCORPORATED RETIDDO LEICA MICROSYSTEMS LEICA MICROSYSTEMS HEIDELBERG GMBH BECKMAN COULTER LEICA MICROSYSTEMS INC CEPHEID INC

续表

约定名称	申请人的中文名称	申请人的外文名称
西门子	西门子公司 西门子医疗保健诊断公司 西门子医学诊断产品有限责任公司 西门子（中国）有限公司 西门子保健有限责任公司 美国西门子医疗解决公司 西门子医疗有限公司 西门子保健诊断产品有限责任公司 西门子保健诊断控股有限公司 西门子医疗诊断产品有限责任公司 西门子股份公司 西门子（深圳）磁共振有限公司 上海西门子医疗器械有限公司 美国西门子医学诊断股份有限公司 西门子IT解决方案和服务有限责任公司 西门子共同研究公司等	SIEMENS HEALTHCARE DIAGNOSTICS INC SIEMENS AKTIENGESELLSCHAFT SIEMENS AG SIEMENS HEALTHCARE DIAGNOSTICS PRODUCTS GMBH SIEMENS HEALTHCARE DIAGNOSTICS SIEMENS MEDICAL SOLUTIONS USA INC SIEMENS HEALTHCARE GMBH SIEMENS ELEMA AB SIEMENS HEALTHCARE DIAGNOSTICS GMBH SIEMENS MEDICAL SOLUTIONS DIAGNOSTICS SIEMENS HEALTHCARE DIAGNOSTICS INCORPORATED SIEMENS HEALTHCARE DIAGNOSTICSHOLDING GMBH SIEMENS CORPORATION SIEMENS MEDICAL SYSTEMS INC SIEMENS MEDICAL SOLUTIONS SIEMENS MEDICAL SOLUTIONS DIAGNOSTICS GMBH BSH BOSCH & SIEMENS HAUSGERATE GMBH SIEMENS AKTIENGESELLSCHAFT BERLIN MUNCHEN

续表

约定名称	申请人的中文名称	申请人的外文名称
强生	强生研究有限公司 森特克公司 森托科尔奥索生物科技公司 森托科尔公司 生命扫描苏格兰有限公司 生命扫描有限公司 维里德克斯有限责任公司 西拉格国际有限责任公司 詹森药业有限公司 美国强生公司 强生医疗有限责任公司 强生巴西工商业健康产品有限公司 强生消费者公司 强生株式会社	JANSSEN BIOTECH INC JANSSEN PHARMACEUTICA N V JANSSEN PHARMACEUTICA NV JANSSEN PHARMACEUTICALS INC JOHNSON & JOHNSON JOHNSON & JOHNSON CLIN DIAG JOHNSON & JOHNSON CLINICAL DIAGNOSTICS INC JOHNSON & JOHNSON CONSUMER JOHNSON & JOHNSON CONSUMER COMPANIES INC JOHNSON & JOHNSON MEDICAL JOHNSON & JOHNSON MEDICAL INC JOHNSON & JOHNSON RES PTY LTD JOHNSON & JOHNSON RESEARCH PTY LIMITED LIANG BAILIN LIFESCAN INC LIFESCAN SCOTLAND LTD JOHNSON CO JOHNSON MATTHEY INC JOHNSON & JOHNSON MEDICAL GMBH JOHNSON & JOHNSON DO BRASIL IND E COM DE PRODUTOS PARA SAUDE LTDA JOHNSON & JOHNSON VISION CARE INC
诺华	诺瓦提斯公司 诺华有限公司 诺华疫苗和诊断公司 诺华公司 希龙股份有限公司 希龙公司 启龙股份公司	NOVARTIS AG NOVARTIS ERFINDUNGEN VERWALTUNGSGE-SELLSCHAFT M B H NOVARTIS PHARMA GMBH NOVARTIS VACCINES DIAGNOSTIC CHIRON CORP CHIRON S P A CHIRON SRL CIBA GEIGY AG

约定名称	申请人的中文名称	申请人的外文名称
拜耳	先灵公司 拜尔健康护理有限责任公司 舍林股份公司 拜尔保健有限公司 拜耳保健公司 拜耳公司 拜耳知识产权有限责任公司 拜尔公司 拜耳先灵医药股份有限公司 拜耳医药保健有限公司 拜耳医药保健股份公司	BAYER HEALTHCARE AG BAYER AG BAYER HEALTHCARE LLC BAYER CORP BAYER SCHERING PHARMA AG BAYER TECHNOLOGY SERVICES GMBH SCHERING AG SCHERING CORP SCHERING AG
赛诺菲	赛诺菲 赛诺菲 安万特 赛诺菲阿凡提斯德意志有限公司 赛诺菲阿凡提斯公司 赛诺菲公司 法商赛诺菲公司 建新公司 安万特药物公司	SANOFI SANOFI AVENTIS SANOFI AVENTIS DEUTSCHLAND GENZYME CORPORATION GENZYME CORP AVENTIS PHARMA S A AVENTIS PHARMA SA AVENTIS PHARMA GMBH AVENTIS PHARMA INC AVENTIS PHARMA LTD AVENTIS RES TECH GMBH CO
日立株式会社	株式会社日立高新技术 株式会社日立制作所 日立化成工业株式会社 株式会社日立医药 株式会社日立医疗器械 日立化成株式会社 日立化成研究中心公司	HITACHI LTD HITACHI HIGH TECHNOLOGIES CORPORATION HITACHI CHEMICAL CO LTD HITACHI MEDICAL CORP HITACHI HIGH TECH CORP HITACHI SOFTWARE ENG HITACHI CHEMICAL RESEARCH CENTER INC HITACHI MEDICAL CORPORATION
加州大学	加利福尼亚大学董事会 加州大学评议会 美国加利福尼亚大学董事会 加州大学董事会	THE REGENTS OF THE UNIVERSITY OF CALIFORNIA UNTV CALIFORNIA UNIVERSITY OF CALIFORNIA

续表

约定名称	申请人的中文名称	申请人的外文名称
赛默飞	赛默飞世尔科技公司 赛默飞世尔科技波罗的海封闭股份公司 赛默飞世尔以色列有限公司 赛默飞世尔科学测量技术有限公司 赛默飞世尔（上海）仪器有限公司 赛默飞世尔科技（阿什维尔）有限公司 赛默飞世尔科技（布莱梅）有限公司 赛默飞世尔科技（中国）有限公司 赛默飞技术（北京）有限公司等	THERMO FISHER SCIENTIFIC INC THERMO FISHER SCI BALTICS UAB THERMO FISHER ISRAEL LTD THERMO FISHER SCIENTIFIC（SHANGHAI）INSTRUMENT CO LTD THERMO FISHER SCI BREMEN GMBH THERMO FISHER SCIENTIFIC（ASHVILLE）LIMITED LIABILITY COMPANY
梅里埃	生物梅里埃公司 生物梅里埃有限公司	BIO MERIEUX SA BIO MERIEUX INC BIO MERIEUX BV
碧迪	贝克顿·迪金森公司 贝克顿迪金森法国公司 贝克顿·迪金森控股私人有限公司	BECTON DICKINSON & CO LTD BECTON DICKINSON CO BECTON DICKINSON HOLDING PRIVATE CO LTD

附录2 中国申请人名称约定表

约定名称	申请人的中文名称
明德生物	武汉明德生物科技股份有限公司
万孚生物	广州万孚生物技术股份有限公司
基蛋生物	基蛋生物科技股份有限公司
科美诊断	博阳生物科技（上海）有限公司
科美诊断	科美诊断技术股份有限公司
科美诊断	北京科美东雅生物技术有限公司
大连化物所	中国科学院大连化学物理研究所
普施康	浙江普施康生物科技有限公司
华迈兴微	华迈兴微医疗科技有限公司
成都爱兴	成都爱兴生物科技有限公司
深圳微远	深圳微远医疗科技有限公司
达安基因	中山大学达安基因股份有限公司
圣湘生物	圣湘生物科技股份有限公司
申联生物医药	申联生物医药（上海）股份有限公司
亚能生物	亚能生物技术（深圳）有限公司
华大基因	深圳华大基因股份有限公司
南京岚煜	南京岚煜生物科技有限公司
南京岚煜	江苏岚轩华傲生物科技有限公司
博奥生物	博奥生物集团有限公司
博奥生物	博奥颐和健康科学技术（北京）有限公司
博奥生物	成都博奥新景医学科技有限公司
博奥生物	东莞博奥木华基因科技有限公司
博奥生物	北京博奥医学检验所有限公司
博奥生物	北京博奥晶典生物技术有限公司
博奥生物	成都博奥晶芯生物科技有限公司

续表

约定名称	申请人的中文名称
苏州汶颢	苏州汶颢芯片科技有限公司
	苏州汶颢微流控技术股份有限公司
天津湖演盘古	天津市湖滨盘古基因科学发展有限公司
北京勤邦	北京勤邦生物技术有限公司
郑州安图	郑州安图生物工程有限公司
苏州艾杰	苏州艾杰生物科技有限公司
苏州长光华医	苏州长光华医生物医学工程有限公司
深圳新产业	深圳市新产业生物医学工程股份有限公司
深圳亚辉龙	深圳亚辉龙生物科技股份有限公司
迪瑞医疗	迪瑞医疗科技股份有限公司
重庆科斯迈	重庆科斯迈生物科技有限公司
上海生物芯片	上海生物芯片有限公司

图 索 引

图 2-1-1　POCT 技术全球专利申请量趋势 (8)

图 2-1-2　POCT 技术全球专利申请量趋势（排除联合基因科技集团系列）(10)

图 2-1-3　POCT 技术中国、美国、欧洲、日本、韩国专利申请量趋势 (11)

图 2-2-1　POCT 技术美国、欧洲、日本、韩国和中国的专利申请中 PCT 占比情况 (12)

图 2-2-2　POCT 技术全球专利申请的技术迁移情况 (13)

图 2-2-3　POCT 技术中国专利申请的技术来源国家/地区 (13)

图 2-2-4　POCT 技术中国专利申请的主要区域分布 (14)

图 2-3-1　POCT 各技术分支的专利申请量趋势 (彩图1)

图 2-4-1　POCT 技术全球重点申请人排名 (15)

图 2-4-2　POCT 技术全球重点申请人在各技术分支的布局 (17)

图 2-4-3　POCT 各技术分支的全球重点申请人及申请量排名 (18)

图 2-4-4　POCT 技术中国重点申请人的类型 (19)

图 2-4-5　POCT 技术中国重点申请人及专利申请量排名 (19)

图 2-4-6　POCT 技术中国企业类重点申请人的专利申请量排名 (19)

图 2-5-1　POCT 技术全球发展生命周期 (20)

图 2-5-2　POCT 技术中国发展生命周期 (21)

图 3-2-1　化学发光全球专利申请量趋势 (24)

图 3-2-2　化学发光中国、美国、欧洲、日本、韩国的专利申请趋势 (25)

图 3-3-1　化学发光专利申请的全球技术来源和目标国家/地区 (26)

图 3-3-2　化学发光中国专利申请的技术来源国家/地区 (26)

图 3-3-3　化学发光中国专利申请的区域分布 (27)

图 3-4-1　化学发光全球重要申请人专利申请量排名 (28)

图 3-4-2　化学发光中国重点申请人及专利申请量排名 (28)

图 3-4-3　化学发光中国申请人类型 (29)

图 3-4-4　化学发光中国申请人合作情况 (29)

图 3-5-1　化学发光全球技术发展生命周期 (30)

图 3-5-2　化学发光中国技术发展生命周期 (31)

图 3-6-1　化学发光的技术演进路线 (33)

图 3-6-2　化学发光的技术改进点 (34)

图 3-7-1　化学发光样本前处理的外国专利申请量趋势 (35)

图 3-7-2　化学发光样本前处理的中国专利申请量趋势 (35)

图 3-7-3　侧向层析技术的基本原理示意 (CN108414747A) (36)

图 3-7-4　层析膜生产工艺的技术改进点及其技术演进路线 (38)

图 3-7-5　化学发光样本前处理磁球分选方式的技术演进路线 (40)

图 3-7-6　化学发光样本前处理浮力材料分选

| 231

图3-7-7 化学发光的检测对象分布（43）
图3-7-8 化学发光多克隆抗体制备的技术演进路线（46）
图3-7-9 化学发光单克隆抗体的技术演进路线（46）
图3-7-10 化学发光中国部分原料厂家抗原/抗体/半抗原的专利申请量（48）
图4-2-1 微流控芯片技术全球专利申请量趋势（50）
图4-2-2 微流控芯片中国、美国、欧洲、日本、韩国专利申请量趋势（52）
图4-3-1 微流控芯片专利申请的技术迁移情况（53）
图4-3-2 微流控芯片中国专利申请的技术来源国家/地区（54）
图4-3-3 微流控芯片中国专利申请的区域分布（54）
图4-4-1 微流控芯片全球重点申请人及其专利申请量排名（55）
图4-4-2 微流控芯片中国重点申请人及其专利申请量排名（55）
图4-4-3 微流控芯片中国重点申请人类型（56）
图4-5-1 微流控芯片全球技术发展生命周期（56）
图4-5-2 微流控芯片中国技术发展生命周期（57）
图4-6-1 微流控芯片技术演进路线（58）
图4-7-1 微流控芯片基片材料全球专利申请量分布（59）
图4-7-2 微流控芯片基片材料中国专利申请量分布（60）
图4-7-3 微流控芯片基片材料全球专利申请的构成（60）
图4-7-4 微流控芯片加工技术全球专利申请量分布（61）
图4-7-5 微流控芯片加工技术中国专利申请量分布（62）
图4-7-6 微流控芯片加工技术全球专利申请的构成（62）
图4-7-7 微流控芯片基片材料及加工技术的技术演进（63）
图4-7-8 微流控芯片中国专利申请涉及的功能分布（64）
图4-7-9 微流控芯片中单细胞的分选（66）
图4-7-10 微流控芯片中从全血样品中的血细胞分离肿瘤细胞（67）
图4-7-11 微流控芯片中分离胞外囊泡的电泳装置（67）
图4-7-12 微流控芯片中的光镊分选（68）
图4-7-13 微流控芯片中的超声分选（68）
图4-7-14 微流控芯片中的机械分选（69）
图4-7-15 微流控芯片中的流体动力分选（70）
图4-7-16 微流控芯片中的捏流分选（70）
图4-7-17 微流控芯片中的亲和性分选（71）
图4-7-18 微流控芯片中的惯性微流分选（72）
图4-7-19 微流控芯片中流体驱动和控制结构与功能、技术功效的关系（彩图2）
图4-7-20 微流控芯片中流道内部处理方式与功能、技术功效的关系（彩图3）
图4-7-21 微流控芯片中流道分布结构与功能、技术功效的关系（彩图4）
图4-7-22 微流控芯片中流道附件设计与功能、技术功效的关系（彩图5）
图4-7-23 微流控检测对象全球与中国专利申请量对比（79）
图4-7-24 涉及微流控芯片检测对象中国专利申请趋势（80）
图4-7-25 涉及各微流控芯片检测对象全球专利申请量趋势（80）
图4-7-26 微流控检测方法全球与中国专利申请量对比（82）
图4-7-27 微流控芯片检测方法中国专利申请量分布（82）
图4-7-28 微流控芯片检测方法全球重点申请人的专利申请量分布（83）

图4-7-29	多项流法制备液滴微流控芯片的3种形成方式（84）
图4-8-1	微流控芯片核酸检测的技术演进路线（彩图6）
图4-8-2	微流控芯片核酸检测液流控制技术的技术演进路线（彩图7）
图4-9-1	与新冠病毒检测相关的微流控芯片2020年专利申请（90）
图5-2-1	微阵列芯片全球及中国专利申请量和授权量趋势（94）
图5-2-2	微阵列芯片技术全球与中国专利申请量与授权量趋势（排除联合基因集团系列）（95）
图5-2-3	中国、美国、欧洲、日本、韩国微阵列芯片专利申请量趋势（96）
图5-3-1	微阵列芯片全球专利申请的技术迁移情况（97）
图5-3-2	微阵列芯片中国专利申请的技术来源国家/地区（98）
图5-3-3	微阵列芯片中国专利申请的区域分布（98）
图5-4-1	微阵列芯片全球重点申请人排名（99）
图5-4-2	微阵列芯片中国重点申请人排名（99）
图5-4-3	微阵列芯片中国企业类重点申请人排名（100）
图5-4-4	微阵列芯片中国申请人类型分布情况（100）
图5-5-1	微阵列芯片全球技术发展生命周期（101）
图5-5-2	微阵列芯片中国技术发展生命周期（102）
图5-6-1	微阵列芯片产业链结构（103）
图5-6-2	微阵列芯片全球与中国专利申请的应用领域分布（103）
图5-7-1	微阵列芯片制作技术的演进路线（105）
图5-7-2	采用微阵列芯片的核酸扩增技术发展史（107）
图5-7-3	微阵列芯片中扩增芯片技术的演进路线（彩图8）
图5-7-4	几种不同的功能性纳米材料微球（114）
图5-7-5	液相芯片相关专利在疾病检测中的应用（115）
图5-7-6	液相芯片技术演进路线（116）
图5-7-7	微阵列芯片相关技术进步共同促进即时检测（117）
图5-7-8	微阵列芯片的检测事件和检测对象分布（120）
图5-7-9	微阵列芯片疾病检测分布（120）
图5-7-10	2020年新冠病毒检测相关的微阵列专利申请（121）
图6-1-1	明德生物在POCT领域专利申请量趋势（125）
图6-1-2	明德生物在POCT各技术分支的专利申请量分布（126）
图6-1-3	明德生物在POCT各检测对象的专利申请量分布（126）
图6-1-4	明德生物各技术分支的演进路线（127）
图6-2-1	万孚生物在POCT领域专利申请量趋势（128）
图6-2-2	万孚生物在POCT领域专利申请占比及法律状态（129）
图6-2-3	万孚生物在POCT各技术分支的专利申请量分布（129）
图6-2-4	万孚生物各技术分支的演进路线（131）
图6-3-1	基蛋生物POCT领域专利申请量趋势（132）
图6-3-2	基蛋生物在POCT领域各技术分支的专利申请量分布（133）
图6-3-3	基蛋生物在POCT领域各检测对象的专利申请量分布（133）
图6-3-4	基蛋生物在POCT领域各技术分支的演进路线（134）
图6-4-1	明德生物、万孚生物和基蛋生物各技术分支的专利申请量对比（135）
图6-4-2	明德生物、万孚生物和基蛋生物各检测对象的专利申请量对比（136）

图 6-5-1　科美诊断化学发光专利申请量趋势（137）
图 6-5-2　科美诊断化学发光领域专利申请的法律状态（137）
图 6-6-1　博奥生物微流控芯片专利申请量趋势（139）
图 6-6-2　博奥生物微流控芯片技术演进路线（140）
图 6-6-3　博奥生物微阵列芯片相关专利（141）
图 6-7-1　罗氏 POCT 领域专利申请量趋势（143）
图 6-7-2　罗氏在 POCT 领域各技术分支专利申请量分布（143）
图 6-7-3　罗氏 POCT 领域各技术分支演进路线（144）
图 6-7-4　罗氏微流控芯片专利申请量趋势（145）
图 6-7-5　罗氏微流控芯片技术演进路线（146）
图 6-8-1　雅培 POCT 领域专利申请量趋势（147）
图 6-8-2　雅培在 POCT 各技术分支的专利申请量分布（148）
图 6-8-3　雅培在 POCT 各检测对象专利申请量分布（149）
图 6-8-4　雅培在 POCT 领域专利技术演进路线（150）
图 6-9-1　西门子光激化学发光领域专利申请量趋势（154）
图 6-9-2　西门子化学发光专利申请的主要国家/地区分布（154）
图 6-9-3　西门子和科美诊断在化学发光领域重点专利（155）
图 6-9-4　西门子微流控芯片专利申请量趋势（156）
图 6-9-5　西门子微流控芯片专利申请目标国家/地区（157）
图 6-9-6　西门子微流控芯片重点专利申请技术演进路线（158）
图 6-10-1　卡钳微流控芯片全球专利申请量趋势（159）
图 6-10-2　卡钳微流控芯片的技术演进路线（160）
图 7-1-1　新冠病毒免疫检测全球专利申请量趋势（165）
图 7-1-2　新冠病毒免疫检测中国与外国专利申请量对比（166）
图 7-1-3　新冠病毒免疫检测专利申请的主要区域分布（166）
图 7-1-4　新冠病毒免疫检测中国专利申请类型及法律状态（167）
图 7-1-5　新冠病毒免疫检测中国重点申请人（167）
图 7-1-6　新冠病毒免疫检测中国重点申请人类型（168）
图 7-1-7　新型冠状病毒免疫检测各方法的全球专利申请量占比（168）
图 7-1-8　新冠病毒免疫检测各方法 2020 年全球专利申请量趋势（169）
图 7-1-9　新冠病毒免疫检测中抗原抗体技术演进路线（170）
图 7-2-1　新冠病毒分子诊断全球及中国专利申请量趋势（171）
图 7-2-2　新冠病毒分子诊断外国专利申请量的国家/地区分布（172）
图 7-2-3　新冠病毒分子诊断国内外专利申请人类型（172）
图 7-2-4　新冠病毒分子诊断国内外不同类型申请人 2020 年专利申请量趋势（173）
图 7-2-5　新冠病毒分子诊断中国重点申请人排名（174）
图 7-2-6　新冠病毒分子诊断中国和外国专利申请的技术主题分布（175）
图 7-2-7　新冠病毒分子诊断各技术分支专利申请量分布（176）
图 7-2-8　新冠病毒分子诊断不同类型申请人在技术分支专利申请量分布（177）
图 7-2-9　新冠病毒分子诊断中靶点的选择（177）
图 7-2-10　新冠病毒分子诊断中不同数目靶

图索引

图7-2-11 新冠病毒分子诊断2个靶点中的靶点选择 （178）

图7-2-12 新冠病毒分子诊断3个靶点中的靶点选择 （179）

图7-2-13 以拷贝/体积方式表征qPCR检测灵敏度的专利量 （180）

图7-2-14 以拷贝/反应方式表征qPCR检测灵敏度的专利申请披露的灵敏度水平 （183）

图7-3-1 Cobas ® Liat ® PCR系统产品及对应专利 （207）

图7-3-2 ID NOW™平台相关产品 （207）

图7-3-3 ID NOW™ COVID-19技术演进路线 （208）

图7-3-4 赛默飞新冠病毒检测相关专利 （211）

图7-3-5 万孚生物新冠病毒检测产品及专利 （211）

图7-3-6 博奥生物新冠病毒检测仪器及专利 （212）

图7-3-7 圣湘生物新冠病毒检测相关专利 （213）

图7-3-8 圣湘生物新冠病毒检测仪器及其相关专利 （214）

图7-3-9 优思达EasyNAT ® 系统及其相关专利 （215）

图7-3-10 卡尤迪生物新冠病毒检测相关专利技术 （215）

图7-3-11 华大基因新冠病毒核酸检测试剂盒 （216）

图7-3-12 达安基因新冠病毒检测相关专利 （217）

表 索 引

表 2-1-1 联合基因科技集团有限公司1999~2002年专利申请量分析（9）
表 3-7-1 化学发光各检测疾病所对应的检测指标（44）
表 3-7-2 化学发光抗原制备方式及特点（44~45）
表 3-7-3 化学发光中多克隆抗体与单克隆抗体比较（45）
表 4-7-1 微流控芯片的细胞分选方式（64~66）
表 4-7-2 微流控芯片流道内表面处理的相关专利（75~76）
表 4-7-3 微流控芯片流道内部结构的相关专利（77）
表 4-8-1 微流控核酸检测主要产品与相关专利（87~89）
表 6-5-1 科美诊断与成都爱兴之间知识产权诉讼（138）
表 6-6-1 博奥生物微流控芯片的主要产品与专利（140~141）
表 6-8-1 雅培医疗器械诊断并购史（147~148）
表 6-8-2 雅培POCT领域主要产品与相关专利的对应情况（151）
表 6-9-1 西门子医疗器械诊断并购史（153）
表 6-9-2 西门子微流控芯片重点专利申请（157）
表 7-2-1 新冠病毒分子诊断的外国申请人（174）
表 7-2-2 新冠病毒分子诊断技术分解表（175~176）
表 7-2-3 qPCR检测灵敏度≤100拷贝/mL的专利（181）
表 7-2-4 采用多重PCR法检测多病毒的中国专利申请（185~186）
表 7-2-5 采用多重PCR法检测新冠病毒多靶标的中国专利申请（186~188）
表 7-2-6 采用dPCR法检测新冠病毒的中国专利申请及其灵敏度水平（188~189）
表 7-2-7 以拷贝/反应表示的LAMP灵敏度（191）
表 7-2-8 以拷贝/体积表示的LAMP灵敏度（191~192）
表 7-2-9 LAMP相关专利的反应时间（193~194）
表 7-2-10 以拷贝/反应表示的RPA灵敏度（195）
表 7-2-11 以拷贝/体积表示的RPA灵敏度（196）
表 7-2-12 RPA相关专利的反应时间（196~197）
表 7-2-13 新冠病毒分子诊断采用RAA技术的专利文献（199）
表 7-2-14 新冠病毒分子诊断采用Cas系列蛋白酶的专利申请（202~203）
表 7-2-15 新冠病毒分子诊断中涉及样品/试剂保存的专利申请（203）
表 7-2-16 新冠病毒分子诊断中涉及预处理的专利申请（204）
表 7-2-17 新冠病毒分子诊断中涉及参比试剂设计的专利申请（205）
表 7-3-1 GeneXpert系统相关专利（209）
表 7-3-2 西门子新冠病毒检测相关专利申请（210）
表 7-3-3 华大基因新冠病毒检测相关专利申请（216）

参考文献

[1] 国家卫生健康委员会办公厅,国家中医药管理局办公室. 新型冠状病毒肺炎诊疗方案(试行第八版)[EB/OL]. (2020-08-19)[2020-10-10]. http://www.gov.cn/zhengce/zhengceku/2020-08/19/5535757/files/da89edf7cc9244fbb34ecf6c61df40bf.pdf.

[2] 宋海波,戴立忠,邹炳德,等. 中国体外诊断产业发展蓝皮书(2018年卷·总第四卷)[M]. 上海:上海科学技术出版社,2020:130.

[3] 国家食品药品监督管理总局. 即时检测质量和能力的要求:GB/T 29790-2013[S/OL]. (2013-10-10)[2020-07-19]. http://www.cmde.org.cn/directory/web/ws01/gbpdf/GB29790-2013.pdf.

[4] 张时民. 尿干化学分析技术进展和展望[J]. 中国医疗器械信息,2010,16(12):6-13.

[5] 杨自华,何林,周克元. 检验医学干化学分析技术进展[J]. 现代仪器,2005(4):1-3.

[6] 苗先锋. 剖析四种化学发光试剂应用于多种疾病诊断[EB/OL]. (2017-08-22)[2020-10-10]. https://med.sina.com/article_detail_103_2_32134.html.

[7] 生物医学知识局. 化学发光POCT会革了谁的命?[EB/OL]. (2019-03-14)[2020-10-10]. http://news.bioon.com/article/6735335.html.

[8] NIEMZ A, FERGUSON T M, BOYLE D S. Point-of-care nucleic acid testing for infectious diseases[J]. Trends in Biotechnology, 2011, 29(5):240-250.

[9] GILL P, GHAEMI A. Nucleic acid isothermal amplification technologies: a review[J]. Nucleosides, Nucleotides & Nucleic Acids, 2008, 27(3):224-243.

[10] KAUR N, TOLEY B J. Paper-based nucleic acid amplification tests for point-of-care diagnostics[J]. Analyst, 2018, 143(10):2213-2234.

[11] 朱灿灿. 病原体核酸一体化并行检测微流控芯片研究[D]. 合肥:中国科学技术大学,2019.

[12] 陈慧. 基于封闭式卡盒的现场传染病病原体检测系统的研制与应用[D]. 南京:东南大学,2016.

[13] 姚梦迪,吕雪飞,邓玉林. 基于微流控芯片的核酸检测技术[J]. 生命科学仪器,2017(4):22-28.

[14] 周睿,王清涛. POCT在临床应用中面临的机遇和挑战[J]. 中华检验医学杂志,2019,42(5):323-327.

[15] 吴文娟. 感染性疾病现场快速检验技术的现状与未来[J]. 中华检验医学杂志,2018,41(9):641-643.

[16] 王宇,方群. 人工智能在微流控系统中的应用[J]. 分析化学,2020,48(4):439-448.

[17] 闫嘉航,赵磊,申少斐,等. 液滴微流控技术在生物医学中的应用进展[J]. 分析化学,2016,44(4):562-568.

[18] 陈九生,蒋稼欢. 微流控液滴技术:微液滴生成与操控[J]. 分析化学,2012,40(8):1293-1300.

[19] BAYAREH M, ASHANI M N, USEFIAN A. Active and passive micromixers: A comprehensive re-

view [J]. Chemical Engineering and Processing – Process Intensification, 2019 (147): 107771.

[20] 赵朝夕. 微流控芯片中液滴被动式融合的流道设计 [J]. 机械工程师, 2014 (9): 9-11.

[21] YANG H, GIJS M, et al. Micro - optics for microfluidic analytical applications [J]. Chemical Society Reviews, 2018, 47: 1391-1458.

[22] 黄路. 公司调研圣湘生物: 下半年出口逐月增加 疫苗出现后核酸检测仍存刚需 [EB/OL]. (2020-10-12) [2020-12-10]. https://dy.163.com/article/FOOOUPDI0550B1DU.html.

[23] 黄笛, 项楠, 唐文来, 等. 基于微流控技术的循环肿瘤细胞分选研究 [J]. 化学进展, 2015, 27 (7): 882-912.

[24] 张逢, 高丹, 梁琼麟. 微流控技术在生命分析化学中的应用进展 [J]. 分析化学, 2016, 44 (12): 1942-1949.

[25] 何关金. 基于微流控技术的数字 PCR 检测仪设计与实现 [J]. 天津科技, 2020, 47 (1): 35-40.

[26] 齐云, 李晖, 米佳, 等. 医用微流控芯片研究进展 [J]. 微电子学, 2019, 49 (3): 366-372.

[27] 陈昱. 微流控技术中的微流体控制与应用 [J]. 海峡科技与产业, 2018 (6): 21-28.

[28] 刘赵淼, 杨洋, 杜宇, 等. 微流控液滴技术及其应用的研究进展 [J]. 分析化学, 2017, 45 (2): 282-296.

[29] 马俊杰, 朱信, 李晓宁, 等. 便携式核酸微全分析仪的设计与研发 [J]. 中国医学装备, 2016 (7): 25-29.

[30] 高彬彬, 杨宾, 李晓琼. 基于金纳米颗粒修饰丝网印刷电极的胰蛋白酶原-2 电化学免疫传感器 [J]. 生命科学仪器, 2019, 18 (4): 24-29.

[31] 王昌益. 生物传感器酶电极的进展 [J]. 云南化工, 1991 (1/2): 18-29.

[32] 程欲晓, 金利通. 电化学/生物传感器快速检测大肠杆菌的研究进展 [J]. 化学传感器, 2009, 29 (1): 3-8.

[33] WEI F, LILLEHOJ P B, HO C M. DNA diagnostics: nanotechnology – enhanced electrochemical detection of nucleic acids. [J]. Pediatric Research, 2010, 67 (5): 458-468.

[34] 陆婷, 钱秀萍. 浅析我国 POCT 产业的现状及发展前景 [J]. 生物技术世界, 2016 (2): 293.

[35] 袁志杰, 杨柳, 郑文杰, 等. 胶体金免疫层析技术的研究现状与前景 [J]. 齐齐哈尔医学院学报, 2015, 36 (1): 84-85.

[36] 杨鼎, 赵世华, 孙海莲, 等. 胶体金免疫层析技术研究进展 [J]. 畜牧与饲料科学, 2013, 34 (12): 31-31.

[37] 张书永. 免疫胶体金快速诊断技术的临床应用与质量控制 [J]. 中国医学装备, 2013, 10 (5): 37-39.

[38] 武晋慧, 孟利. 免疫胶体金技术及其应用研究进展 [J]. 中国农学通报, 2019, 35 (13): 146-151.

[39] 张宏刚, 宋玲玲, 陈苏红. 斑点金免疫渗滤技术及其在检测中的应用 [J]. 军事医学, 2011, 35 (4): 307-314.

[40] 前瞻产业研究院. 2020 年中国 POCT 行业市场现状及发展前景分析 未来新技术+新应用将推动百亿市场规模 [EB/OL]. (2020-04-27) [2020-12-10]. https://bg.qianzhan.com/report/detail/300/200427-76820570.html.

[41] SCHENA M, SHALON D, DAVIS R W, et al. Quantitative monitoring of gene expression patterns with a complementary DNA microarray [J]. Science, 1995, 270 (5235): 460-470.

[42] SINGH-GASSON S, GREEN R D, YUE Y J, et al. Maskless fabrication of light-directed oligonucleotide microarrays using a digital micromirror array [J]. Nature Biotechnology, 1999, 17 (10): 974-978.

[43] ZOU Y P, MASON M G, WANG Y, et al. Nucleic acid purification from plants, animals and microbes in under 30 seconds [J]. PLoS Biology, 2017, 15 (11).

[44] DUER R, LUND R, TANAKA R, et al. In-plane parallel scanning: a microarray technology for point-of-care testing [J]. Analytical chemistry, 2010, 82 (21): 8856-8865.

[45] XU H, XIA A, WANG D et al. An ultraportable and versatile point-of-care DNA testing platform [J]. Science Advances, 2020, 6 (17): eaaz7445.

[46] 高原, 陈川, 王晶. 2019新型冠状病毒的抗原抗体检测 [J]. 计量学报, 2020, 41 (5): 513-517.

[47] 生物医学知识局. 新冠病毒核酸检测备受质疑, 那么免疫快速检测靠谱吗？[EB/OL]. (2020-02-19) [2020-12-10]. http://www.innomd.org/article/5e4d09b3e214f3152bf57f26.

书号	书名	产业领域	定价	条码
9787513006910	产业专利分析报告（第1册）	薄膜太阳能电池 等离子体刻蚀机 生物芯片	50	
9787513007306	产业专利分析报告（第2册）	基因工程多肽药物 环保农业	36	
9787513010795	产业专利分析报告（第3册）	切削加工刀具 煤矿机械 燃煤锅炉燃烧设备	88	
9787513010788	产业专利分析报告（第4册）	有机发光二极管 光通信网络 通信用光器件	82	
9787513010771	产业专利分析报告（第5册）	智能手机 立体影像	42	
9787513010764	产业专利分析报告（第6册）	乳制品生物医用 天然多糖	42	
9787513017855	产业专利分析报告（第7册）	农业机械	66	
9787513017862	产业专利分析报告（第8册）	液体灌装机械	46	
9787513017879	产业专利分析报告（第9册）	汽车碰撞安全	46	
9787513017886	产业专利分析报告（第10册）	功率半导体器件	46	
9787513017893	产业专利分析报告（第11册）	短距离无线通信	54	
9787513017909	产业专利分析报告（第12册）	液晶显示	64	
9787513017916	产业专利分析报告（第13册）	智能电视	56	
9787513017923	产业专利分析报告（第14册）	高性能纤维	60	
9787513017930	产业专利分析报告（第15册）	高性能橡胶	46	
9787513017947	产业专利分析报告（第16册）	食用油脂	54	
9787513026314	产业专利分析报告（第17册）	燃气轮机	80	
9787513026321	产业专利分析报告（第18册）	增材制造	54	
9787513026338	产业专利分析报告（第19册）	工业机器人	98	
9787513026345	产业专利分析报告（第20册）	卫星导航终端	110	
9787513026352	产业专利分析报告（第21册）	LED照明	88	

书　号	书　名	产　业　领　域	定价	条　码
9787513026369	产业专利分析报告（第22册）	浏览器	64	
9787513026376	产业专利分析报告（第23册）	电池	60	
9787513026383	产业专利分析报告（第24册）	物联网	70	
9787513026390	产业专利分析报告（第25册）	特种光学与电学玻璃	64	
9787513026406	产业专利分析报告（第26册）	氟化工	84	
9787513026413	产业专利分析报告（第27册）	通用名化学药	70	
9787513026420	产业专利分析报告（第28册）	抗体药物	66	
9787513033411	产业专利分析报告（第29册）	绿色建筑材料	120	
9787513033428	产业专利分析报告（第30册）	清洁油品	110	
9787513033435	产业专利分析报告（第31册）	移动互联网	176	
9787513033442	产业专利分析报告（第32册）	新型显示	140	
9787513033459	产业专利分析报告（第33册）	智能识别	186	
9787513033466	产业专利分析报告（第34册）	高端存储	110	
9787513033473	产业专利分析报告（第35册）	关键基础零部件	168	
9787513033480	产业专利分析报告（第36册）	抗肿瘤药物	170	
9787513033497	产业专利分析报告（第37册）	高性能膜材料	98	
9787513033503	产业专利分析报告（第38册）	新能源汽车	158	
9787513043083	产业专利分析报告（第39册）	风力发电机组	70	
9787513043069	产业专利分析报告（第40册）	高端通用芯片	68	
9787513042383	产业专利分析报告（第41册）	糖尿病药物	70	
9787513042871	产业专利分析报告（第42册）	高性能子午线轮胎	66	
9787513043038	产业专利分析报告（第43册）	碳纤维复合材料	60	
9787513042390	产业专利分析报告（第44册）	石墨烯电池	58	

书　号	书　名	产业领域	定价	条　码
9787513042277	产业专利分析报告（第45册）	高性能汽车涂料	70	
9787513042949	产业专利分析报告（第46册）	新型传感器	78	
9787513043045	产业专利分析报告（第47册）	基因测序技术	60	
9787513042864	产业专利分析报告（第48册）	高速动车组和高铁安全监控技术	68	
9787513049382	产业专利分析报告（第49册）	无人机	58	
9787513049535	产业专利分析报告（第50册）	芯片先进制造工艺	68	
9787513049108	产业专利分析报告（第51册）	虚拟现实与增强现实	68	
9787513049023	产业专利分析报告（第52册）	肿瘤免疫疗法	48	
9787513049443	产业专利分析报告（第53册）	现代煤化工	58	
9787513049405	产业专利分析报告（第54册）	海水淡化	56	
9787513049429	产业专利分析报告（第55册）	智能可穿戴设备	62	
9787513049153	产业专利分析报告（第56册）	高端医疗影像设备	60	
9787513049436	产业专利分析报告（第57册）	特种工程塑料	56	
9787513049467	产业专利分析报告（第58册）	自动驾驶	52	
9787513054775	产业专利分析报告（第59册）	食品安全检测	40	
9787513056977	产业专利分析报告（第60册）	关节机器人	60	
9787513054768	产业专利分析报告（第61册）	先进储能材料	60	
9787513056632	产业专利分析报告（第62册）	全息技术	75	
9787513056694	产业专利分析报告（第63册）	智能制造	60	
9787513058261	产业专利分析报告（第64册）	波浪发电	80	
9787513063463	产业专利分析报告（第65册）	新一代人工智能	110	
9787513063272	产业专利分析报告（第66册）	区块链	80	
9787513063302	产业专利分析报告（第67册）	第三代半导体	60	

书　号	书　名	产　业　领　域	定价	条　码
9787513063470	产业专利分析报告（第68册）	人工智能关键技术	110	
9787513063425	产业专利分析报告（第69册）	高技术船舶	110	
9787513062381	产业专利分析报告（第70册）	空间机器人	80	
9787513069816	产业专利分析报告（第71册）	混合增强智能	138	
9787513069427	产业专利分析报告（第72册）	自主式水下滑翔机技术	88	
9787513069182	产业专利分析报告（第73册）	新型抗丙肝药物	98	
9787513069335	产业专利分析报告（第74册）	中药制药装备	60	
9787513069748	产业专利分析报告（第75册）	高性能碳化物先进陶瓷材料	88	
9787513069502	产业专利分析报告（第76册）	体外诊断技术	68	
9787513069229	产业专利分析报告（第77册）	智能网联汽车关键技术	78	
9787513069298	产业专利分析报告（第78册）	低轨卫星通信技术	70	
9787513076210	产业专利分析报告（第79册）	群体智能技术	99	
9787513076074	产业专利分析报告（第80册）	生活垃圾、医疗垃圾处理与利用	80	
9787513075992	产业专利分析报告（第81册）	应用于即时检测关键技术	80	
9787513075961	产业专利分析报告（第82册）	基因治疗药物	70	
9787513075817	产业专利分析报告（第83册）	高性能吸附分离树脂及应用	90	
9787513041539	专利分析可视化		68	
9787513016384	企业专利工作实务手册		68	
9787513057240	化学领域专利分析方法与应用		50	
9787513057493	专利分析数据处理实务手册		60	
9787513048712	专利申请人分析实务手册		68	
9787513072670	专利分析实务手册（第2版）		90	